普通高等教育"十一五"国家级规划教材

高职高专食品类专业教材系列

食品微生物基础与实验技术

（第二版）

万 萍 主编

丁立孝 刘旭光 李翠华 武模戈 副主编

科学出版社

北 京

内 容 简 介

本书为普通高等教育"十一五"国家级规划教材。全书第1~5章为微生物基础，简明地介绍了有关微生物学的基础知识，论述了微生物在其生命活动中的基本规律（微生物的形态结构与功能、生长和培养技术、遗传育种和菌种保藏技术、生态、食品腐败变质及其控制等）；第6章实用微生物技术，介绍了微生物在酿酒、调味品、乳制品、面包、谷氨酸、柠檬酸、酶制剂、食用菌等生产上的应用；第7章食品微生物实验技术，介绍了微生物实验常规技术、食品微生物学卫生检验技术及食品微生物学应用技术等内容。

本书可作为高等职业教育食品加工技术、食品生物技术、食品营养与检测、食品贮运与营销、食品机械与管理、农畜特产品加工及农业技术类专业、农产品安全检验等专业的教材。

图书在版编目（CIP）数据

食品微生物基础与实验技术/万萍主编．—2版．—北京：科学出版社，2010

（普通高等教育"十一五"国家级规划教材·高职高专食品类专业教材系列）
ISBN 978-7-03-028826-4

Ⅰ.①食…　Ⅱ.①万…　Ⅲ.①食品微生物-微生物学-高等学校：技术学校-教材　Ⅳ.①TS201.3

中国版本图书馆 CIP 数据核字（2010）第 169319 号

责任编辑：沈力匀 / 责任校对：刘玉靖
责任印制：吕春珉 / 封面设计：东方人华平面设计部

科学出版社 出版
北京东黄城根北街 16 号
邮政编码：100717
http://www.sciencep.com

天津翔远印刷有限公司印刷

科学出版社发行　　各地新华书店经销

*

2010 年 9 月第　一　版　　开本：787×1092　1/16
2019 年 9 月第八次印刷　　印张：15 1/2
字数：380 000
定价：35.00 元

（如有印装质量问题，我社负责调换〈翔远〉）

销售部电话 010-62134988　编辑部电话 010-62135235（VP04）

普通高等教育"十一五"国家级规划教材
高职高专食品类专业教材系列
专家委员会

前　言

为认真贯彻落实教育部《关于全面提高高等职业教育教学质量的若干意见》中提出"加大课程建设与改革的力度，增强学生的职业能力"的要求，适应我国职业教育课程改革的趋势，我们根据食品行业各技术领域和职业岗位（群）的任职要求，以"工学结合"为切入点，以真实生产任务或（和）工作过程为导向，以相关职业资格标准基本工作要求为依据，重新构建了职业技术（技能）和职业素质基础知识培养两个课程系统。在不断总结近年来课程建设与改革经验的基础上，组织开发、编写了高等职业教育食品类专业教材系列，以满足各院校食品类专业建设和相关课程改革的需要，提高课程教学质量。

本书是《食品微生物基础与实验技术》（2004 年）的修订版，该书自出版至今的 6 年以来，受到了广大高职院校的好评，教材不断重印，在相关专业的高等职业院校中起到了很好的示范和导向作用，并获中国科学院优秀教材一等奖。该版被教育部列为普通高等教育"十一五"国家级教材规划教材。为进一步跟上食品工业发展的需要，更好地适应高等职业教育的需要，以及全社会对食品安全的高度关注，我们对原书进行了相应的修订和提高，新增了食品生物技术的相关内容，扩大了本书的适用范围。在食品微生物的检验技术方面，引用了中华人民共和国卫生部 2010 年 6 月颁布的最新食品安全国家标准，对规范食品微生物的检验及食品安全的评价方面起到了积极的引导作用。

本书为适应高等职业教育以培养应用实践型人才的目标和要求，以相关工种国家技能鉴定考核标准的应知、应会内容为重点组织编排内容，简明地介绍了有关微生物学的基础知识，论述了微生物在其生命活动中的基本规律，阐明了微生物与食品工业的关系，如何利用微生物制造食品，防止有害微生物引起食品变质；强调微生物学实验的基本操作、应用微生物学实验技术及食品卫生检验技术等。以突出综合职业能力和实践能力的培养，体现了教材的实用性，其实验内容的编写严格执行国家有关最新标准规范。本书既可作为高职高专院校食品类专业学生的教材，也可作为广大卫生检验工作者、食品企业技术人员的参考书。

本书由成都学院万萍主编。日照职业技术学院丁立孝、连云港师范高等专科学校刘旭光、山东东营职业学院李翠华、濮阳职业技术学院武模戈任副主编，参加编写的人员还有：贵州轻工职业技术学院何惠，四川工商职业技术学院曾杨清，苏州农业职业技术学院须英敏，河南信阳农业高等专科学校汪金萍。

本书经教育部高职高专食品类专业教学指导委员会组织审定。在编写过程中，得到教育部高职高专食品类专业教学指导委员会、中国轻工职业技能鉴定指导中心的悉心指导以及科学出版社的大力支持，谨此表示感谢。在编写过程中，参考了许多文献、资料，包括大量网上资料，难以一一鸣谢，在此一并感谢。

目　录

前言
绪论 ··· 1
第1章　微生物的形态结构与功能 ·· 8
　1.1　原核微生物 ·· 9
　　1.1.1　细菌 ·· 9
　　1.1.2　放线菌 ·· 18
　　1.1.3　其他类型的原核微生物 ·· 21
　1.2　真核微生物 ··· 22
　　1.2.1　酵母菌 ·· 22
　　1.2.2　霉菌 ··· 28
　　1.2.3　大型真菌 ··· 36
　1.3　病毒 ·· 37
　　1.3.1　病毒概念和特点 ··· 37
　　1.3.2　病毒的分类 ··· 38
　　1.3.3　病毒形态、结构和化学组成 ··· 38
　　1.3.4　病毒的复制 ··· 39
　　1.3.5　发酵工业噬菌体的检测与预防 ·· 41
第2章　微生物的生长和培养技术 ··· 45
　2.1　微生物的营养 ·· 45
　　2.1.1　微生物的营养需求 ·· 45
　　2.1.2　微生物生长所需的营养物质及其功能 ·· 46
　　2.1.3　微生物的营养类型 ·· 48
　　2.1.4　微生物对营养物质的吸收 ·· 49
　　2.1.5　培养基的制备、类型及应用 ··· 51
　2.2　微生物的生长 ·· 54
　　2.2.1　微生物生长的概念及生长量的测定 ··· 54
　　2.2.2　微生物的生长规律 ·· 57
　　2.2.3　微生物生长繁殖的控制 ··· 59
　2.3　微生物代谢 ··· 67
　　2.3.1　微生物代谢的分解代谢和合成代谢 ··· 68
　　2.3.2　微生物代谢的调节 ·· 70
　　2.3.3　微生物代谢的控制 ·· 75

2.4 微生物的培养技术 ·· 77
    2.4.1 好氧固体培养 ·· 78
    2.4.2 厌氧固体培养 ·· 78
    2.4.3 好氧液体培养 ·· 79
    2.4.4 厌氧液体培养 ·· 79
    2.4.5 连续培养 ·· 80

第3章 微生物遗传育种和菌种保藏技术 ······························· 83
3.1 微生物的遗传与变异 ·· 83
    3.1.1 遗传变异的物质基础 ·· 83
    3.1.2 微生物的遗传与变异 ·· 83
3.2 微生物菌种的选育 ·· 85
    3.2.1 自然突变选育 ·· 85
    3.2.2 诱变选育 ·· 86
    3.2.3 育种技术简介 ·· 88
3.3 微生物菌种的退化、复壮与保藏 ····································· 89
    3.3.1 菌种的退化 ·· 89
    3.3.2 菌种的复壮 ·· 90
    3.3.3 菌种的保藏 ·· 91

第4章 微生物的生态 ·· 96
4.1 微生物在自然界中的分布 ·· 96
    4.1.1 空气中的微生物 ·· 96
    4.1.2 水体中的微生物 ·· 97
    4.1.3 土壤中的微生物 ·· 97
    4.1.4 极端环境下的微生物 ·· 98
    4.1.5 工、农业产品中的微生物 ·· 98
    4.1.6 人体的正常菌群 ·· 99
    4.1.7 微生物与生物环境间的相互关系 ·································· 99
4.2 微生物在物质循环中的作用 ··· 101
    4.2.1 微生物在碳素循环中的作用 ····································· 101
    4.2.2 微生物在氮素循环中的作用 ····································· 101
    4.2.3 微生物在硫素循环中的作用 ····································· 102
    4.2.4 微生物在磷素循环中的作用 ····································· 103

第5章 食品腐败变质及其控制 ·· 105
5.1 食品的腐败变质 ··· 105
    5.1.1 引起食品腐败的主要微生物 ····································· 105
    5.1.2 乳及乳制品的腐败变质 ··· 109
    5.1.3 水产品的腐败变质 ··· 112
    5.1.4 果蔬及其制品的腐败变质 ······································· 113

　　　5.1.5　畜禽产品的腐败变质 ································ 115

　　　5.1.6　罐藏食品的腐败变质 ································ 117

　　　5.1.7　冷藏和冷冻食品的腐败变质 ··················· 119

　　5.2　食品腐败变质的控制 ································· 120

　　　5.2.1　控制 pH ··· 121

　　　5.2.2　控制水分活度（A_w） ··························· 121

　　　5.2.3　冷藏和冷冻 ·· 121

　　　5.2.4　热处理 ·· 121

　　　5.2.5　化学抑制剂 ·· 121

　　　5.2.6　包装控制 ··· 122

　　　5.2.7　非加热杀菌技术 ··································· 122

第 6 章　实用微生物技术 ····································· 124

　　6.1　酿酒工业中的应用 ····································· 126

　　　6.1.1　啤酒 ··· 126

　　　6.1.2　白酒酿造 ··· 128

　　　6.1.3　葡萄酒酿造 ·· 130

　　6.2　发酵调味品的生产 ····································· 132

　　　6.2.1　酱油酿造 ··· 132

　　　6.2.2　食醋酿造 ··· 134

　　　6.2.3　豆腐乳酿造 ·· 136

　　6.3　发酵乳制品生产 ··· 138

　　6.4　面包生产 ··· 139

　　　6.4.1　面包酵母及作用 ··································· 139

　　　6.4.2　面包的生产工艺 ··································· 140

　　6.5　谷氨酸生产 ·· 141

　　　6.5.1　谷氨酸发酵菌种 ··································· 141

　　　6.5.2　L-谷氨酸发酵机理 ······························ 141

　　　6.5.3　L-谷氨酸发酵生产工艺 ························· 141

　　6.6　柠檬酸生产 ·· 142

　　　6.6.1　柠檬酸发酵微生物 ······························ 142

　　　6.6.2　柠檬酸发酵机理 ··································· 142

　　　6.6.3　柠檬酸发酵工艺 ··································· 143

　　6.7　酶制剂生产 ·· 143

　　　6.7.1　酶制剂中的微生物 ······························ 144

　　　6.7.2　酶制剂发酵生产方法 ···························· 144

　　6.8　食用菌生产 ·· 145

　　　6.8.1　平菇 ··· 145

　　　6.8.2　黑木耳 ·· 147

　　　　6.8.3　猴头菇 ……………………………………………………………… 147

第7章　食品微生物实验技术 …………………………………………………… 150
　7.1　微生物实验常规技术 …………………………………………………… 150
　　　7.1.1　实验1：玻璃器皿的洗涤、包扎和干热灭菌 ………………………… 150
　　　7.1.2　实验2：普通显微镜的使用及微生物标本片观察 …………………… 154
　　　7.1.3　实验3：细菌的简单染色法和革兰氏染色法 ………………………… 157
　　　7.1.4　实验4：放线菌形态的观察 ………………………………………… 160
　　　7.1.5　实验5：酵母菌的形态观察及死活细胞的染色鉴别 ……………… 162
　　　7.1.6　实验6：霉菌形态的观察 …………………………………………… 163
　　　7.1.7　实验7：微生物细胞大小的测定 …………………………………… 165
　　　7.1.8　实验8：酵母细胞的计数及发芽率的测定 ………………………… 167
　　　7.1.9　实验9：培养基的配制与灭菌 ……………………………………… 169
　　　7.1.10　实验10：微生物接种技术 ………………………………………… 172
　　　7.1.11　实验11：微生物的分离、纯化 …………………………………… 174
　　　7.1.12　实验12：细菌的生理生化试验 …………………………………… 177
　　　7.1.13　实验13：微生物菌种保藏 ………………………………………… 180
　7.2　食品微生物学卫生检验技术 …………………………………………… 183
　　　7.2.1　实验14：食品中菌落总数的测定 …………………………………… 183
　　　7.2.2　实验15：大肠菌群计数法 …………………………………………… 186
　　　7.2.3　实验16：沙门氏菌的检验 …………………………………………… 190
　　　7.2.4　实验17：金黄色葡萄球菌的检验 …………………………………… 201
　　　7.2.5　实验18：食品中霉菌和酵母计数法 ………………………………… 203
　　　7.2.6　实验19：空气中微生物的检验 ……………………………………… 207
　7.3　食品微生物学应用技术 ………………………………………………… 208
　　　7.3.1　实验20：含乳酸菌食品中乳酸菌的检验 …………………………… 208
　　　7.3.2　实验21：糖化曲的制备及其酶活力的测定 ………………………… 211
　　　7.3.3　实验22：从自然界中分离筛选微生物菌种 ………………………… 213
　　　7.3.4　实验23：细菌生长曲线的测定 ……………………………………… 215
　　　7.3.5　实验24：啤酒酵母扩大培养与酵母生长形态观察 ………………… 216

附录 ………………………………………………………………………………… 219
　附录1　教学常用菌种学名 ………………………………………………… 219
　附录2　实验常用培养基及制备 …………………………………………… 220
　附录3　常用染色液及试剂的配制 ………………………………………… 234
主要参考文献 ……………………………………………………………………… 238

绪　　论

☞ **学习目标**

   1. 掌握微生物的概念和特点。

   2. 掌握微生物的分类与命名。

   3. 了解食品微生物学的研究内容及发展概况。

在地球上，生活着各式各样的生物，大多数生物体形较大，肉眼可见；结构功能分化得比较清楚。它们有的生活在江、河、湖、海，有的生活在高山、平原；有的钻在土层中，有的飞行于空中。然而，除了这些较大的生物以外，在我们周围，还存在着一类体形微小、数量庞大、肉眼难以看见的微小生物，这就是本书所要讨论和研究的微生物（microorganism，microrbe）。微生物虽然微小。"看不见"，"摸不着"，似乎感到陌生，但是与我们人类、与食品工业却有着非常密切的关系。

很多微生物可用于食品制造，如饮料、酒类、醋、酱油、味精、馒头、面包、酸奶等生产中的发酵微生物；还有一些微生物能使食品变质败坏，如腐败微生物；少数微生物还能引起人类食物中毒或使人、动植物感染而发生传染病的，即所谓病原微生物。

食品是人类营养的主要来源，所以对食品微生物进行研究、检验，在食品的质量及安全性方面具有十分重要的意义。

1. 微生物的概念

微生物是一切肉眼看不见或看不清的微小生物的总称。它们都是一些个体微小（一般$<0.1mm$）、构造简单的低等生物，包括属于原核类的细菌（真细菌和古生菌）、放线菌、蓝细菌（旧称"蓝绿藻"或"蓝藻"）、支原体、立克次氏体、衣原体；属于真核类的真菌（酵母菌、霉菌、蕈菌）、原生动物和显微藻类；以及属于非细胞类的病毒（类病毒、拟病毒、朊病毒），但其中也有少数成员是肉眼可见的，例如近年来发现有的细菌是肉眼可见的：1993 年正式确定为细菌的 *Epulopiscium fishelsoni* 以及 1998 年报道的 *Thiomargarita namibiensis*（纳米比亚硫磺珍珠），均为肉眼可见的细菌。所以上述微生物的定义是指一般的概念，是历史的沿革，也仍为今天所适用。

在食品工业中，较为常见和常用的微生物有细菌、放线菌、酵母菌、霉菌、噬菌体等。

2. 微生物的特点

微生物与动、植物相比，具有以下的特点：

1）体积小、面积大

微生物体积小，因此具有极大的比表面值（表面积/体积），从而必然有一巨大的营养吸收面，代谢废物的排泄面和环境信息的交换面，并由此而产生其余的特性。

2）繁殖快

微生物的繁殖速度非常惊人。拿细菌来讲，一般每隔 20～30min 即可分裂 1 次，细胞的数目就要比原来增加 1 倍。假如 1 个细菌 20min 分裂 1 次，而且每个子细胞都具有同样的繁殖能力，那么 1h 后，就变成 8（2^3）个，2h 后变成 64（2^6）个。24h 可繁殖 72 代，这样原始的 1 个细胞变成了 2^{72} 个细菌。如果按每 10 亿个细菌重 1mg 计算，则 2^{72} 个细菌的重量超过 4722t。假使再这样繁殖 4～5d，它就会形成和地球同样大小的物体。但事实上，由于营养、空间和代谢产物等条件的限制，微生物的几何级数分裂速度充其量只能维持数小时而已，因而在液体培养中，细菌细胞的浓度一般仅达 10^8～10^9 个/mL。

微生物的这一特性在发酵工业中具有重要的实践意义，主要体现在它的生产效率高、发酵周期短上，例如，用做发面剂的 *Saccharomyces cerevisiae*（酿酒酵母），其繁殖速率虽为 2h 分裂 1 次（比上述 *E. coli* 低 6 倍），但在单罐发酵时，仍可为 12h "收获" 1 次，每年可 "收获" 数百次。这是其他任何农作物所不可能达到的 "复种指数"。它对缓解当前全球面临的人口剧增与粮食匮乏也有重大的现实意义。有人统计，一头 500kg 重的食用公牛，每昼夜只能从食物中 "浓缩" 0.5kg 蛋白质；同等重的大豆，在合适的栽培条件下 24h 可生产 50kg 蛋白质；而同样重的酵母菌，只有以糖蜜（糖厂下脚料）和氨水作主要养料，在 24h 内却可真正合成 50000kg 的优良蛋白质。据计算，一个年产 10^5t 酵母菌的工厂，如以酵母菌的蛋白质含量为 45% 计，则相当于在 562500 亩（1 亩＝666.67m²）农田上所生产的大豆蛋白质的量，此外，还有不受气候和季节影响等优点。

微生物繁殖快的特性对生物学基本理论的研究也带来了极大的优越性，它使科学研究的周期大为缩短、空间减小、经费降低、效率提高。当然，若是一些危害人、畜和农作物的病原微生物或会使物品霉腐变质的有害微生物，它们的这一特性就会给人类带来极大的损失或祸害，因而必须认真对待。

3）分布广、种类多

微生物在自然界中有着极其广泛的分布且种类也非常繁多。上至几万米的高空，下至数千米的深海；高达 90℃ 的温泉，冷至 −80℃ 的南极；盐湖、沙漠；人体内、外，动植物组织；化脓的伤口，隔夜的饭菜……到处都留下微生物的足迹，真可以说是无微不至，无孔不入了。

微生物之所以分布广泛，与微生物本身小而轻密切相关。说它小，因为它通常要以微米为单位。例如大肠杆菌只有 1～3μm 长。这样小的个体，任何地方都可以成为它的藏身之地。说它轻，每个细菌的重量只有 1×10^{-10}～1×10^{-9}mg。这样轻的个体，可以随风飘荡，走遍天涯。

　　微生物的种类多主要体现在以下几个方面：

　　（1）物种的多样性迄今为止，已发现的微生物的数量在 10 万种以上。据估计，微生物的总数约在 50 万～600 万种之间。美国科学狂人文特尔最近预测，微生物物种数量也许是 1 千万甚至是 1 亿种。

　　（2）营养类型多样性。从无机营养到有机营养，微生物能充分利用自然界的资源。凡是能被动、植物利用的物质，例如蛋白质、糖类、脂肪及无机盐等，微生物都能利用。有些不能被动、植物利用的物质，也能找到能利用它们的微生物。例如纤维素、石油、塑料等，不少微生物能将它们分解。另外还有一些对动、植物有毒的物质，例如氰、酚、聚氯联苯等，也有一些微生物能对付它们。美国康奈尔大学早在 20 世纪 70 年代初期就分离到能分解 DDT 的微生物，日本也发现了能分解聚氯联苯的红酵母。

　　（3）代谢产物的多样性。微生物究竟能产生多少种代谢产物，是一个不容易准确回答的问题，1980 年代曾有人统计为 "7890 种"，后来（1992 年）又有人报道仅微生物产生的次生代谢产物就有 16500 种，且每年还在以 500 种新化合物的数目增长着。

　　（4）遗传基因的多样性。从基因水平看微生物的多样性，内容更为丰富，这是近年来分子微生物学家正在积极探索的热点领域。在全球性的 "人类基因组计划"（HGP）的有力推动下，微生物基因组测序工作正在迅速开展，并取得了巨大的成就。

　　（5）生态类型的多样性。微生物广泛分布于地球表层的生物圈（包括土壤圈、水圈、大气圈、岩石圈和冰雪圈）；对于那些极端微生物即嗜极菌（*extremophiles*）而言，则更易生活在极热、极冷、极酸、极碱、极盐、极压和极旱等的极端环境中。另外，微生物还有众多的相互依赖的关系，如互生、共生、寄生等（详见第 4 章）

　　从微生物的分布广、种类繁多这一特性可以看出，微生物的资源是极其丰富的。有文献报道，截止 2004 年 10 月仅有不到 2‰的微生物物种达到了利用。因此在实践和生物学基本理轮问题的研究中，利用微生物具有无限广阔的前景。

　　4）吸收多、转化快

　　有资料表明，1kg 酒精酵母 1d 内能 "消耗" 掉几吨糖，把它转变为酒精。从工业生产的角度来看，它能够把基质较多地转变为有用的产品；用乳酸菌生产乳酸，每个细胞可以产生为其体重 $10^3 \sim 10^4$ 倍的乳酸；*Candidautilis*（产朊假丝酵母）合成蛋白质的能力比大豆强 100 倍，比食用牛（公牛）强 10 万倍；一些微生物的呼吸速率也比高等动、植物的组织强数十至数百倍。

　　这个特性为微生物的高速生长繁殖和合成大量代谢产物提供了充分的物质基础，从而使微生物在自然界和人类实践在更好地发挥其超小型 "活的化工厂" 的作用。

　　在生产实践中，应用这个特点不仅可以获得种类繁多的发酵产品，而且可以找到比较简便的生产工艺路线。在理论研究上，可以更好地揭示生命活动的本质。但是食品碰上了腐败微生物，发酵污染了杂菌，代谢越旺，损失就越大。

　　5）适应强、易变异

　　微生物对环境条件尤其是地球上那些恶劣的 "极端环境"，例如高温、高酸、高盐、高辐射、高压、低温、高碱、高毒等的惊人适应力堪称生物界之最。微生物善于随

"机"应变，从而使自己得以保存。有些微生物在其身体外面，添上保护层，提高自己对外界环境的抵抗能力。例如肺炎双球菌有了荚膜，就可以抵抗白血球的吞噬。但微生物最拿手的好戏即它会及时形成休眠体，然后长期进入休眠状态。例如细菌的芽孢、放线菌的分生孢子、真菌的各种孢子等。这些孢子较之营养体更具有抵抗不良环境的能力，一般能存活数月或数年，甚至几十年。当外界条件十分险劣时，虽然大部分个体都因抵抗不住而被淘汰，但仍有少数"顽固分子"会发生某种"变异"而蒙混过关。微生物之所以能够延种续代、儿女满堂、数量极其庞大，善于"变"也是一个十分重要的原因。

在生产实践中，常利用这个特点来保藏菌种和诱变育种。例如人们常常利用物理或化学因素迫使微生物进行诱变，从而改变它的遗传性质和代谢途径，使之适应于人们提供的条件，满足人们提高产量和简化工艺的需要。如产青霉素的菌种 *Penicillium chrysogenum*（产黄青霉），1943 年时每毫升发酵液仅分泌约 20 单位的青霉素，至今早已超过 5 万单位了；有害的变异则是人类各项事业中的大敌，如各种致病菌药性的耐变异使原本已得到控制的相应传染病变得无药可治，而各种优良菌种生产性状的退化则会使生产无法维持正常等。

6）易培养

由于微生物营养类型多样，对营养的要求一般不高，因而原料来源广泛，容易培养。许多不易被人和动植物所利用的农副产品、工厂下脚料，例如麸皮、粉饼、酒糟等都可用来培养微生物。这样不仅解决了培养微生物的原料问题，而且为三废处理找了出路，做到了综合利用，大大提高了经济效益。另外大多数微生物反应条件温和，一般能在常温常压下，进行生长繁殖、新陈代谢和各种生命活动，不需要什么复杂昂贵的设备。这比化学法具有无比的优越性，因而即使在条件较差的农村，也能土法上马。除此以外，培养微生物不受季节、气候的影响，因而可以长年累月地进行工业化生产。

微生物这些特点使微生物显示了神通广大的本领，在生物界中占据了特殊的位置。它不仅广泛地被用于生产实践，而且将成为 21 世纪进一步解决生物学重大理论问题，如生命起源与进化、物质运动的基本规律等，以及实际应用问题，如新的微生物资源的开发利用，能源、粮食等的最理想的材料。

3. 微生物学及其分科

微生物学（microbiology）是一门在细胞、分子或群体水平上研究微生物的形态构造、生理代谢、遗传变异、生态分布和分类进化等生命活动基本规律，并将其应用于工业发酵、医药卫生、生物工程和环境保护等实践领域的科学。其根本任务是发掘、利用、改善和保护有益微生物，控制、消灭或改造有害微生物，为人类社会的进步服务。

微生物学经历了一个多世纪的发展，已分化出大量的分支学科，据不完全统计（1990 年），已达 181 门之多。现根据其性质简单归纳成下列 6 类：

（1）按研究微生物的基本生命活动规律为目的来分，总学科称普通微生物学（general microbiology），分科有微生物分类学、微生物生理学、微生物遗传学、微生物生态学和分子微生物学等。

（2）按微生物应用领域来分，总学科称应用微生物学（applied microbiology），分科有工业微生物学、农业微生物学、医学微生物学、药用微生物学、诊断微生物学、抗生素学、食品微生物学等。

（3）按研究的微生物对象分，如细菌学、真菌学（菌物学）、病毒学、原核生物学、自养菌生物学和厌氧菌生物学等。

（4）按微生物所处的生态环境分，如土壤微生物学、微生态学、海洋微生物学、环境微生物学、水微生物学和宇宙微生物学等。

（5）按学科间的交叉、融合分，如化学微生物学、分析微生物学、微生物生物工程学、微生物化学分类学、微生物数值分类学、微生物地球化学和生物信息学等。

（6）按实验方法、技术分，如实验方法微生物学、微生物研究方法等。

4. 微生物的分类与命名

1) 微生物的分类

为了识别和研究微生物，各种微生物按其客观存在的生物属性（如个体形态及大小、染色反应、菌落特征、细胞结构、生理生化反应、与氧的关系、血清反应等）及它们的亲缘关系，有次序的分门别类排列成一个系统，从大到小，按界、门、纲、目、科、属、种等分类。把属性类似的微生物排列成界，在界内从类似的微生物中找出它们的差别，再列为门，依次类推，直分到种。"种"是分类的最小单位。种在微生物之间的差别很小，有时为了区分小差别可用株表示，但"株"不是分类单位。在两个分类单位之间可加亚门、亚纲、亚目、亚科、亚属、亚种及变种等次要分类单位。最后对每一属或种给予严格的科学名称。

各类微生物有各自的分类系统，如细菌分类系统、酵母分类系统、霉菌分类系统等。目前有三个比较全面的分类系统，一个是前苏联克拉西尼科夫所著《细菌和放线菌鉴定》（1949）中的分类。第二个是法国的普雷沃（Prevot）所著《细菌分类学》（1961）中的分类。第三个是美国细菌学家协会所属伯杰氏鉴定手册董事会组织各国有关学者写成的《伯杰氏鉴定细菌学手册》（*Bergey's manual of Determinative Bacteriology*）中的分类。该手册于 1923 年出第一版，经过不断的修订，至 1994 年已出至第九版。另外，由于 G+C mol% 测定、核酸杂交和 16srRNA 寡核苷酸序列测定等新技术和新指标的引入，使原核生物分类从以往以表型、实用性鉴定指标为主的旧体系向鉴定遗传型的系统进化分类新体系逐渐转变，于是，从 20 世纪 80 年代初起，该手册组织了国际上 20 多个国家的 300 多位专家，合作编写了 4 卷本的新手册，书名改为《伯杰氏系统细菌学手册》（*Bergey's Manual of Systematic Bacteriology*，简称《系统手册》），并于 1984 年至 1989 年间分 4 卷陆续出版。此书是目前国际上最流行的实用版本。《系统手册》的第二版将从 2000 年起分 5 卷陆续发行。

1969 年魏泰克（Whittaker）提出生物五界分类系统，后来被 Margulis 修改成为普遍接受的五界分类系统：原核生物界（包括细菌、放线菌、蓝绿细菌）、原生生物界（包括蓝藻以外的藻类及原生动物）、真菌界（包括酵母菌和霉菌）、动物界和植物界。

我国王大耜教授提出六界：病毒界、原核生物界、真核原生生物界、真菌界、动物界和植物界。

2）微生物的命名

微生物的命名是采用生物学中的二名法，即用两个拉丁字命名一个微生物的种。这个种的名称是由一个属名和一个种名组成，属名和种名都用斜体字表达，属名在前，用拉丁文名词表示，第一个字母大写。种名在后，用拉丁文的形容词表示，第一个字母小写。如大肠埃希氏杆菌的名称是 *Escherichia coli.*。为了避免同物异名或同名异物，在微生物名称之后缀有命名人的姓，如大肠埃希氏杆菌 *Escherichia coli* Castella and Chalmers。浮游球衣菌的名称是 *Sphaerotilus natans* Kützing 等。枯草芽孢杆菌的名称是 *Bacillus subtilis*。如果只将细菌鉴定到属，没鉴定到种，则该细菌的名称只要属名，没有种名。如：芽孢杆菌属的名称是 *Bacillus*。梭状芽孢杆菌属的名称是 *Clostridium*。也可在属名后面加 sp.（单数）或 spp.（复数），sp. 和 spp. 是种 species 的缩写，如 *Bacillus* sp.（spp.）。

5. 食品微生物学的研究内容及发展概况

食品微生物学（food microbiology）是微生物学的一个分支学科。它是专门研究微生物与食品之间的相互关系的一门科学。它的研究内容包括以下几个方面：

(1) 研究与食品有关的微生物的生命活动的规律。

(2) 研究如何利用有益微生物为人类制造食品。

(3) 研究如何控制有害微生物，防止食品发生腐败变质。

(4) 研究检测食品中微生物的方法，制定食品中的微生物指标，从而为判断食品的卫生质量提供科学依据。

食品是人类赖以生存的最重要的条件。食品微生物学伴随着人类的进程而不断得到发展。虽然很难知道人类何时懂得食品中微生物的存在和作用，但有许多证据表明在作为一门科学的微生物学形成之前人们就已有这方面的知识。公元前 6000 年左右，人类已经掌握了酿酒和食品保藏的技术。埃及人在公元前 3000 年就食用牛奶、白脱油和乳酪。公元前 3000～前 1200 年，犹太人已经把来自死海的盐用于食品保藏，中国人和希腊人已经食用咸鱼。公元前 1500 年，中国人和巴比伦人已经开始制作和消费香肠了。

在利用微生物进行生产、生活的同时，人类还会碰上了食品腐败和食品中毒问题。提出微生物在腐败食品中的作用的第一个人是埃·柯彻（Kircher）。他在 1658 年检查腐败的尸体、肉体、牛奶和其他物质时，看到了被他称之为肉眼看不见的"小虫"。然而由于他缺乏细致的描述，因而他的发现未被广泛接受。第一个意识到和懂得食品中微生物的存在和作用的人是巴斯德。他在 1837 年证明了牛奶变酸是由微生物所引起的。1860 年他首次利用加热杀死酒中致病微生物。

由于人类生活的发展，食品微生物学作为一门学科不断得到发展和深入。用微生物制造的食品陆续出现，如酒、饮料、酒、味精、面包等。同时，由于微生物本身含有大量的蛋白质，营养丰富又容易培养，近年来已作为新的食品资源不断地被开发、利用。柠檬酸、酶制剂和单细胞蛋白等微生物生产的产品在各个领域得到了广泛的应用。杀菌效果和保藏方法不断改进，提高了食品的质量和安全性。

此外，对有害微生物的监控更是高度重视。国家制定了一系列食品卫生标准和法规，颁布了《食品卫生法》及各类食品企业的卫生规范。发布了《中华人民共和国国家标准——食品卫生检验方法（微生物学部分）》。统一了全国食品卫生微生物学检验方法。这对促进我国食品卫生检验工作的发展起到了重要的作用。随着社会的发展，人们对食品的要求也越来越高，渴望有更多、更好的优质、安全的食品。我国于2009年6月颁布实施了《中华人民共和国食品安全法》，2010年6月1日中华人民共和国卫生部发布了《食品安全国家标准——食品微生物学检验方法》代替原有的《中华人民共和国国家标准——食品卫生检验方法（微生物学部分）》。各级政府部门在整个食品链上开展了食品安全的监督和检查工作，各地相继建立了各种食品研究机构和卫生检测机构，各食品加工企业按照QS要求设有食品微生物检验部门，加强了有害微生物的检验，从而更有效地保障人民的安全和健康。

小结

微生物是一切微小生物的总称，微生物的主要特点是：体积小、面积大、繁殖快、分布广、种类多、吸收多、转化快、适应强、易变异、易培养。

微生物从大到小，按界、门、纲、目、科、属、种等进行分类，目前有三个比较全面的分类系统。微生物的命名采用生物学中的二名法，即用两个拉丁字命名一个微生物的种。这个种的名称是由一个属名和一个种名组成。

食品是人类营养的主要来源，对食品微生物进行研究、检验，在食品的质量及安全性方面具有十分重要的意义。

思考题

1. 什么是微生物？它包括哪些类群？
2. 简述微生物的特点。
3. 什么是食品微生物学？简述它与食品工业的关系。
4. 微生物是如何分类的？
5. 微生物是如何命名的？试举例说明。

第1章 微生物的形态结构与功能

☞ 学习目标

1. 掌握原核微生物和真核微生物的主要区别。
2. 掌握细菌细胞的形态结构、繁殖方式和菌落特征。
3. 了解放线菌的形态结构、菌落特征和繁殖方式。
4. 了解蓝细菌的形态结构和繁殖方式，支原体、立克次氏体、衣原体等原核微生物的特点。
5. 掌握酵母菌的形态结构、繁殖方式，熟悉酵母菌落特征及生活史。
6. 掌握霉菌的形态结构、繁殖方式，熟悉霉菌落特征及生活史。
7. 了解食品中常见的各种微生物。
8. 掌握病毒的概念及特征、病毒的复制过程，病毒的主要类型，熟悉病毒的化学组成及形态结构。
9. 了解噬菌体的检查方法、污染及防治措施。
10. 了解真菌的分类及应用。

微生物根据不同的进化水平和性状上的明显差别，可分为细胞型微生物和非细胞型微生物，凡具有细胞形态的微生物统称为细胞型微生物，细胞型微生物又根据细胞的结构不同分为原核微生物和真核微生物。

随着生物科学研究的深入，人们发现原核微生物与真核微生物在细胞结构上有根本的区别，归纳起来可概括为表 1-1 所示几个方面。

表 1-1 真核微生物与原核微生物的比较

比较项目	原核微生物	真核微生物
细胞大小	$1\sim10\mu m$	$10\sim100\mu m$
细胞壁组成	肽聚糖	纤维素，几丁质
鞭毛结构	鞭毛较细	鞭毛较粗
间体	有	无
细胞器	无	有
呼吸链	细胞膜上	线粒体上
核糖体	70S	80S
核	拟核，无核膜与核仁	真核，有核膜与核仁
DNA	一条，不与 RNA 及组蛋白结合	一条至多条，与 RNA 及组蛋白结合
细胞分裂	二分裂	有丝分裂及减数分裂
有性繁殖	无	有

1.1　原核微生物

原核微生物主要包括细菌、放线菌、蓝细菌、立克次氏体、支原体、衣原体等。细菌细胞的结构在原核生物中颇具代表性，对其研究也较深入，因此本节重点介绍细菌。

1.1.1　细菌

细菌（bacteria）是一类个体微小、形态简单、有坚韧细胞壁、以二分裂法繁殖和水生性较强的单细胞原核微生物。

在自然界中，细菌分布最广、数量最多。尽管不少细菌对人类有害，如使人畜致病、食品腐败变质等。然而更多的是对人类有益的细菌，可以利用它们生产出许多食品和其他重要的化工产品。

1. 细菌的形态

细菌的基本形态有球状、杆状和螺旋状三大类，分别被称为球菌、杆菌和螺旋菌（图 1-1）。其中以杆菌最为常见，球菌次之，螺旋菌较少见。近年来还陆续发现少数其他形态，如梨状，星形、三角形、方形和圆盘形等的细菌。

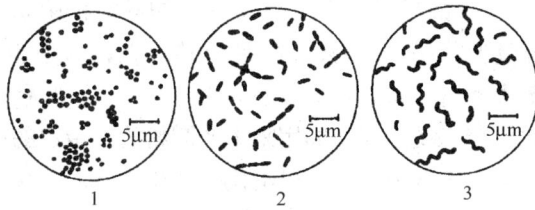

图 1-1　常见的典型细菌形态
1. 球菌；2. 杆菌；3. 螺旋菌

1）球菌

菌体呈球形或近似球形的细菌称为球菌。根据球菌分裂的方向及分裂后各子细胞排列状态的不同，可以分为 6 种（图 1-2）。

（1）单球菌。分裂后的细胞分散而单独存在的球菌称为单球菌。如尿素小球菌（*Micrococcus ureae*）。

（2）双球菌。由一个平面分裂，分裂后 2 个菌体成对排列的称为双球菌，如肺炎双球菌（*Diplococcus pneumoniae*）。

（3）链球菌。由一个平面分裂，分裂后的菌体呈链状排列的称为链球菌，如乳链球菌（*Streptococcus lactis*）。

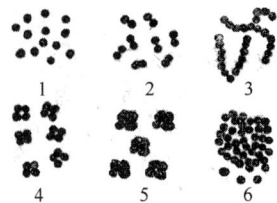

图 1-2　球菌的形态
1. 单球菌；2. 双球菌；
3. 链球菌；4. 四联球菌；
5. 八叠球菌；6. 葡萄球菌

（4）四联球菌。由两个互相垂直的平面分裂，分裂后每 4 个菌体呈田形的称为四联球菌，如四联小球菌（*Micrococcus tetragenus*）。

（5）八叠球菌。由 3 个互相垂直的平面分裂，分裂后每 8 个菌体呈立方形排列的称为八叠球菌，如乳酪八叠球菌（*Sarcina casei*）。

（6）葡萄球菌。分裂面不规则，分裂后许多菌体无规则地堆积在一起，呈葡萄串状的称为葡萄球菌，如金黄色葡萄球菌（*Staphylococcus aureus*）。

2）杆菌

杆状的细菌称为杆菌。因菌种不同，菌体细胞的长短、粗细等都有差异。杆菌的形态呈多样性（图 1-3）。

图 1-3　杆菌的形态

根据杆菌的长短不同，可以分为长杆菌（长宽相差较大，如枯草芽孢杆菌）、短杆菌或球杆菌（长宽非常接近，如甲烷短杆菌属）；根据菌体某个部位是否膨大，可以分为棒状杆菌（菌体一端膨大，如北京棒状杆菌）和梭状杆菌（菌体中间膨大，如丙酮丁醇梭菌）；根据芽孢的有无，可以分为无芽孢杆菌（如大肠杆菌）和芽孢杆菌（如枯草芽孢杆菌）；多数菌体两端钝圆（如蜡状芽孢杆菌），只有少数是平截的（如炭疽芽孢杆菌）；有的杆菌在一端分支，故呈"丫"状或叉状（如双歧杆菌属）；有的杆菌稍弯曲而呈月亮状或弧状（如脱硫弧菌属）；多数杆菌是单独存在的，但也有分裂后呈链状（如念珠状链杆菌）或分支状排列（如结核分支杆菌）。

食品工业上用到的细菌大多是杆菌，如用来生产淀粉酶和蛋白酶的枯草芽孢杆菌；生产谷氨酸的北京棒状杆菌；乳品工业中的保加利亚乳杆菌（*Lactobacillus bulgaricus*）等。

3）螺旋菌

菌体呈弯曲状的细菌称为螺旋菌。根据其弯曲情况可分为弧菌和螺菌。弧菌菌体的螺旋不到一周，呈弧形或逗号形，例如霍乱弧菌、逗号弧菌；螺菌菌体的螺旋有一周或多周，如干酪螺菌。螺旋菌的形态如图 1-4 所示。

图 1-4　螺旋菌的形态

细菌的形态还与环境因素有关，如培养温度、培养时间、培养基的成分和其组分浓度等发生改变均可引起细菌形态的改变。一般在幼龄及生产条件适宜时，细菌形态正常；而在较老的培养物中，或在不正常的培养条件下，如有药物、抗生素存在时，细菌细胞常表现出不正常形态，尤其是杆菌，如有的细胞膨大或出现梨形、丝状等不规则形态。这些不正常形态的细菌，如移植到新鲜的培养基内，并在适宜条件下培养，会重新出现原来的正常形态。因此，在观察细菌的形态时，必须注意因培养条件的变化而引起细胞形态的改变。

2. 细菌的大小

细菌的个体很小，通常其度量单位是微米。因此其大小通常是使用测微尺在显微镜下进行测量（图1-5）。

球菌的大小用其直径来表示。一般球菌直径在 $0.5\sim2.0\mu m$ 之间。

杆菌的大小用宽度×长度表示。典型细菌的大小可用大肠杆菌来表示，其平均长度约为 $2.0\mu m$，宽约为 $0.5\mu m$。大小一般为 $(0.5\sim1.0)\mu m\times(1.0\sim5.0)\mu m$。

螺旋菌的大小与杆菌一样，螺旋菌的大小也以其宽度×长度表示。但测量螺旋菌长度时，一般只测量其弯曲形长度，而不是测量其真正的总长度。螺旋菌为 $(0.3\sim1.0)\mu m\times(1.0\sim5.0)\mu m$。

由于菌种不同，细菌的大小存在着较大的差异。染色方法的不同，即使同一种菌测得的结果也会不一样。

3. 细菌的细胞结构

细菌的细胞结构，分为一般结构和特殊结构。

细菌的一般结构包括细胞壁、细胞膜、细胞质、核质体，是所有细菌所共有的结构，也称为基本结构，其中核质体和细胞质合称为原生质体。有些细菌还具有鞭毛、菌毛、荚膜、芽孢等特殊结构（图1-6）。

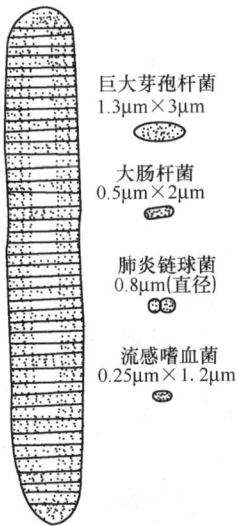

图1-5 几种细菌大小的比较

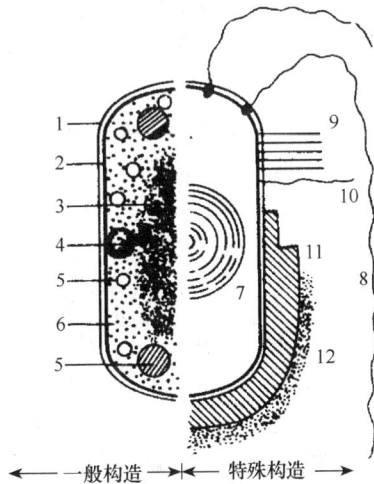

图1-6 细菌细胞结构的模式图

1. 细胞壁；2. 细胞膜；3. 核质体；4. 间体；5. 贮藏物；
6. 细胞质；7. 芽孢；8. 鞭毛；9. 菌毛；10. 性菌毛；
11. 荚膜；12. 黏液层

1）一般结构

（1）细胞壁。细胞壁位于细胞菌体的最外层，为坚韧而略具弹性的结构。约占细胞

干重的 $10\% \sim 25\%$。通过染色、质壁分离或制成原生质体后再在光学显微镜下观察，即可以看到细胞壁的存在。

细菌常采用的革兰氏染色法进行分类。革兰氏染色法（Gram's staining）是丹麦医生革兰（Christian gram）于 1884 年首创，是微生物学中一种重要的常用的染色方法。几乎可以将所有细菌分成两大类：革兰氏阳性细菌（G⁺）和革兰氏阴性细菌（G⁻）。它的主要过程为：先用草酸铵结晶紫液初染，再加碘液媒染，使细菌着色，然后用 95% 乙醇脱色，最后用番红（沙黄）等红色染料复染。如果用乙醇脱色后，仍保持其初染的紫色，称为革兰氏阳性细菌，如果用乙醇处理后脱去原来的颜色，而染上番红的红色，则为革兰氏阴性细菌。

一般认为细菌的革兰氏反应与细菌细胞壁的化学组成和结构、细胞壁的通透性等有关。当用 95% 乙醇做脱色处理时，既溶解了细胞壁中的脂类，又使细胞壁引起脱水作用，使肽聚糖的孔径变小。由于革兰氏阳性细菌细胞壁肽聚糖的含量和交联程度均较高，细胞壁厚且结构紧密，壁上的间隙也较小，媒染后形成的结晶紫-碘复合物不易脱出细胞壁，结果结晶紫-碘复合物就留在细胞内而呈紫色。而革兰氏阴性细菌细胞壁肽聚糖的含量和交联程度均较低，层次也少（大多仅一层，至多也是两层），故其壁薄，壁上的孔隙较大，被乙醇作用后，细胞壁因脂类被溶解而孔隙更大，使结晶紫-碘复合物极易脱出细胞壁，变成无色，经过番红复染，结果呈现红色。

细胞壁的功能主要有以下几个方面：
① 固定细胞外形。不论细胞原来是什么形状，一旦除掉细胞壁后的原生质体将呈球形。
② 协助鞭毛运动。
③ 保护细胞免受外力的损伤。
④ 为正常细胞分裂所需要。
⑤ 阻止有害物质进入细胞。
⑥ 与细菌的抗原性、致病性和对噬菌体的敏感性密切相关。

（2）细胞膜。细胞膜又称细胞质膜或质膜，是紧贴在细胞壁内侧的一层柔软、富有弹性的半透性薄膜。通过质壁分离、选择性染色、原生质体破裂或电子显微镜观察等方法，可以证明细胞膜的存在。

细胞膜约占细胞干重的 10%。在电镜下观察，细胞膜呈三层结构——在两层暗的电子致密层中间夹着一层较亮的电子透明层，厚约 75nm。其主要成分为双层磷脂和蛋白质，还有少量糖类。多糖仅 2% 左右。蛋白质含量高，占 $60\% \sim 70\%$，种类多。紧密结合于膜的蛋白质称为整合蛋白，它们插入或贯穿磷脂双分子层，后一种称跨膜蛋白；疏松地附着于膜的称为周缘蛋白，主要分布于双分子层的内外表面（图 1-7）。脂类占 $20\% \sim 30\%$，细胞膜所含的脂类均为磷脂。磷脂种类因菌种和培养条件而异。

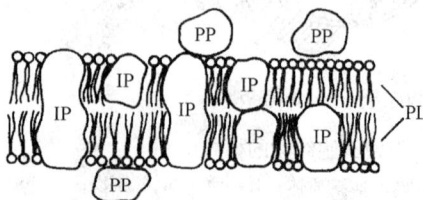

图 1-7　膜蛋白的类型和分布
PL. 磷脂双分子层；o. 亲水部分；II. 表示疏水部分；IP. 整合蛋白；PP. 周缘蛋白

细胞膜的生理功能主要表现在以下几个方面：
① 控制细胞内、外的物质（营养物质及代

谢废物）的运送、交换。

② 维持细胞内正常的渗透压。

③ 参与合成膜脂、细胞壁各种组分和荚膜等大分子。

④ 参与产能代谢，在细菌中，电子传递和 ATP 合成酶均位于细胞膜。

⑤ 分泌细胞壁和荚膜的成分、胞外蛋白（各种毒素、细菌溶菌素）以及胞外酶。

⑥ 鞭毛的着生点和提供其运动所需的能量等。

（3）间体。细胞膜内陷而成的一个或几个片层状、管状或囊状结构，称为间体，又称中体。在一些革兰氏阳性细菌中尤为明显。间体的化学组成与结构和细胞膜相同。它的功能目前还不完全了解。位于细胞中央的间体可能与 DNA 复制与横膈壁的形成有关，位于细胞周围的间体可能是分泌胞外酶（如青霉素酶）的地点。可能还与细菌的呼吸和芽孢的形成有关。有人认为，它在细菌中相当于高等生物中线粒体的作用。

（4）细胞质。细胞膜包裹着的一团胶体中，除核质体以外的一切无色、透明、黏稠的胶状物质统称为细胞质。其主要成分是蛋白质、核酸、脂类、多糖类、水分及少量无机盐类。由于细胞质内存在着较多的核酸，所以呈现较强的嗜碱性，易被碱性和中性染料着色，幼龄细胞尤为明显。细胞质中含有很多酶系，是新陈代谢的主要场所，各种复杂的生命活动不断更新细胞内部的结构和成分，使生命活动正常进行。细胞质中无真核细胞所具有的细胞器，但存在着各种内含物。根据化学性质和功能可分为以下几类：

① 核糖体。核糖体分散存在于细菌细胞质中，沉降常数为 70S，由 30S 和 50S 两个亚基组成，是细胞合成蛋白质的场所。它由 RNA 与蛋白质组成，其中 RNA 占 60%，蛋白质占 40%。链霉素等抗生素通过作用于细菌核糖体的 30S 亚基而抑制细菌蛋白质的合成，而对人的 80S 核糖体不起作用，故可用链霉素治疗某些细菌引起的疾病，而对人体无害。

② 贮藏颗粒。这些颗粒通常较大，被单层膜所包围，经适当染色可在光学显微镜下观察到。它们在营养物质过剩时积累，在营养物质贫乏时利用，所以称为贮藏颗粒。其种类和数量常随菌种和培养条件而异，一般一种细菌只贮存一种贮藏颗粒，但也有贮藏两种或多种的。根据化学性质和功能可分为：异染颗粒、多糖颗粒、聚 β-羟丁酸颗粒、硫粒、液泡和气泡等。

（5）核质体与质粒。细菌是原核生物，无真正的细胞核，只是在菌体中央有一个大量遗传物质（DNA）所在的核区。其功能相当于细胞核，故有"类核"、核区、核质体等之称。核质体很原始，不具核膜和核仁，由一个环状双链 DNA 分子高度缠绕而成，其长度为 0.25~3.00mm。核质体一般位于细胞的中央部分，呈球状、卵圆状、哑铃状或带状。在快速分裂的细胞中，核质体常呈条状、H 状、V 状或哑铃状。核质体是细菌遗传的物质基础，与细菌的遗传变异有着密切的关系。

2）特殊结构

细菌的特殊结构在分类鉴定上具有重要的意义。

（1）鞭毛。鞭毛是某些细菌表面生长的一种纤长而呈波浪形弯曲的丝状物。起源于细胞膜内侧的基粒上，穿过细胞膜和壁而伸到外部。数目不一，从 1~2 根到数百根。

鞭毛的直径很细，只有 10~20nm，而其长度为 3~20μm，可超过菌体长度数倍到数十倍。用电子显微镜鞭毛特殊染色技术或暗视野可看到鞭毛的存在。此外，通过观察细菌在水浸片或悬滴标本中的运动情况，生长在平板的菌落形状以及半固体琼脂穿刺法也可以判断鞭毛的有无。

鞭毛着生的位置、数目和排列方式是细菌种的特征，在分类鉴定上具有意义。根据鞭毛的数目和着生方式，可将细菌分为如下几种类型：

① 单毛菌：一端单毛菌（如霍乱弧菌和铜绿假单胞菌）和两端单毛菌（如鼠咬热螺旋体）。

② 丛毛菌：一端丛毛菌（如荧光假单胞菌）和两端丛毛菌（如红色螺菌）。

③ 周毛菌：如伤寒沙门氏菌、大肠杆菌、枯草杆菌等（图 1-8）。

鞭毛是细菌的运动器官，具有很高的运动速度，一般每秒可移动 20~80μm。单毛菌和丛毛菌多做直线运动，运动速度快；周毛菌的运动速度缓慢，多做翻转运动。依赖鞭毛的运动称为真性运动；不具鞭毛的无规则的翻动称为布朗运动。衰老的细胞或在不良条件下，菌体常会失去鞭毛。所有弧菌、螺菌和假单胞菌，约半数杆菌和少数球菌具有鞭毛。

（2）荚膜。覆盖在某些细菌细胞壁外的一层疏松、黏胶状物质，称为荚膜。菌种不同，荚膜的厚度不定。较厚（约 200nm），有明显的外缘和一定的形状，较紧密结合于细胞壁外的称为大荚膜；很薄且与细胞壁结合也较紧密的称为微荚膜；如果厚而没有明显的边缘、结合比较松散的称黏液层（slime layer）。荚膜一般围绕在一个细菌细胞的外面，但也有一个荚膜内含有多个细菌，这种荚膜称为菌胶团（图 1-9）。

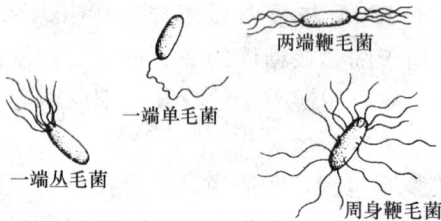

图 1-8 鞭毛菌的几种主要类型

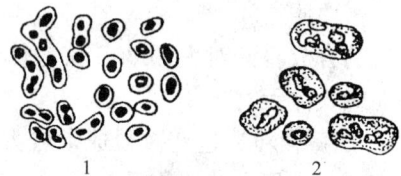

一端丛毛菌　一端单毛菌　两端鞭毛菌　周身鞭毛菌

图 1-9 细菌荚膜的形态
1. 细菌的荚膜；2. 细菌的菌胶团

荚膜折光率很低，不易着色，可以通过碳素墨水进行负染色或用荚膜染色法染色，在光学显微镜下观察。

产荚膜的细菌，在固体培养基上形成的菌落表面湿润、黏稠，有光泽，边缘光滑，故称为光滑型（smooth，简称 S-型）菌落。不产荚膜的细菌，所形成的菌落表面较干燥、粗糙，称为粗糙型（rough，简称 R-型）菌落。

荚膜中含有大量水分，约占 90%。有机成分因菌种不同而异，肠膜状明串珠菌与变异链球菌等的荚膜是葡聚糖。肺炎克雷伯氏菌等的荚膜是杂多糖。有些细菌的荚膜为多糖或多肽的聚合物。如炭疽杆菌的荚膜主要是以 D-谷氨酸聚合成的多肽；痢疾志贺氏菌的荚膜是多糖、多肽和类脂质的复合物。

荚膜具有如下功能：

① 养料贮藏仓库，必要时可向细菌提供水分和营养。

② 具有荚膜的病原细菌可保护自己免受宿主吞噬细胞的吞噬，这样加强了病原菌的致病力。如有荚膜的 S-型肺炎双球菌毒力强，荚膜一旦失去，则致病力降低。

③ 废物堆积场所。

是否产荚膜是细菌的一种遗传特性，它的形成与环境条件密切相关。例如肠膜状明串珠菌只有在含糖量高、含氮量低的培养基中才会形成大量的荚膜；炭疽杆菌只是在动物体内才形成荚膜。细菌的生命活动不受荚膜的影响，失去后仍能正常生长。

（3）芽孢。某些细菌生长到后期，在细胞内形成一个壁厚、折光性强、对不良环境条件具有较强抵抗能力的、圆形或椭圆形的休眠体，称为芽孢。用特殊的芽孢染色法可在显微镜下看到芽孢的存在。

芽孢的代谢活性很低，对干燥、热、化学药物（酸类和染料）和辐射等具有高度抗性。例如，很难觅到生物的沙漠中有大量枯草杆菌和巨大芽孢杆菌的芽孢。肉毒梭菌在 100℃沸水中要 5.0～9.5h 才被杀死，121℃下也要 10min 才能杀死。芽孢的抗紫外线的能力，一般要比其营养细胞强 1 倍。

绝大多数产芽孢细菌为革兰氏阳性杆菌，其中主要为好氧的芽孢杆菌属和厌氧的梭状芽孢杆菌属，还有芽孢乳杆菌属、芽孢八叠球菌属，螺菌属和弧菌属中也只有极少数产生芽孢。细菌能否形成芽孢，除与其遗传特性有关外，还与外界的环境条件如气体、养分、温度、生长因子等密切相关。需氧性芽孢杆菌形成芽孢时必须有游离氧存在；相反，厌氧性芽孢杆菌必须在充分厌氧条件下，才会产生芽孢；营养物质的不足，温度的改变，或在培养基内加入某种物质等都会促进芽孢的形成。

芽孢的形状、大小和位置因菌种而异，也是细菌分类鉴定的依据之一。大多数厌气性芽孢杆菌的芽孢直径大于菌体的宽度且位于细胞中央，故整个菌体呈梭形，如丙酮丁醇梭菌；有些细菌的芽孢位于菌体的一端，且直径大于细菌的宽度，使芽孢囊呈鼓槌状，如破伤风梭菌；有些芽孢位于细胞中央，直径小于菌体的宽度，如枯草杆菌。芽孢的形状、大小和位置如图 1-10 所示。

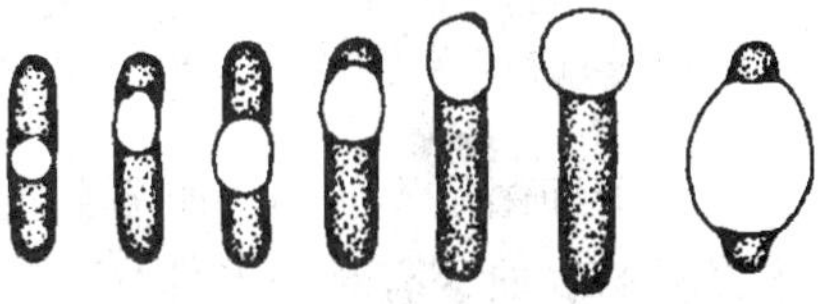

图 1-10　细菌芽孢的几种类型

成熟的芽孢具有多层结构（图 1-11）。芽孢外壁位于最外层，它是一个保护层，主要由蛋白质、脂质和糖类组成；其次还有一层或几层芽孢衣，其主要成分为蛋白质，非常致密，通透性差，能抗酶和化学物质的透入；从芽孢衣向内是很厚的皮层，约占芽孢总体积的一半，渗透压很高。

芽孢的形成过程很复杂，菌体内发生一系列形态和生理学变化如图 1-12 所示。

对细菌芽孢的深入研究具有很重要的理论和实践意义。

① 芽孢是细菌分类鉴定的重要形态特征之一。

② 芽孢是灭菌标准的主要依据。主要是以杀灭肉毒梭菌、破伤风梭菌、产气荚膜梭菌和嗜热脂肪芽孢杆菌等强致病性或高耐热性细菌的芽孢为标准的。肉毒梭菌的芽孢在 pH7.0 时，121℃需要 10min 才能杀死，所以一般非酸性罐头食品，工厂需 121℃灭菌 20～70min。嗜热脂肪芽孢杆菌的芽孢，121℃、12min 才能杀死，因此规定湿热灭菌在 121℃下至少 15min 才能算是达到无菌要求。

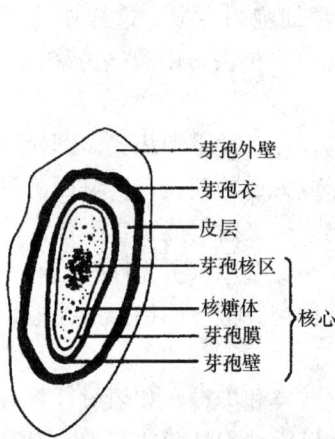

图 1-11　巨大芽孢杆菌成熟芽孢　　　　　图 1-12　芽孢形成的过程

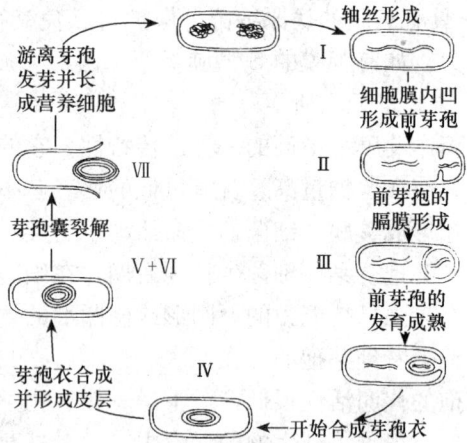

③ 有些产芽孢细菌可伴随产生有用的产物，例如抗生素短杆菌肽、杆菌肽等。

4. 细菌的繁殖

细菌最普遍和最主要的繁殖方式是无性繁殖——二分裂法。分子生物学研究表明，细菌二分裂时，细菌 DNA 先复制，形成两个原核，随着细菌的生长，原核彼此分开，同时，细胞膜向细胞质延伸，然后闭合，形成细胞质膈膜，使细胞质和原核分开；接着形成横膈壁，随着细胞膜向内延伸，细胞壁也向内延伸，最终形成了横膈壁，至此，两个子细胞具备了完整的细胞壁；最后子细胞分裂，形成完全独立的新细胞。

5. 细菌菌落的特征

单个细菌是不能用肉眼看到的，但如将单个微生物细胞或少数同种细胞接种在固体培养基的表面（有时为内部），当它占有一定的发展空间并给予适宜的培养条件时，该细胞就迅速进行生长繁殖。结果会形成以母细胞为中心的一个肉眼可见的、有一定形态构造的子细胞群，这就是菌落。如果菌落是由一个单细胞繁殖而来的，则它就是一个纯种细胞群或克隆。如果将某一纯种的大量细胞密集地接种到固体培养基表面，结果长成的各"菌落"相互连接成一片，这就是菌苔。

不同菌种其菌落特征不同，同一菌种因不同生活条件其菌落形态也不尽相同，但是同一菌种在相同条件下形成的菌落特征是相同的，并有一定的稳定性，所以菌落形态特征是菌种鉴定的主要依据之一。菌落形态包括菌落大小、形状、边缘、隆起、光泽、质地、颜色、扩展性、透明度等（图 1-13）。

细菌菌落的共同特征，如湿润、较光滑、较透明、较黏稠、易挑取（菌体和培养基结合不紧密）、质地均匀以及菌落正反面或边缘与中央部位的颜色一致等。其原因是细菌属单细胞生物，细胞间没有形态的分化，因此，在固体培养基表面上生长的每一个体，其细胞间隙中都充满吸水的毛细管，凡不能直接接触培养基的细胞就只能从其周围的毛细管水中来取得营养和排泄代谢废物。由于这部分水的含量高等原因，就造成了以上种种为细菌菌落所特有的特征。

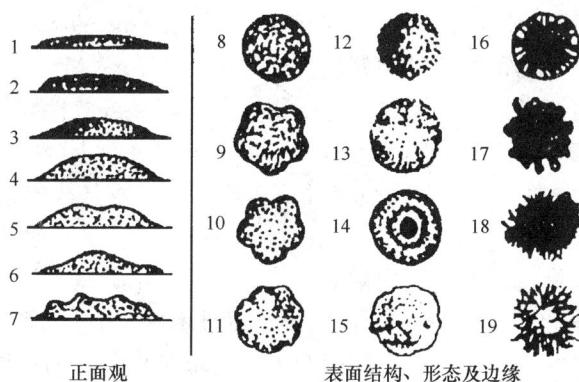

图 1-13　细菌菌落特征

1. 扁平；2. 隆起；3. 低凸起；4. 高凸起；5. 脐状；6. 乳头状；7. 草帽状表面结构、形状及边缘；
8. 圆形，边缘完整；9. 不规则，边缘波浪；10. 不规则颗粒状，边缘叶状；11. 规则，放射状，边缘叶状；
12. 规则，边缘呈扇边状；13. 规则，边缘齿状；14. 规则，有同心环、边缘完整；15. 不规则，似毛毯状；
16. 规则，似菌丝状；17. 规则，卷发状，边缘波状；18. 不规则，呈丝状；19. 不规则，根状

但是不同细菌的菌落也有自己的独有特征，如对无鞭毛、不能运动的细菌，尤其是各种球菌来说，随着菌落中个体数目的剧增，只能依靠"硬挤"的方式来扩大菌落的体积和面积，这样，它们就形成了较小、较厚、边缘极其圆整的菌落。有鞭毛的细菌，其菌落具有大而扁平、形状不规则和边缘呈锯齿状、波浪状的特征。有荚膜的细菌，其菌落较大、光滑并呈透明的蛋清状，无荚膜的则表面较粗糙。具有芽孢的细菌，因其芽孢引起的折光率变化而使菌落的外形变得很不透明或有"干燥"之感，并因其细胞分裂后常连成长链状而引起菌落表面粗糙、有褶皱感，再加上它们一般都有周生鞭毛，因此形成粗糙、多褶、不透明、外形及边缘不规则的独特菌落。运动能力强的细菌还会出现树根状甚至能移动的菌落，前者如蕈状芽孢杆菌，后者如普通变形杆菌。

6. 食品中常见的细菌

有的细菌可以用来制造食品和药品，有的能使食品发生变质。现将食品中常见的、主要是几个细菌属简介如下：

1）假单胞杆菌属（*Pseudomonas*）

直的或弯杆状，$(0.5\sim1)\mu m \times (1.5\sim4)$ μm。革兰氏阴性菌，极生鞭毛，可运动，不产生芽孢。化能有机营养型，需氧，在自然界分布很广。某些菌株具有很强的分解脂肪和蛋白质的能力。它们污染食品后如环境条件适宜，可在食品表面迅速生长。一般产生水溶性色素、氧化产物和黏液，引起食品产生异味及变质，很多菌在低温下能很好地生长，所以在冷藏食品的腐败变质中起主要作用。

2）醋酸杆菌属（*Acetobacter*）

幼龄菌为革兰氏阴性杆菌，老龄菌经革兰氏染色后常为阳性。无芽孢，能运动或不能运动，需氧。本属菌有较强的氧化能力，能将乙醇氧化为醋酸。虽然对醋酸工业有利，但对酒类饮料有害。一般在发酵的粮食、腐败的水果、蔬菜及变酸的酒类和果汁等常出现本属细菌。

3）埃希氏杆菌属（*Escherichia*）和肠细菌属（*Enterobacter*）

这两个属均归于大肠菌群，细胞杆状，$(0.4 \sim 0.7)\mu m \times (1.0 \sim 4.0)\mu m$，通常单个出现，周生鞭毛，可运动或不运动，革兰氏阴性菌，好氧或兼性厌氧，化能有机型。是食品中重要的腐生菌。存在于人类及牲畜的肠道中，在水、土壤中也极为常见。大肠杆菌（*E. coli*）在合适条件下使牛乳及乳制品腐败产生一种不洁净物或产生粪便气味。

4）沙门氏菌（*Salmonella*）

短杆菌，革兰氏染色阴性，周生鞭毛，能运动。在培养基上不产生色素，发酵葡萄糖和其它单糖，产酸产气（个别例外），但不发酵乳糖。

该菌是人类重要的肠道病原菌，能引起人类的传染病和食物变质。

5）双歧杆菌属（*Bifidobacterium*）

革兰氏染色阳性多形态杆菌，呈"Y"字形、"V"字形、弯曲状、棒状、勺状等。菌种不同其形态不同。专性厌氧。双歧杆菌作为肠道益生菌，有一定的保健作用。所以在发酵乳制品及一些保健饮料常常加入双歧杆菌。

6）乳杆菌属（*Lactobacillus*）

革兰氏阳性杆菌，不能运动，常呈链状排列。易在牛乳和植物产品中发现。如：干酪乳杆菌（*L. casei*）、保加利亚乳杆菌（*L. bulgaricus*）、嗜热乳杆菌（*L. thermophilus*）、嗜酸乳杆菌（*L. acidophilus*）等。这些菌常用来作为乳酸、干酪、酸乳等乳制品的生产发酵菌剂。

7）芽孢杆菌属（*Bacillus*）

革兰氏阳性杆菌，需氧，能产生芽孢。在自然界中分布很广，在土壤中及空气中尤为常见。这属细菌中的炭疽芽孢杆菌是毒性很大的病原菌，能引起人类和牲畜患炭疽病。该属中的其他菌，如枯草芽孢杆菌、蕈状芽孢杆菌（*Boc. mycojdes*）等，是食品中常见的腐败菌。

8）梭状芽孢杆菌（*Clostridium*）

革兰氏阳性杆菌，为厌氧或微需氧菌，能产生芽孢。其中肉毒梭状芽孢杆菌（*Cl. putrefaciens*）是具有极大毒性的病原菌。其他如热解糖梭菌（*Cl. thermosaccharolyticum*）是分解糖类专性嗜热菌，常引起蔬菜罐头等食品的产气性变质。腐化梭菌（*Cl. putrefaciens*）等能引起蛋白质食品变质。

9）葡萄球菌（*Stiphylococcus*）

葡萄串状，革兰氏阳性。如金黄色葡萄球菌（*Staphylococcus aureus*）主要在鼻黏膜、人及动物的体表上发现，可引起感染。污染食品产生肠毒素，使人食物中毒。

1.1.2　放线菌

放线菌由于首先发现的菌落呈放射状而得名。它是一类呈菌丝状生长、主要以孢子繁殖和陆生性强的革兰氏阳性原核微生物。大多为腐生菌，少数为寄生菌。在自然界中分布很广，土壤则是它们的主要习居场所，尤其是喜欢含水量较低、中性或偏碱性的有机质丰富的土壤。

放线菌与人类的关系相当密切。它是主要的抗生素产生菌。到目前为止，已知的抗生素中约有 2/3 是由放线菌产生的，而其中 90% 又是由放线菌中的链霉菌属所产生。

此外，有的放线菌还能用来生产酶制剂和维生素，有的也被用来甾体转化、石油脱蜡、污水处理等方面。只有少数放线菌能引起人类、动物和植物的病害。

1. 放线菌的形态结构

放线菌菌体是由无膈膜的分支状菌丝组成，菌丝直径很小（<1μm），细胞质中往往有多个分散的核质体，因此是单细胞原核微生物。细胞壁的主要成分是肽聚糖。放线菌的菌丝由于形态和功能的不同分为基内菌丝、气生菌丝和孢子丝三种（图 1-14）。

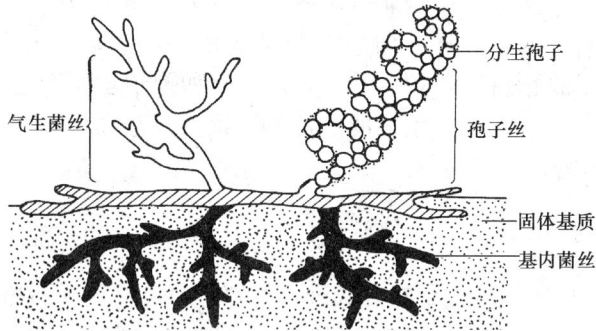

图 1-14　链霉菌一般形态结构的模式图

基内菌丝（又称基质菌丝）是紧贴固体培养基表面并向培养基里面生长的菌丝。主要功能是起固着和吸收营养的作用，故又有营养菌丝之称。

气生菌丝是基内菌丝伸向空中的、较粗、颜色较深的菌丝。

孢子丝是气生菌丝特化形成的，其形状以及在气生菌丝上的排列方式，随不同种类而异。有直的、波曲、钩状、螺旋、丛生、轮生等各种形态（图 1-15）。其中以螺旋状的孢子丝较为常见。

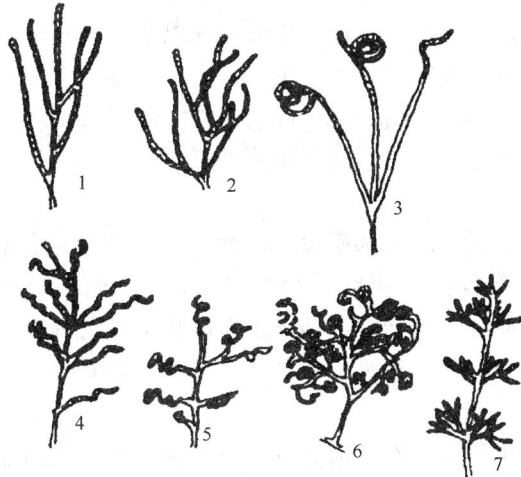

图 1-15　放线菌孢子丝的不同形态

1. 孢子丝直、单搓分支；2. 孢子丝丛生、波曲；3. 孢子丝顶端大螺旋；4. 孢子丝松螺旋（一级轮生）；
5. 孢子丝紧螺旋；6. 孢子丝紧螺旋成团；7. 孢子丝短而直（二级轮生）

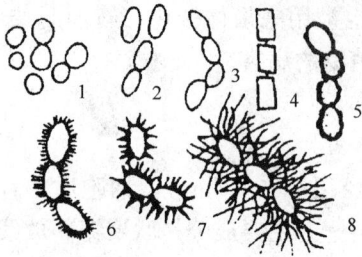

图 1-16　放线菌的孢子形态

1. 光滑型及粗糙型球状；2～4. 光滑型、
椭圆形、瓜子形及柱状；5. 疣突形；
6～7. 刺形、椭圆形；8. 毛发形

孢子丝上进一步产生各种颜色和形态的分生孢子（图 1-16）。

2. 放线菌的菌落特征

放线菌的菌落由菌丝体组成，具有不同于其他原核微生物的菌落特征：放线菌的菌丝很细、生长缓慢、相互交错，所以形成的菌落较小、质地致密、不透明；由于气生菌丝、孢子丝和干粉状分生孢子的形成而使表面呈丝绒状、干燥、多皱，上覆不同颜色的干粉（孢子）；基内菌丝和孢子丝所产色素各异而使菌落正反面的颜色不一致；因基内菌丝生长在培养基内，故菌落与培养基结合紧密，不易挑起。

3. 放线菌的繁殖

放线菌主要通过形成无性孢子的方式进行繁殖。通过电镜观察超薄切片，发现放线菌的孢子形成是横膈分裂的方式。气生菌丝顶端先波曲成为孢子丝，然后细胞膜内陷，并由内向外逐渐收缩，最后形成横膈，把孢子丝分割成许多分生孢子；或者细胞壁和细胞膜同时内陷，并逐步向内缢缩，将孢子丝缢裂成一串分生孢子。

4. 放线菌的重要类群

1）链霉菌属

在固体培养基上生长时，形成发达的基质菌丝和气生菌丝。气生菌丝生长到一定时候分化产生孢子丝，孢子丝有直、波曲、螺旋形等各种形态。孢子有球形、椭圆、杆状等各种形态，并且有的孢子表面还有刺、疣、毛发等各种纹饰。链霉菌的气生菌丝和基质菌丝有各种不同的颜色，有的菌丝还产生可溶性色素分泌到培养基中，使培养基呈现各种颜色。腐生。本属的主要特点是产生抗生素。已发现的千余种中，能产生抗生素的就有 600 多个菌种。占其他种类微生物所产抗生素的 90% 以上，如链霉素、红霉素、四环素等，是工业化发酵生产抗生素的主要菌种资源。

2）诺卡氏菌属

在固体培养基上生长时，只有基质菌丝，没有气生菌丝或只有很薄一层气生菌丝，靠菌丝断裂进行繁殖。大多好气腐生，少属厌气寄生。该属有 30 余种能产生抗生素。对结核分支杆菌和麻疯分支杆菌特效的利福霉素就是由该属菌产生的。另外，一些种类能分解烃类物质，在石油脱蜡、烃类发酵和污水处理中都有应用。

3）小单胞菌属

小单胞菌属属无气生菌丝，在基内菌丝上长出孢子梗，梗顶端产生一个球形或卵圆形分生孢子，一般好气腐生。一些种能产生抗生素，如庆大霉素等。

1.1.3 其他类型的原核微生物

1. 蓝细菌

蓝细菌一直被称为蓝藻或蓝绿藻，它是一类含有叶绿素、具有产氧性光合作用的、古老的原核微生物。

蓝细菌分布广泛，存在于淡水、海水和土壤中，富营养的湖泊或水库中所见到的水华就是蓝细菌形成的。

1) 蓝细菌的形态

蓝细菌形态多样。单细胞呈球状或杆状；多细胞排列成丝状，包括有异形胞的丝状蓝细菌（如鱼腥蓝细菌属）和分支的丝状蓝细菌（如飞氏蓝细菌属）。

细胞直径一般为 $0.5 \sim 1.0 \mu m$，大的达 $60 \mu m$，如巨颤蓝细菌是已知原核微生物中较大的细胞。

2) 蓝细菌的结构

细胞结构类似于革兰氏阴性细菌 G^-，细胞壁含肽聚糖，外有脂多糖层，细胞壁外有黏胶质形成的黏膜外套或鞘。多数丝状蓝细菌无鞭毛，但可做滑行运动。

大多数蓝细菌由于兼有藻蓝素和叶绿素 a 而呈蓝绿色。缺乏氮素时，藻蓝素被降解而呈绿色。藻红素使某些蓝细菌呈红色或棕色。

3) 蓝细菌的繁殖

蓝细菌只发现无性繁殖。单细胞蓝细菌进行二分裂或多分裂。多数丝状蓝细菌进行单平面方向的分裂，分支的丝状蓝细菌则进行多平面方向的分裂产生静息孢子。此外，丝状蓝细菌还可通过其丝状体断裂形成短片段（段殖体）的方式进行繁殖。

2. 支原体、立克次氏体、衣原体

支原体、立克次氏体、衣原体属于革兰氏阴性的原始、小型的原核微生物，它们的生活方式既有腐生又有寄生，是介于细菌和病毒之间的生物。它们与人类的关系害大于利，但与食品关系不大，因此我们仅就它们的特点，用表做一比较，见表1-2。

表 1-2 细菌、支原体、立克次氏体、衣原体、病毒的比较

特征	细菌	支原体	立克次氏体	衣原体	病毒
直径/μm	$0.5 \sim 0.2$	$0.2 \sim 0.25$	$0.2 \sim 0.5$	$0.2 \sim 0.3$	<0.25
可见性	光学显微镜	光镜勉强可见	光学显微镜	光镜勉强可见	电子显微镜
过滤性	不能过滤	能过滤	不能过滤	能过滤	能过滤
革兰氏染色	阳性或阴性	阴性	阴性	阴性	无
细胞壁	有坚韧的细胞壁	缺	与细菌相似	与细菌相似	无细胞结构
繁殖方式	二均分裂	二均分裂	二均分裂	二均分裂	复制
入侵寄主的方式	多样	直接	昆虫媒介	不清楚	决定宿主细胞性质
对抗生素	敏感	敏感（青霉素例外）	敏感	敏感	不敏感
对干扰素	某些菌敏感	不敏感	有的敏感	有的敏感	敏感

1.2　真核微生物

真核微生物是一类具有真正细胞核，具有核膜与核仁分化的较高等的微生物，其细胞质中具有线粒体、内质网等细胞器。真核微生物包括真菌、单细胞藻类和原生动物。本节主要介绍真菌。

真菌是一个分布广阔的庞大类群，约有十几万种。真菌细胞中没有光合色素，不能进行光合作用；细胞形态少数是单细胞，多数具有分支的丝状体；具有完整的、典型的细胞核；能进行有丝分裂，繁殖方式主要靠无性孢子和有性孢子。一般把真菌分为三类：单细胞的酵母菌、单细胞或多细胞的霉菌和产生子实体的蕈菌。

1.2.1　酵母菌

酵母菌是指以出芽繁殖为主的单细胞真菌的俗称。主要分布在含糖质较高的偏酸环境中，如果品、蔬菜、花蜜、植物叶子的表面和果园的土壤中，固有"糖菌"之称。此外，在动物粪便、油田和炼油厂附近的土壤中也能分离到利用烃类的酵母菌。酵母菌大多为腐生型，少数为寄生型。

酵母菌应用很广，它与人类密切相关，在酿造、食品、医药等行业和工业废水的处理方面都起着重要的作用。例如可以利用酵母菌酿酒，制造出美味可口的饮料和营养丰富的食品；可以利用酵母菌生产多种药品。当然，也有少数酵母菌是有害的，如鲁氏酵母、蜂蜜酵母等能使蜂蜜、果酱变质；有些酵母菌是发酵工业污染菌，使发酵产量降低或产生不良气味，影响产品质量；白假丝酵母，可引起皮肤、黏膜、呼吸道、消化道以及泌尿系统等多种疾病。

1. 酵母菌的形态、大小、结构

大多数酵母菌为单细胞，细胞的形态多种多样，一般有卵圆形、圆形、圆柱形、柠檬形香肠形及假丝状等（图 1-17、图 1-18）。假丝状是指有些酵母菌的细胞进行一连串的芽殖后，长大的子细胞与母细胞不分离，彼此连成藕节状或竹节状的细胞串，形似霉菌菌丝，为了区别于霉菌的菌丝，称之为假菌丝。酵母菌细胞的大小依其种类差别很大，一般长约 $5\sim30\mu m$，宽 $1\sim5\mu m$，比细菌大几倍至几十倍。酵母菌的形状与大小，可因培养条件及菌龄不同而改变，如一般的成熟的细胞大于幼龄细胞，液体培养的细胞大于固体培养的细胞。

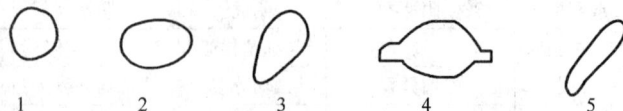

图 1-17　酵母的基本形态示意图
1. 圆形；2. 椭圆形；3. 卵圆形；4. 柠檬形；5. 香肠形

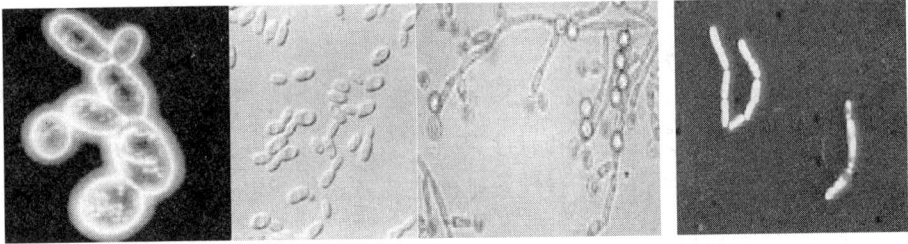

图 1-18　酵母菌的显微形态

　　酵母菌是真核微生物,具有典型的真核细胞结构。酵母菌的细胞与细菌的细胞一样有细胞壁、细胞膜和细胞质等基本结构以及核糖体等细胞器,此外酵母菌细胞还具有一些真核细胞特有的结构和细胞器,如细胞核有核仁和核膜,染色体由 DNA 与蛋白质结合形成,能进行有丝分裂,细胞质中有线粒体、中心体、内质网和高尔基体等细胞器以及多糖、脂类等贮藏物质。图 1-19 是酵母菌的细胞结构图。

　　(1) 细胞壁。幼龄酵母菌的细胞壁与细胞膜均较薄,老龄酵母菌的细胞壁与细胞膜较厚。酵母菌的细胞壁厚为 $25\sim70$nm,约占细胞干重的 25%。其化学组成内层为葡聚糖,外层为甘露聚糖,中间层为蛋白质。此外还含有不等量的类脂质和几丁质。细胞壁决定着细胞的形状,具抗原性,起到保护菌体的作用。

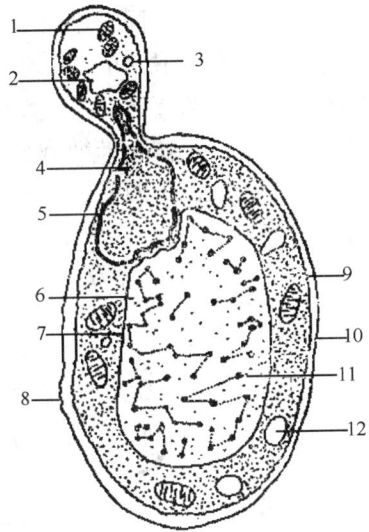

图 1-19　酵母菌的基本结构图

1. 线粒体;2. 芽体内的液泡;3. 芽体;
4. 细胞核;5. 核孔;6. 液泡;7. 液泡膜;
8. 出芽痕;9. 细胞膜;10. 细胞壁;
11. 液泡颗粒;12. 贮藏颗粒

　　(2) 细胞膜。酵母菌细胞膜厚约 7.5nm,结构成分与细菌基本相同,主要有蛋白质和类脂以及少量糖类组成。细胞膜具有半渗透性,主要是控制细胞内外物质的交换,参与细胞壁和部分酶的合成。

　　(3) 细胞质及贮藏物。细胞质是细胞新陈代谢的场所,它是一种黏稠的胶体,幼细胞的细胞质较稠密而均匀,老细胞的细胞质则出现较大的液泡和各种贮藏物。液泡的成分为有机酸及其盐类水溶液,贮藏物则以颗粒存在。

　　(4) 细胞核。酵母菌为真核生物,细胞质中具有明显完整的细胞核。幼龄细胞核呈圆形,位于细胞中央,成年后由于液泡的出现和扩大而被挤到一边,呈肾形。核外有包裹着核的核膜,核内有核仁和染色体。核膜是将细胞质与核质分开的双层膜,膜上有许多小孔,称为核孔。核孔是核质与胞质之间交换物质的选择性通道。核仁是比较稠密的圆球形构造,主要成分是 RNA 和蛋白质,核仁与 RNA 和蛋白质的合成有着密切的关系。

2. 酵母菌的繁殖与生活史

1) 酵母菌的繁殖

酵母菌的繁殖方式分无性繁殖和有性繁殖。多数酵母菌以无性繁殖为主，无性繁殖包括芽殖、裂殖和产生无性孢子。有性繁殖的主要方式是产生子囊孢子。繁殖方式是酵母鉴别的重要依据。

（1）无性繁殖。

① 芽殖。芽殖是酵母菌的最普遍的无性繁殖方式。酵母菌成熟时，细胞核附近的液泡产生一根小管，同时在细胞表面生出一个小突起。接着小管穿过细胞壁进入突起，然后母细胞核分裂成两个，一个核留在母细胞内，另一个核随母细胞的部分原生质进入小突起内，小突起逐渐增大，而成为芽体。最后，当芽体长到母细胞大小一半时两者相连部分收缩，使芽体与母细胞分开，成为独立生活的新细胞（图1-20），子细胞脱离后，在母细胞上留下的痕迹即牙痕（图1-21）。

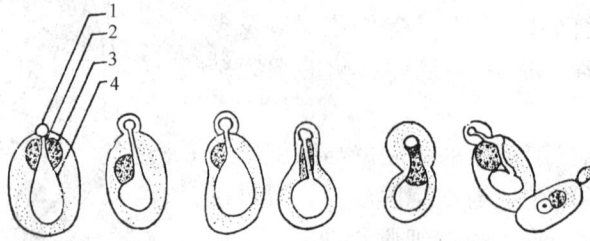

图 1-20　酵母菌芽殖过程

1. 突起；2. 小管；3. 核；4. 液泡

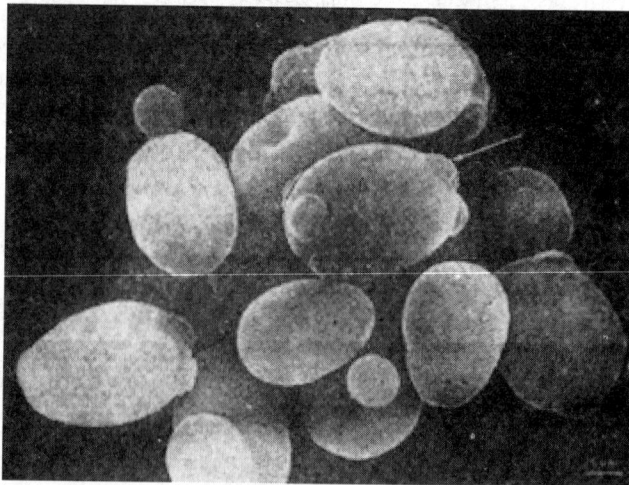

图 1-21　酿酒酵母的扫描电子显微镜照片

酵母菌出芽痕（戊二醛-锇酸固定）×8700

芽殖完成后，子细胞可脱离母细胞独立生活，也可与母细胞暂时相接。若酵母菌生长旺盛，而且环境条件适宜，子细胞在形成后不脱离母细胞，而继续进行芽殖，这样可以形成许多成串的细胞群，称为酵母菌的假菌丝如产朊假丝酵母（图 1-23）。

②裂殖。裂殖是少数酵母菌的繁殖方式（如裂殖酵母属），其过程类似细菌的二分裂法。其过程是母细胞先延长，核分裂为二，细胞中央出现隔膜，将细胞分为两个具有单核的子细胞（图 1-22）。

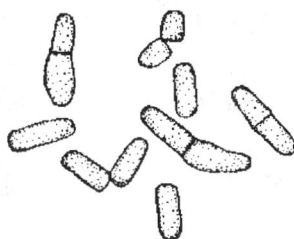

③无性孢子繁殖。有些酵母菌可形成一些无性孢子进行繁殖。这些无性孢子有掷孢子、厚垣孢子和节孢子等。

图 1-22　裂殖酵母的细胞分裂

如掷孢酵母属等少数酵母菌产生掷孢子，这种孢子是在卵圆形的营养细胞生出的小梗上形成的。孢子成熟后通过一种特有的喷射机制将孢子射出。此外有的酵母菌还能在假菌丝的顶端产生厚垣孢子，如白假丝酵母菌等（图 1-23）。

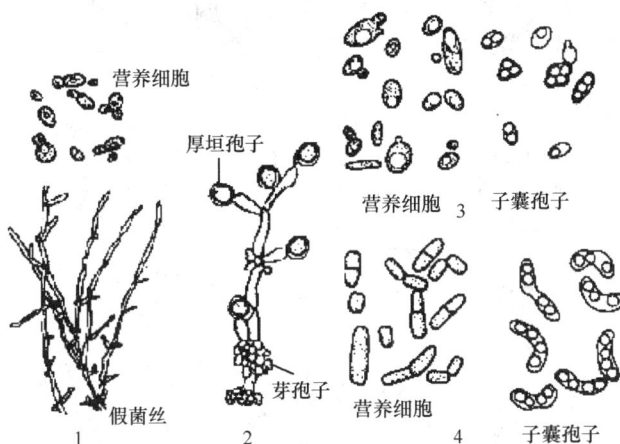

图 1-23　几种酵母菌的繁殖

1. 热带假丝酵母；2. 白假丝酵母；3. 酿酒酵母；4. 粟酒裂殖酵母

（2）有性繁殖。有性繁殖是指通过两个具有性差异的细胞相互接合形成新个体的繁殖方式。有性繁殖过程一般分为三个阶段，即质配、核配和减数分裂。

质配是两个不同性别的细胞的原生质融合在同一细胞中，而两个细胞核并不结合，每个核的染色体数都是单倍的。核配即两个核结合成一个二倍体的核。减数分裂则使细胞核中的染色体数目又恢复到原来的单倍体。

当酵母菌细胞发育到一定阶段，邻近的两个性别不同的具有单倍体核的酵母菌营养细胞各自伸出一根管状原生质突起，随即相互接触，接触处的细胞壁溶解，融合成通道，两个细胞的细胞质由通道结合进行质配，两个单倍体核也在此进行核配，形成二倍体接合子细胞。二倍体细胞可以出芽方式形成二倍体营养细胞，进行多代的生长繁殖。在一定条件下二倍体核进行减数分裂，形成 4 个或 8 个子核，每一子核与其附近的原生质一起，在其表面形成一层孢子壁后，就形成了一个子囊孢子，而原有的接合子细胞就成了子囊。子囊孢子的数目可以是 4 个或 8 个，因种而异，子囊及子囊孢子是酵母菌分类鉴定的依据（图 1-24）。

图 1-24　酵母菌子囊孢子的形成过程
1～4. 两个细胞结合；5. 结合子；
6～9. 核分裂；10、11. 核形成孢子

酵母菌在形成子囊时若两个形状，大小相同的细胞接合，称为同型配子结合；若两个形状和大小不相同的细胞结合，称为异型配子接合。酵母菌产生的子囊形状不同，孢子表面形状也因种而异，子囊和子囊孢子的形态是酵母菌分类的重要依据。

2）酵母菌的生活史

酵母菌个体经过一系列生长发育产生下一代个体的全部过程，即为酵母菌的生活史或生命周期。由于酵母菌的单倍体细胞（n）和二倍体细胞（$2n$）都有可能独立存在，并各自进行生长和繁殖。因此，酵母菌的生活史包含了单倍体生长阶段和二倍体生长阶段两个部分。

根据酵母菌生活史中单倍体和二倍体阶段存在时间的长短，可以把酵母菌分成单倍体型、二倍体型和单双倍体型三种类型，（图 1-25）。

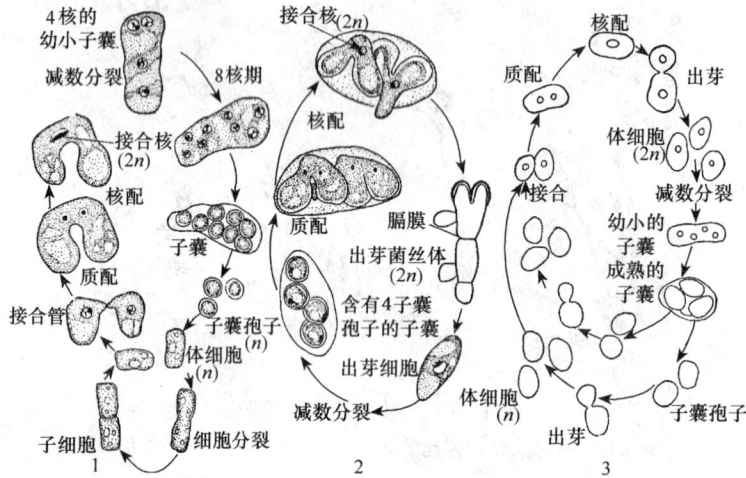

图 1-25　酵母菌生活
1. 八孢裂殖酵母图；2. 路德酵母；3. 啤酒酵母

（1）单倍体型。例如八孢裂殖酵母，单倍体营养细胞通过裂殖进行无性繁殖形成营养细胞，两个营养细胞合适条件接触后形成接合管，质配后立即核配，两个单倍体细胞核（n）合成二倍体核（$2n$）。二倍体核（$2n$）细胞阶段很短，不能独立生活，连续分裂 3 次，第一次为减数分裂，形成包含 8 个单倍体子囊孢子的子囊，子囊破裂，释放子囊孢子。

（2）二倍体型。例如路德酵母，单倍体子囊孢子在孢子囊内成对接合，发生质配和核配后形成二倍体的子囊孢子。二倍体细胞子囊孢子萌发，穿破子囊壁，为二倍体营养细胞。二倍体的营养细胞可独立生活，通过芽殖方式进行无性繁殖，此阶段较长。在二倍体营养细胞内的核进行减数分裂，营养细胞成为子囊，其中形成 4 个单倍体的子囊孢子，单倍体时期只能以子囊孢子形式存在，故不能独立生活。

（3）单双倍体型。该类酵母菌的主要特点是：例如啤酒酵母，单倍体营养细胞和二倍体营养细胞都可进行出芽繁殖；整个生活过程一般以出芽繁殖为主，特定条件下进行有性繁殖。

　　啤酒酵母生活史的全过程：子囊孢子在合适的条件下出芽产生单倍体营养细胞。单倍体细胞不断进行出芽繁殖。两个不同性别的单倍体营养细胞相互接触、融合发生质配，在质配后发生核配，形成接合子细胞即二倍体营养细胞。二倍体营养细胞并不立即进行核分裂，而是不断进行出芽繁殖，成为二倍体营养细胞。在特定条件下，二倍体营养细胞细胞核经减数分裂后形成 4 个或 8 个子核，每一子核被周围原生质包围形成子囊孢子，原接合子细胞即成为子囊，子囊破裂释放出单倍体子囊孢子。

　　啤酒酵母的二倍体营养细胞因其体积大、生活力强，从而被广泛应用于食品发酵工业生产、科学研究或是遗传工程实践中。

　　3. 酵母菌的菌落特征

　　在固体培养基上酵母菌的菌落与细菌很相似。但由于酵母菌的个体细胞较大，胞内颗粒明显，胞间含水量比细菌的少，所以菌落较大而厚，外观表现光滑、湿润，有黏性，与培养基结合不紧密。菌落颜色较单调，多数呈乳白色，只有少数呈红色、黑色等。有些菌落因培养时间较长，会逐渐生皱，变得较为干燥，颜色亦较原先为暗。假丝酵母因其边缘常产生丰富的藕节状假菌丝，故细胞易向外围蔓延，使菌落较大，扁平而无光泽，边缘不整齐（图 1-26）。

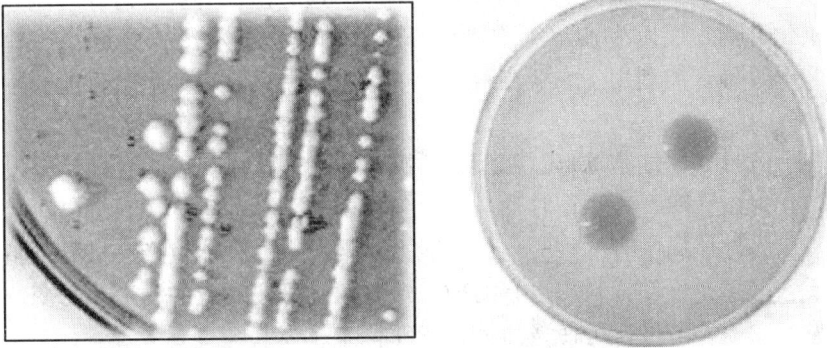

图 1-26　酵母菌菌落

　　菌落的颜色、光泽、质地，表面和边缘等特征都是酵母菌菌种鉴定的依据。表 1-3 是酵母菌与细菌的菌落比较。

表 1-3　酵母菌与细菌的菌落比较

比较项目	主要特征			参考特征					
	菌落	细胞		菌落透明度	结合程度	颜色	边缘	生长速度	气味
	外观	相互关系	形态特征						
细菌	很湿或较湿，小而短，或大而平坦	单个分散或有一定排列	小而均一，高倍镜无法分辨内部结构	透明或透明度差	不结合	多样	用低倍镜一般看不到细胞，需用高倍镜、油镜	很快	常有臭味
酵母菌	很湿，大而突起，光滑有黏性	单个分散	大而分化，高倍镜下可见内部结构	不透明	不结合	多为乳白色少数红色	用低倍镜有时可见细胞	较快	多数有酒香味

4. 食品中常见的酵母菌

（1）酵母菌属。细胞圆形、椭圆形、腊肠形。发酵力强，主要产物为乙醇及 CO_2。主要的种有：啤酒酵母，为酿造酒及酒精生产的主要菌种，还用于制造面包及医药工业；葡萄汁酵母，细胞椭圆形或长形，它能将棉子糖全部发酵，还可食用及用于医药工业。

（2）裂殖酵母属。细胞椭圆形、圆柱形。由营养细胞接合，形成子囊。有发酵能力，代表种为粟酒裂殖酵母，最早分离自非洲粟米酒，能使菊芋发酵产生酒精。

（3）汉逊酵母属。细胞圆形、椭圆形、腊肠形。多边芽殖营养细胞有单倍体或二倍体，发酵或不发酵，可产生乙酸乙脂，不合成淀粉，同化硝酸盐，并可以从葡萄糖产生磷酸甘露聚糖，可用于纺织和食品工业。此菌能利用酒精为碳源在饮料表面形成皮膜，为酒类酿造的有害菌。代表种为异常汉逊酵母，因能产生乙酸乙脂，有时可用于食品的增香。

（4）毕赤酵母属。细胞形状多样，多边出芽，能形成假菌丝，常有油滴，表面光滑，发酵或不发酵，不同化硝酸盐，能利用正癸烷及十六烷，可发酵石油以生产单细胞蛋白，在酿酒业中为有害菌，代表种为粉状毕赤酵母。

（5）假丝酵母属。细胞圆形、卵形或长形、多边芽殖。有些种有发酵能力；有些种能氧化碳氢化合物，用以生产单细胞蛋白，供食用或作饲料。少数菌能致病，代表种有：产朊假丝酵母，能利用工农业废液生产单细胞蛋白；热带假丝酵母能利用石油生产饲料酵母。

（6）球拟酵母属。细胞球形、卵形或长圆形。无假菌丝，多边芽殖，有发酵力，能将葡萄糖转化为多元醇，为生产甘油的重要菌种，利用石油生产饲料酵母，代表种为白色球拟酵母。另外该属中有的种氧化烃类能力较强，有的种能生产有机酸、脂等，有的菌株蛋白质含量高，可作饲料，也有的种是致病的，可侵入人的肠道。易变球形酵母是酱油中常见到的一种酵母，可使酱油具有特殊香味。

（7）红酵母属。细胞圆形、卵形或长形。多边芽殖，少数形成假菌丝。该属的所有种都不发酵糖类，无酒精发酵能力，但能同化某些糖类。有的能产生大量脂肪，对烃类有弱氧化力。常污染食品，少数为致病菌。在肉和酸菜上形成红斑而使食品着色，在粮食上也经常分离到，代表种为黏红酵母。

1.2.2　霉菌

霉菌也称丝状真菌，通常把在基质上长成绒毛状、棉絮状或蜘蛛网状菌丝体的真菌，称为霉菌。霉菌是发酵工业、医药工业、食品工业的重要菌种。例如霉菌除用于传统的酿酒、制酱和做其他发酵食品外，近年来在发酵工业中广泛用来生产酒精、柠檬酸、青霉素、灰黄霉素、赤霉素、淀粉酶和发酵饲料等。

霉菌与酵母一样，喜偏酸性、糖质环境。生长最适合温度为 30～39℃。大多数为好氧性微生物。多为腐生菌，少数为寄生菌。

1. 霉菌的形态和结构

1）霉菌的形态

构成霉菌营养体的基本单位是菌丝。菌丝是一种管状的细丝，把它放在显微镜下观察，很像一根透明胶管，它的直径一般为 $3 \sim 10 \mu m$，比细菌和放线菌的细胞约粗几倍到几十倍。菌丝可伸长并产生分支，许多分支的菌丝相互交织在一起，就叫菌丝体。

根据菌丝中是否存在膈膜，可把霉菌菌丝分成两种类型（图 1-27）：

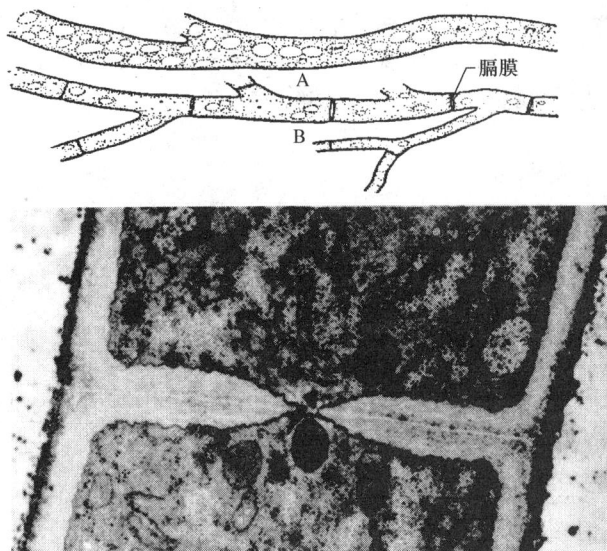

图 1-27　霉菌菌丝与菌丝的膈膜
A. 无膈菌丝；B. 有膈菌丝

一种是无膈膜菌丝，菌丝中无膈膜，整团菌丝体就是一个单细胞，其中含有多个细胞核如毛霉、根霉等。无膈膜菌丝生长过程中只有细胞核的分裂和原生质的增长，而没有细胞数目的增加。另一种是有膈膜菌丝，菌丝中有膈膜，被膈膜隔开的一段菌丝就是一个细胞，菌丝体由很多个细胞组成，每个细胞内有 1 个或多个细胞核。有膈膜菌丝在膈膜上有 1 个至多个小孔，使细胞之间的细胞质和营养物质可以相互沟通，菌丝生长时，每个细胞液随之分裂，细胞数目增加，如青霉、曲霉等。

霉菌菌丝可以分化，在固体培养基上，以部分菌丝伸入培养基内部，吸收养料，称为营养菌丝或基内菌丝。另一部分菌丝伸出基质外向空中生长，称气生菌丝。一部分气生菌丝发育到一定阶段产生孢子，又称繁殖菌丝。有些菌丝会分泌色素，呈现不同的颜色，有的色素也可分泌到细胞外渗入基质。为了适应环境，霉菌的菌丝会形成许多特化的结构，如吸器、假根、子座、菌核、菌索、菌网、匍匐菌丝等特化结构。

2）霉菌的结构

霉菌菌丝细胞由细胞壁、细胞膜、细胞质、细胞核及各种内含物组成。细胞壁成分各有差异，多数霉菌细胞壁含有几丁质，约占干重的 $2\% \sim 26\%$，少数为低等的水生霉菌，以纤维素为主。细胞膜厚约 9～10nm，细胞核有核膜、核仁和染色体。细胞质中含有线粒体、核糖体和颗粒状内含物，如糖原、脂肪颗粒等。幼龄菌丝细胞质均匀，老龄菌丝中出现液泡（图 1-28）。

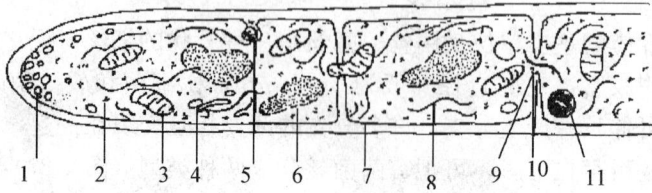

图 1-28　霉菌的细胞结构图

1. 泡囊；2. 核蛋白体；3. 线粒体；4. 泡囊产生系统；5. 膜边体；6. 细胞核；
7. 细胞壁；8. 内质网；9. 膈膜孔；10. 膈膜；11. 伏鲁宁体

2. 霉菌的繁殖和生活史

1）霉菌的繁殖

霉菌主要依靠各种孢子进行繁殖，产生孢子的方式分无性孢子和有性孢子两种。霉菌菌丝片段也可以生长成新的菌丝，即断裂繁殖。

（1）无性繁殖。霉菌主要用无性孢子进行繁殖，它的特点是分散，数量大，而且孢子有一定抗性。利用霉菌的这一特点，在工业发酵中可短期得到大量菌体，所以常利用无性孢子来进行繁殖、扩大培养，或进行菌种保藏。霉菌的无性繁殖主要通过产生孢囊孢子、分生孢子、节孢子和厚垣孢子来实现的（图 1-29）。

① 孢囊孢子。孢囊孢子是一种内生孢子，霉菌的气生菌丝或孢囊梗顶端膨大，形成孢子囊，囊内充满许多细胞核，每一个核外包以细胞质，产生孢子壁，即形成孢子囊孢子。顶端形成孢子囊的菌丝——孢囊梗。孢囊梗伸入孢子囊的部分——囊轴。孢子成熟后孢子囊破裂，孢子囊孢子即分散出来。如毛霉、根霉等（图 1-29）。

② 分生孢子。分生孢子生于细胞外，是一种外生孢子，霉菌菌丝顶端或分生孢子梗上，以类似于出芽或缢缩的方式形成单个或成簇的孢子，称为分生孢子。它是霉菌中最常见的一类无性孢子。分生孢子形状、大小、颜色、结构及着生方式因菌种不同而异。分生孢子着生在菌丝或其分支的顶端，产生的孢子可以是单生的、成链的或是成簇的。

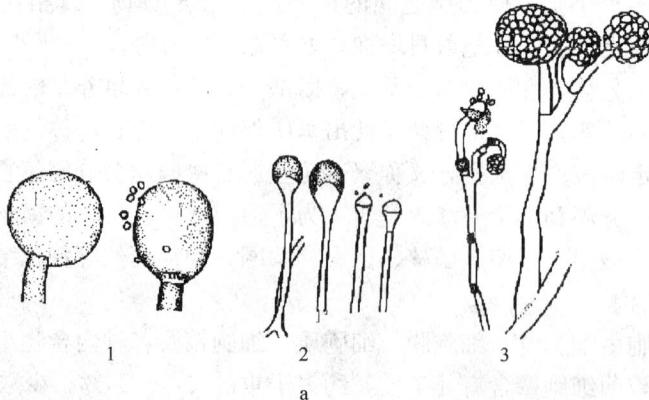

图 1-29　孢子囊、孢囊孢子和孢子梗

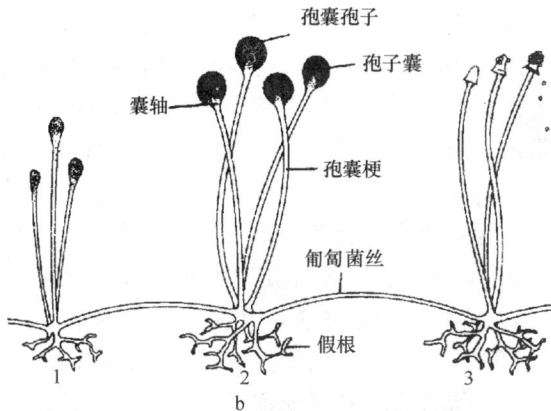

图 1-29　孢子囊、孢囊孢子和孢子梗（续）

a：1. 大毛霉：左是未成熟的孢子囊，右是孢子囊和几个孢囊孢子；

　　2. 灰绿梨头霉的孢囊孢子和囊轴；3. 总状毛霉的孢子梗和孢子囊

b：根霉的形态图

　　有的霉菌如青霉菌和曲霉（图 1-30），菌丝已分化成分生孢子梗和小梗，分生孢子着生在小梗顶端，成链或成团，壁较厚。

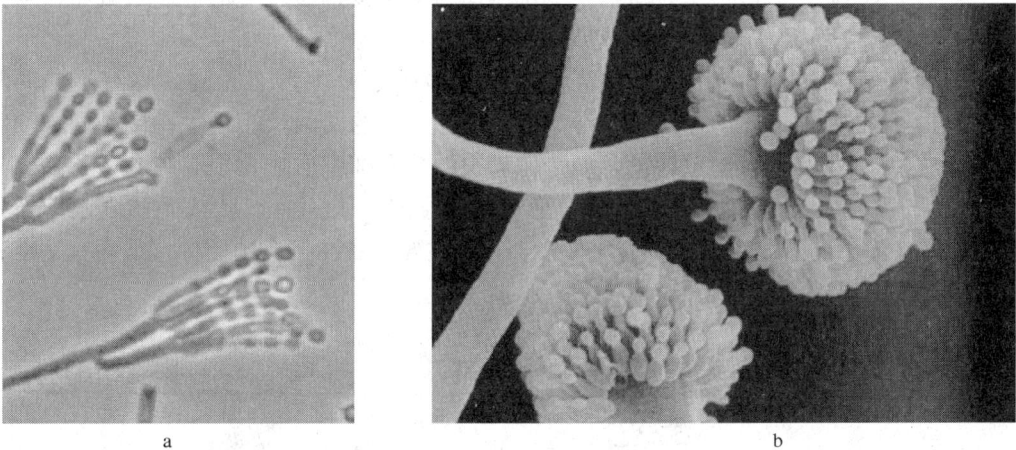

图 1-30　分生孢子扫描电镜图

a. 青霉菌；b. 曲霉菌

　　③ 节孢子。节孢子又称粉孢子、裂生子，是由霉菌菌丝断裂形成的。菌丝生长到一定阶段，出现许多膈膜，然后从膈膜处断裂，产生许多单个的孢子，孢子形态多为圆柱形。如白地霉（图 1-31）。

　　④ 厚垣孢子。厚垣孢子具有很厚的壁，因此又名厚壁孢子，是霉菌菌丝的顶端或中间部分细胞的原生质浓缩、变圆，细胞壁加厚，形成球形或纺锤形的

图 1-31　白地霉的节孢子和厚垣孢子

1. 节孢子；2. 厚垣孢子

休眠体，对恶劣环境有很强的抵抗力。若菌丝遇到不良环境而死亡，厚垣孢子还具有生

命力，当环境适宜时，能萌发成菌丝（图 1-31）。

⑤ 芽孢子。霉菌菌丝细胞像发芽一样产生小突起，经过细胞壁紧缩而形成的无性孢子，形似球形。如毛霉、根霉在液体培养基中形成的酵母型细胞属芽孢子。

（2）霉菌的有性繁殖。霉菌的有性繁殖是通过不同性别的细胞或菌丝结合后，产生的有性孢子来繁殖的。

霉菌的有性繁殖的过程一般可分为三个阶段。第一阶段为质配，即两个不同性别的细胞的细胞质融合在一起（$n+n$）。第二阶段为核配，即两个细胞的核融合，产生二倍体的接合子核（$2n$）。第三阶段为减数分裂，又恢复了核的单倍体状态（n）。大多数霉菌的菌体是单倍体，因为核配后，一般随即发生减数分裂，而二倍体只限于接合子。霉菌的有性孢子包括卵孢子、接合孢子和子囊孢子等。

霉菌的有性繁殖多发生于特定条件下，而在一般培养基上不常出现。霉菌的种类不同，其有性繁殖方式亦不同。有些霉菌可通过菌丝接合，而多数霉菌的有性繁殖是通过分化了的特殊性细胞的接合来实现的。

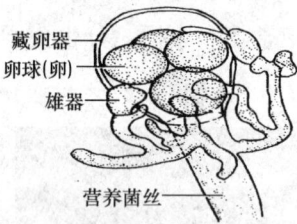

图 1-32　霉菌的卵孢子的
形成过程

① 卵孢子。卵孢子是由两个大小形状不同的配子囊结合后而成的有性孢子。小型配子囊称为雄器，大型的配子囊称为藏卵器。藏卵器内有一个或数个卵球，雄器与藏卵器相配，雄器中的细胞质与细胞核，通过受精管进入藏卵器与卵球接合成卵孢子（图 1-32）。

② 接合孢子。接合孢子是由形态相同或略有不同的配子囊结合形成的。当相接近的两菌丝相接触，接触处的细胞壁溶解，两个菌丝内的核和细胞质融合形成结合孢子（合二为一）。接合孢子的壁很厚，表面有棘状或尤状隆起，外界条件适宜，接合孢子即萌发出新菌丝。接合孢子主要分布在接合菌类中，如高大毛霉和黑根霉（图 1-33）。

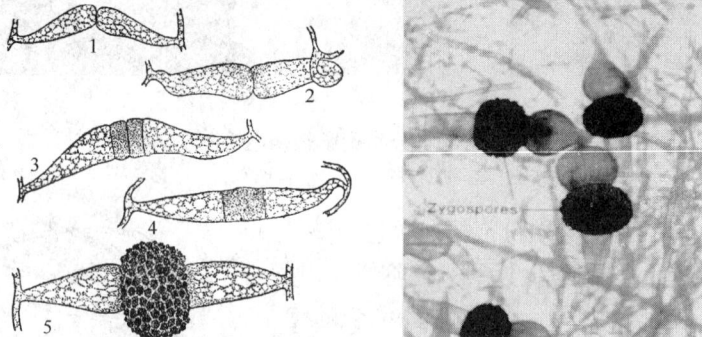

图 1-33　接合包子的形成
1. 原配子囊；2. 配子囊；3、4 接合子；5. 接合孢子

③ 子囊孢子。在子囊中形成的有性孢子称子囊孢子。形成子囊孢子是子囊菌的主要特征。子囊是一种囊状结构，呈球形、棒形、圆筒形，因种而异。一般每个子囊中形

成 8 个子囊孢子（图 1-34）。大多数的子囊包在由很多菌丝聚集而形成的子囊果中（图 1-35），子囊孢子、子囊及子囊果的形态、大小、颜色、质地等特征是霉菌分类鉴定的依据。

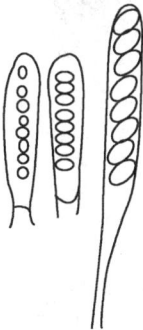

图 1-34　子囊孢子

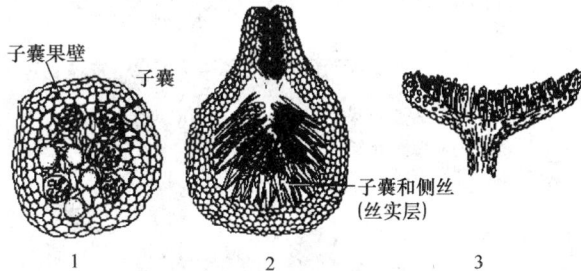

图 1-35　子囊果的三种类型
1. 闭囊果；2. 子囊果；3. 子囊盘

2）霉菌的生活史

霉菌的生活史是指霉菌从孢子萌发开始，经过一定的生长和发育，到最后又产生孢子的过程。整个生活史中包括着无性世代和有性世代。较典型的生活史为：霉菌的菌丝体（即营养体）在适宜的条件下，产生无性孢子，无性孢子萌发形成新的菌丝体，即是无性世代，如此多次重复。霉菌生长后期，可能进入有性阶段，在菌丝体上形成配子囊，从而质配、核配而形成二倍体的细胞核，接着经过减数分裂，形成单倍体的有性孢子（图 1-36）。

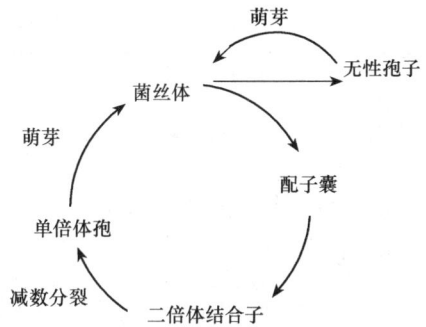

图 1-36　霉菌的生活史

霉菌的无性孢子通常较能抗干燥和辐射，但不耐高温，不是休眠体。只要条件适宜就能萌发。霉菌的有性孢子一般能休眠，较能耐热，经活化后才能萌发。

3. 霉菌的菌落特征

霉菌的菌落由分支状的菌丝组成。由于霉菌的菌丝较粗而长，固体培养基上形成的菌落质地疏松，外观干燥，不透明，一般呈现绒毛状、絮状或蛛网状。由于霉菌形成的孢子有不同的形状、构造与颜色，所以菌落表面往往呈现肉眼可见的不同结构与色泽特征。有些菌丝的水溶性色素可分泌至培养基中，使得菌落背面呈现与正面不同的颜色。有些霉菌生长较快，处于菌落中心的菌丝菌龄较大，而生长在菌落边缘的菌丝则较为幼小，也可显示不同的特征。霉菌的菌落比细菌的菌落大几倍到几十倍。一般霉菌的菌落直径 1～2cm 或更小。霉菌菌落的大小、颜色、形状、结构等特征，对不同的霉菌，有很大差别，可作菌种分类鉴别的依据（图 1-37）。表 1-4 是霉菌与放线菌的菌落比较。

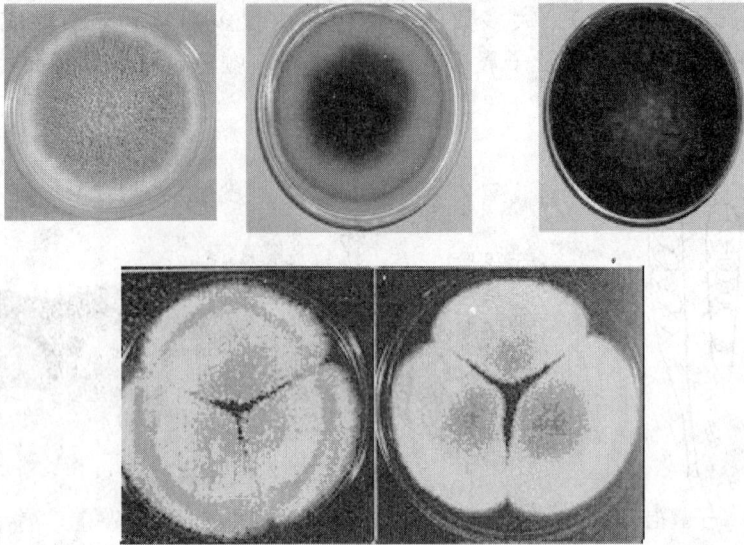

图 1-37　霉菌菌落

表 1-4　霉菌与放线菌的菌落比较

比较项目	主要特征			参考特征					
	菌落	细胞		菌落透明度	结合程度	颜色	边缘	生长速度	气味
	外观	相互关系	形态特征						
放线菌	干燥或较干燥，小而紧密、短丝状，坚实、多皱	丝状交织	细而均一，高倍镜下无法分辨	不透明	牢固结合不易挑取	多样	用低倍镜有时可见细丝状细胞	慢	常有泥腥味
霉菌	干燥，大而疏松，或小而紧密，绒毛状，絮状，蜘蛛网状	丝状交织	粗而分化，高倍镜下可见内部结构	不透明	较牢固	多样	用低倍镜有时可见粗丝状细胞	一般较快	往往有霉味

液体培养基培养霉菌，如果是静止培养，霉菌往往在表面上生长，液面上形成菌膜，培养基不浑浊。如果是振荡培养，形成的菌丝球可能均匀的悬浮在培养液中或沉淀于培养液底部。

4. 食品中常见的霉菌

（1）曲霉属。曲霉广泛分布于土壤，空气、谷物和各类有机物品中，在温湿合适条件下，引起皮革、布匹和工业品发霉及食品霉变，如灰绿曲霉和杂色曲霉是粮食和食品的主要菌种。同时，曲霉亦是发酵工业和食品加工方面应用的重要菌种，如黑曲霉是化工生产中应用最广的菌种之一，可用于柠檬酸、葡萄糖酸、抗坏血酸、淀粉酶和酒类的生产。米曲霉具强分解蛋白质能力，用于制酱。

本属菌丝有隔，多细胞。菌丝体较紧密。菌落呈圆形。以分生孢子方式进行无性繁殖，通常分生孢子梗是从由分化为厚壁的菌丝细胞（足细胞）上长出。分生孢子梗大多无隔膜，不分支，顶端膨大成球状或棍棒状的顶囊，再在顶囊上长满一层至二层呈辐射状的小梗，上层小梗瓶状，顶端着生成串的球形分生孢子。分生孢子呈绿、黄、橙、褐、黑等各种颜色，故菌落颜色多种多样，而且比较稳定，是分类的主要特征之一。曲霉菌的有性世代产生门囊壳，其中着生圆球状子囊，囊内含有 8 个子囊孢子。子囊孢子大都无色，有的菌种呈红、褐、紫等颜色。常见的曲霉菌有米曲霉、黄曲霉、黑曲霉、白曲霉、棒曲霉群、构巢曲霉群、杂色曲霉、灰绿曲霉等。

（2）根霉属。根霉属（*Rhizopus*）广泛分布在自然界，常引起谷物、瓜果、蔬菜及食品腐败，如黑根霉。根霉与毛霉类似，能产生大量的淀粉酶，故用做酿酒、制醋业的糖化菌，如米根霉产生淀粉酶，有淀粉糖化性能、蔗糖转化性能，能产生乳酸、反丁烯二酸及微量的酒精。有些根霉还用于甾体激素、延胡索酸和酶剂制生产。如华根霉产生淀粉酶，液化力强，有溶胶性，能产生酒精、芳香脂类、左旋乳酸及反丁烯二酸，能转化甾族化合物。

根霉菌丝结构与毛霉相似，菌丝为无隔单细胞，生长迅速，有发达的菌丝体，气生菌丝白色，蓬松，如棉絮状。根霉气生性强，故大部分菌丝匍匐生长在营养基质的表面。这种气生菌丝，称为匍匐菌丝或蔓丝。蔓丝生节，从节向下分支，形成假根状的基内菌丝，称为假根。假根起着固定和吸收养料的作用，这是根霉的重要特征。由假根着生处，向上长出直立的 2～4 根孢囊梗，孢囊梗不分支，梗的顶端膨大形成孢囊，同时产生横隔，囊内形成大量孢囊孢子。成熟后，囊壁破裂，孢子释放。孢囊孢子呈球形或卵形。同时随着孢子囊的破裂，露出囊轴。根霉的有性繁殖产生接合孢子。除有性根霉为同宗结合外，其他根霉都是异宗结合。常见的根霉菌种有米根霉、黑根霉、华根霉等。

（3）毛霉属。毛霉属属于接合菌亚门，接合菌纲，毛霉目，毛霉科。毛霉属在自然界分布很广，空气、土壤和各种物体上都有，该菌为中温性，生长的适温为 25～30℃，种类不同，对温度适应的差异较大，如总状毛霉最低生长温度为 −4℃ 左右，最高为 32～33℃，毛霉喜高湿，孢子萌发的最低水分活度为 0.88～0.94，故在水分活度较高的食品和原料上易分离到。该菌有很强的分解蛋白质和糖化淀粉的能力，因此，常被用于酿造、发酵食品等工业，如鲁氏毛霉能产生蛋白酶可用来做豆腐乳；高大毛霉能产生脂肪酶能产生 3-羟基丁酮、脂肪酶，还能产生大量的琥珀酸，对甾族化合物有转化作用。

毛霉菌落絮状，初为白色或灰白色，后变为灰褐色菌丛高度可由几毫米至十几厘米，有的具有光泽。菌丝无隔。分气生菌丝和基质菌丝。气生菌丝发育到一定阶段，即产生垂直向上的孢囊梗，梗顶端膨大形成孢子囊，囊成熟后，囊壁破裂释放出孢囊孢子，囊轴呈椭圆形或圆柱形，孢囊孢子为球形、椭圆形或其他形状，单细胞、无色，壁薄而光滑，无色或黄色，有性孢子（接合孢子）为球形，黄褐色，有的有突起。常见的毛霉菌种有高大毛霉、总状毛霉、鲁氏毛霉等。

（4）青霉属。青霉属十分接近曲霉，在自然界分布很广，常生长在腐烂的柑橘皮上，呈青绿色，不少种类引起食品变质，如橘青霉、黄绿青霉分布广泛，可从食品、饲料、土壤及其他物质上分离出来，有的菌株能产生毒素，形成有毒的"黄变米"。但也用来生产青霉素和有机酸等，如产黄青霉广泛分布于空气、土壤及霉腐材料上，能产生多种有机酸，工业上用于生产葡萄氧化酶或葡萄糖酸，该菌是青霉素的生产菌。

青霉菌丝与曲霉相似，是由有隔菌丝形成的菌丝体，白色。青霉有无性和有性生殖两种生殖方式。无性生殖时，从菌丝体上产生很多扫帚状的分生孢子梗，最末级的瓶状小枝上生出成串的青绿色的分生孢子。由于分生孢子的数量很大，所以，此时青霉的颜色则由白色变成青绿色。分生孢子散落后，在适宜的条件下萌发成新的菌丝体。青霉的有性生殖极少见，有性过程产生球形的子囊果，叫闭囊壳，其内有多个子囊散生，每个子囊内产生子囊孢子。子囊孢子散出后，在适宜的条件下萌发成新的青霉菌丝体。常见青霉有黄绿青霉、橘青霉、产黄青霉。

1.2.3　大型真菌

（1）冬虫夏草。冬虫夏草又叫虫草（图1-38），是虫和草结合在一起长的一种共生体，虫是虫草蝙蝠蛾的幼虫，草是一种虫草真菌。夏季，虫子将卵产于草丛的花叶上，随叶片落到地面。经过一个月左右孵化变成幼虫，便钻入潮湿松软的土层。土层里有一种虫草真菌的子囊孢子，它只侵袭那些肥壮、发育良好的幼虫。幼虫受到孢子侵袭后钻向地面浅层，孢子在幼虫体内生长，幼虫的内脏就慢慢消失了，体内变成充满菌丝的一个躯壳，埋藏在土层里。经过一个冬天，到第二年春天来临，菌丝开始生长，到夏天时长出地面，成为子实体，这样，幼虫的躯壳与子实体（小草）共同组成了一个完整的"冬虫夏草"。冬虫夏草具有养肺阴，补肾阳、止咳化痰、抗癌防老的功效，为平补阴阳之品，是名贵的保健品。

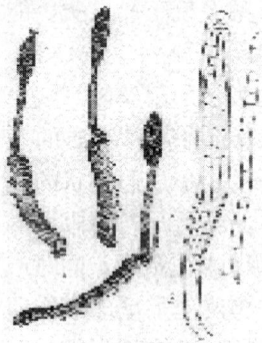

图1-38　冬虫夏草

（2）蕈菌。蕈菌是大型真菌，又称伞菌，是指生活中能形成肉质或胶质的子实体或菌核的真菌，大多数属于担子菌亚门，少数属于子囊菌亚门（图1-39，图1-40）

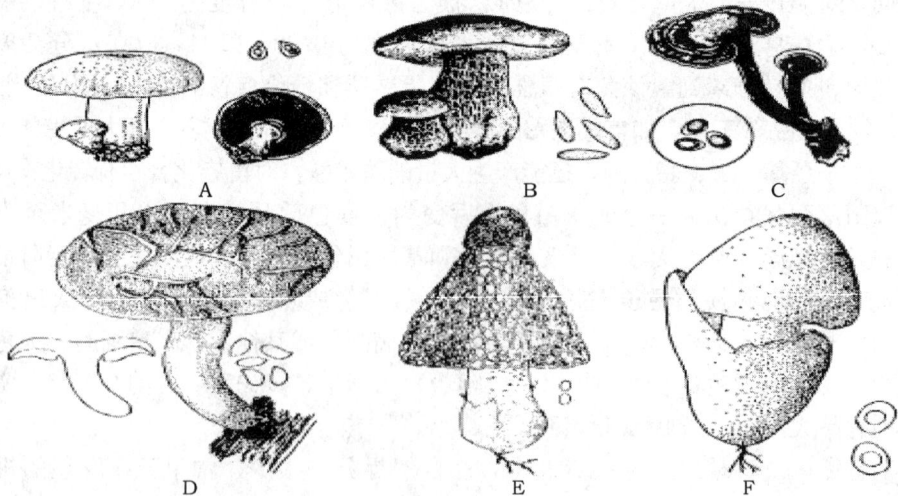

图1-39　常见的担子菌和担孢子

蕈菌广泛分布于地球各处，在森林落叶地带更为丰富，它们与人类的关系密切，其中可供食用的种类2000多种，目前已利用的食用菌约400种，其中约50种已能进行人工栽培，如常见的大型真菌有香菇、草菇、金针菇、双孢蘑菇、平菇、木耳、银耳、竹苏、羊肚菌、杏鲍菇、珍香红菇、柳松菇、茶树菇和真姬菇等，还有可供药用的，如灵芝、云芝和猴头等。少数有毒或引起木材朽烂的种类，则对人类有害。

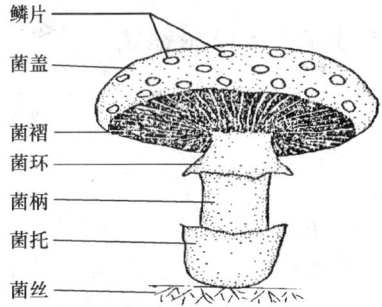

图 1-40　伞菌的形态图

鳞片
菌盖
菌褶
菌环
菌柄
菌托
菌丝

　　蕈菌是一类重要的白色食品，是食品和制药工业的重要资源，是真菌中最高级的菌类。蕈菌营养成分介于肉类和果蔬之间，具有高蛋白、低脂肪、低胆固醇的特点，集中了食品中一切的良好特性。同时在医学上具有很高的药用和保健价值，例如所含甾类、三萜类、多糖、生物碱等具有调节免疫力、降血压、降血脂、抗病毒、抗肿瘤、延缓衰老等作用。

　　目前，食药用蕈菌的利用过程包括：制种、栽培、加工和提取有效成分。其中以食用真菌为代表的食药用微生物即白色食品和食品中的绿色食品、蓝色食品渐趋三足鼎力之势。大型蕈菌的开发利用已经为世界人类健康富裕的生活起到了积极的作用。

1.3　病　　毒

　　病毒是在 19 世纪末才被发现的一类极其微小非细胞生物。广泛寄生于各类微生物、植物、动物、和人类的细胞中，随着研究的深入，现代病毒学家已把这类非细胞生物分成病毒和亚病毒两大类。本节主要阐述病毒。

1.3.1　病毒概念和特点

1. 病毒的概念

　　病毒是一类超显微的、结构极其简单、专性活细胞内寄生的非细胞微生物，在活细胞外能以无生命的生物大分子状态长期存在并保持侵染活性。

2. 病毒的基本特征

　　与其他生物相比，病毒具有以下几个重要特征：

　　（1）形体极其微小，常用纳米（nm）度量，直径多数为 100nm（20～200nm）上下。一般都能通过细菌滤器，必须用电子显微镜才能观察，因此又称超显微生物。

　　（2）没有细胞构造，其主要成分仅为核酸和蛋白质两种，而且只含一种核酸（DNA 或 RNA）故又称"分子生物"。

　　（3）专性寄生。病毒产能酶系，蛋白质和核酸合成酶系不完整，只能利用宿主活细胞内现成的代谢系统复制合成自身的核酸和蛋白质来实现自己的增殖。所以不能独立生活，无个体生长，无二分裂繁殖。

　　（4）在离体条件下，病毒能以无生命的生物大分子状态存在，并可长期保持其侵染活力。

　　（5）病毒对一般抗生素不敏感，但对干扰素敏感。

　　（6）有些病毒的核酸还能整合到宿主的基因组中，并诱发潜伏性感染。

1.3.2　病毒的分类

按病毒感染宿主的种类可将病毒分为植物病毒、动物病毒、微生物病毒。

1. 植物病毒

植物病毒大多数是单链 RNA 病毒，植物病毒寄生的植物专一性不强，一种病毒往往能寄生在不同的科、属、种的植物上，如烟草花叶病毒能侵染十几个科、百余种植物。昆虫传播是自然条件下植物病毒最主要的传播途径；嫁接也是植物病毒传染的途径；病株的汁液接触健康植株的伤口也可以传染。

2. 动物病毒

动物病毒是寄生于人与动物细胞内，能引起人和动物多种疾病。如流感、麻疹、腮腺炎、肝炎、艾滋病、狂犬病、非典、甲流、禽流感、口蹄疫等疾病都是由动物病毒感染引起的。动物病毒传播迅速、流行广泛、危害严重，一般可通过接触、呼吸、饮食等传播，应提高防范意识，做到防患于未然。

3. 微生物病毒

微生物病毒分为细菌噬菌体和真菌病毒。

（1）细菌噬菌体。寄生于细菌或放线菌的病毒为噬菌体。噬菌体具有病毒的共同特点，有严格的寄生性。噬菌体分布广、种类多，一直以来是研究分子生物学的一种重要的实验材料，其危害主要存在于发酵工业中。

（2）真菌病毒。首先发现于双胞蘑菇中，后又在玉米黑粉病菌、牛肝菌、香菇、啤酒酵母等中也有发现，产黄青霉、黑曲霉中也发现有病毒颗粒，与食用菌生产、工业发酵等密切相关。

1.3.3　病毒形态、结构和化学组成

1. 病毒形态

成熟的具有侵染力的病毒称为病毒粒子。其形态多样（图 1-41），一般分为以下五类：

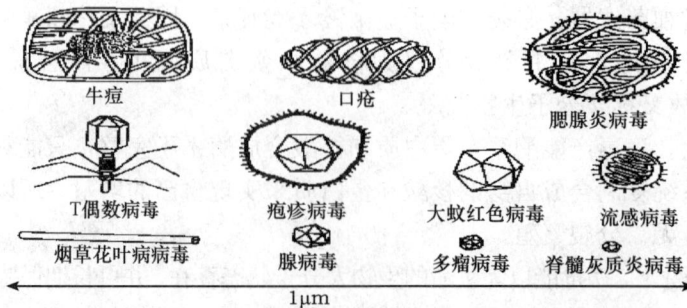

图 1-41　常见的几种病毒形态

（1）球状或近球形。人、真菌或动物多为球状病毒，如腺病毒、脊髓灰质炎病毒等。

（2）杆状或丝状。杆状病毒（包括棒状或线状）。许多植物病毒多呈杆状，如烟草花叶病毒、苜蓿花叶病毒等。

（3）蝌蚪形。大多数噬菌体为蝌蚪型病毒，如 T 偶数噬菌体。

（4）砖形。常见的如天花病毒、痘病毒等。

（5）子弹型。如植物弹状病毒、狂犬病病毒等。

2. 病毒的结构和化学组成

病毒即病毒粒子，主要由蛋白质和核酸组成，核酸位于病毒粒子中心构成其核心（DNA 或 RNA）；蛋白质包围于核心的周围，即病毒粒子的衣壳。核心和衣壳合称核壳，构成了病毒的基本结构。最简单的病毒就是核壳体，较为复杂的外边还有包膜、刺突等（图 1-42）。

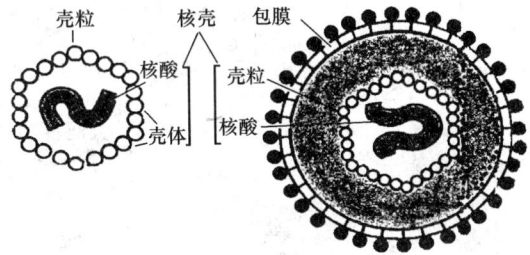

图 1-42　病毒结构图

（1）核酸。一种病毒只有一种核酸：核糖核酸或脱氧核糖核酸（DNA 或 RNA）。核酸构成病毒的基因组，其在大小、结构和核苷酸的组成上是多种多样的，有线状、环状、双链 DNA（dsDNA）、单链 DNA（ssDNA）、双链 RNA（dsRNA）、单链 RNA（ssRNA）。病毒的基因组携带着病毒的全部遗传信息，决定着病毒的遗传特性。

（2）衣壳。即蛋白质外壳，由壳粒组成，壳粒是构成病毒粒子的最小的形态单位，是有一定数量的蛋白质亚单位按一定排列程序组成的，也称为衣壳粒。

（3）包膜。有的病毒在壳体外层还具有一双层膜，主要成分是蛋白质、多糖、脂类，是病毒粒子穿过被侵染细胞核膜或原生质膜形成的。具有维系病毒粒子结构保护核衣壳的作用。包膜可能含有少量的糖蛋白，具有多种生物活性，与病毒吸附和穿入寄主有关。

（4）病毒的对称性。由于衣壳粒排列组合的方式不同，使病毒粒子呈现出不同的构型和形状。病毒有螺旋体对称，如烟草花叶病毒。多面体（常见二十面体）对称，如腺病毒。复合对成型，如大肠杆菌偶数噬菌体。

1.3.4　病毒的复制

病毒没有完整的酶系统，只能依靠活的宿主细胞进行复制，由病毒基因组的核酸指令宿主细胞复制大量病毒核酸和蛋白质，最后装配成病毒粒子，并从宿主细胞内释放出来。病毒的这种繁殖方式称为病毒的增殖或复制。其过程可分为吸附、侵入、复制、装配以及释放等 5 个阶段。现以研究得最清楚的噬菌体为例来说明（图 1-43）。

我们先来看看噬菌体的形体结构。

通过电子显微镜观察噬菌体有三种形态：微球型、丝型、蝌蚪型（图 1-44）。

大多数噬菌体呈蝌蚪型，如大肠杆菌 T₄ 噬菌体。头部立体对称，内含遗传物质 DNA，尾部是一管状结构，由中空的尾髓和外面的尾鞘组成。尾髓具收缩功能，可使头

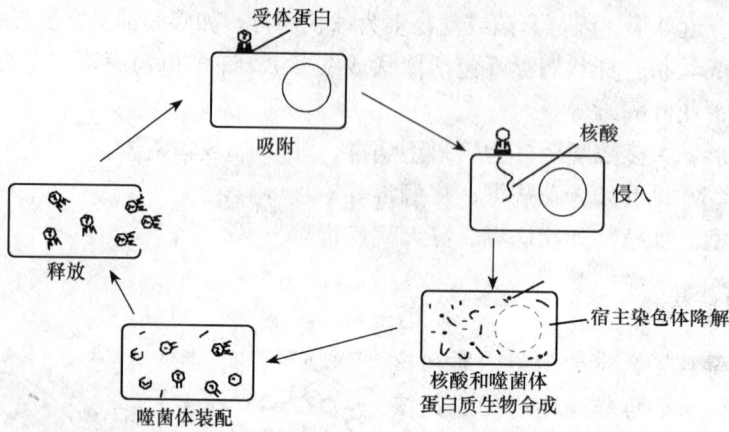

图 1-43　大肠杆菌 T₄ 噬菌体增殖过程

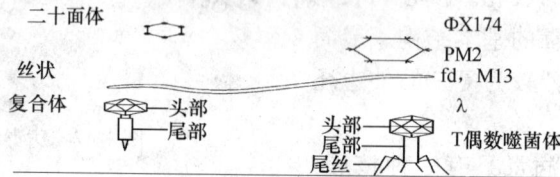

图 1-44　典型的噬菌体形态

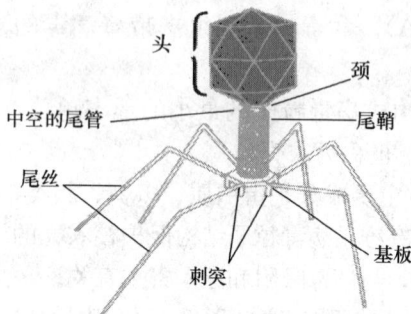

图 1-45　T₄ 噬菌体结构示意图

部核酸注入寄主体内。尾部末端有基板、尾丝和刺突，基板内有溶菌酶，尾丝为噬菌体的吸附器官，能识别寄主表面的特殊受体。头、尾连接处有一尾领结构，称为颈部，可能与头部核酸的装配有关（图 1-45）。

（1）吸附。噬菌体与寄主接触，附着在细胞表面的特异受体上，噬菌体的尾部由此吸附侵入，这是高度特异性的反应。吸附时噬菌体末端尾丝散开，固着在特异性受点上，基板和刺突也固着于特异性受点。

（2）侵入。当噬菌体尾部插于寄主细胞特异受点，在噬菌体头部的溶菌酶溶解寄主细胞壁肽聚糖产生一个小孔，噬菌体通过长的尾丝吸附和基板接触细胞壁之后，尾鞘收缩露出尾髓，将尾髓伸于寄主细胞，通过空管的尾髓将噬菌体的 DNA 注入寄主细胞内，噬菌体蛋白质外壳留在寄主细胞外。

（3）复制。噬菌体的核酸进入寄主细胞后，借助寄主细胞的代谢机构和酶系统大量复制噬菌体的遗传物质，合成噬菌体的衣壳蛋白质。

（4）组装。一旦噬菌体衣壳成分和核酸充分合成，新的衣壳包装核酸，完成子代噬菌体的组装。

（5）释放。子代噬菌体成熟时，溶解寄主细胞壁的溶菌酶增加促使寄主细胞裂解而释放大量的子代噬菌体。

以上噬菌体的生活周期常称为裂解周期或溶菌周期,而这种噬菌体称为烈性噬菌体。被噬菌体裂解的细菌称敏感性细菌。

某些噬菌体侵入寄主细胞后,没有立即使寄主细胞裂解,而是噬菌体的基因组整合到寄主细胞的染色体上,随染色体复制而复制,并随寄主细胞的分裂而传至下一代,这种噬菌体称为溶源性噬菌体或温和噬菌体,这种过程成为溶源现象(图 1-46)。整合到细菌基因组上的噬菌体基因称为原噬菌体或前噬菌体。带有原噬菌体基因组的细菌称为溶源性细菌。

在溶源细菌中极少数会自发地发生原噬菌体大量复制、成熟,导致寄主细胞裂解,这种现象称为溶源细菌的自发裂解。原噬菌体在生物因素或其他物理、化学方法诱导下,进入溶菌周期,释放成熟噬菌体,导致细菌裂解,这就是溶源细菌的诱发裂解。

烈性噬菌体颗粒感染细菌后可迅速生成几百个子代噬菌体,每个子代噬菌体又可感染细菌细胞再生成几百个噬菌体颗粒。当把少量噬菌体与大量敏感性细菌混合培养在琼脂平板中,在平板表面布满细菌菌苔上,用肉眼可以看到一个个透明的空斑,称为噬菌斑(图 1-47)。若把噬菌体接种于含有敏感菌的液体培养基中,可观察到液体培养基出现澄清现象。

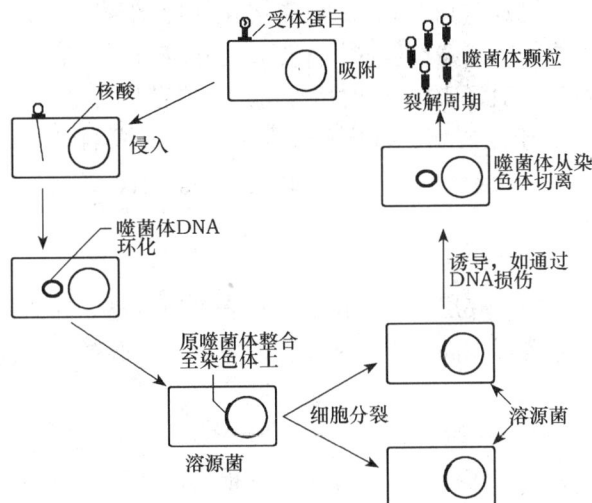

图 1-46　溶源菌噬菌体的生活周期

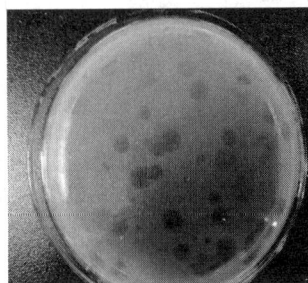

图 1-47　噬菌斑

1.3.5　发酵工业噬菌体的检测与预防

发酵工业如食品发酵工业生产过程中,噬菌体污染生产菌种,造成菌体裂解,无法积累发酵产物,损失极其严重。感染发酵菌种的噬菌体有烈性噬菌体,也有温和噬菌体。噬菌体感染菌种后,会导致发酵菌种生物学特性的改变,如菌体生长迟缓、产酸能力下降等,从而造成发酵产物的品质低下。

1. 噬菌体的检测

噬菌体个体极小,在光学显微镜下才能看见,在人工培养基上又无法生长,所以只能采用间接方法对其进行监测。检测噬菌体的方法主要是根据噬菌体的生物学特性而设计的。比如依据噬菌体对宿主细胞的高度特异性,利用敏感菌株对其进行培养;也可依据噬菌体侵染细胞后引起裂解，通过观察在琼脂平板上是否出现噬菌斑或在液体培养基中培养物是否变清来进行判断。若每个噬菌体产生一个噬菌斑，则根据在固体培养基上形成的噬菌斑数，可测得每毫升试样中所含有的侵染性的噬菌体粒子数，即噬菌体效价，也即噬菌斑形成单位（plaque-formingunit，pfu）数。噬菌体常用的检测方法有载片快速检测法、双层平板法和单层平板法。

1）载片快速检测法

载片快速检测法是将噬菌体和敏感的宿主细胞与适量的琼脂培养基（约含 0.5%～0.8%琼脂，事先熔化）充分混合，涂布在无菌载片上，经短期培养后，即可在低倍显微镜或放大镜下计数，但其精确度相对较差。

2）双层平板法

双层平板法是一种被普遍采用并能精确测定效价的方法。由于试样中一般噬菌体粒子含量较高，故应先对试样进行梯级稀释，然后再测定。

双层平板法的步骤如下。预先分别配制含 2%琼脂的底层培养基和 1%琼脂的上层培养基。先用前者在培养皿上浇一层平板，再在后者（须先熔化并冷却到 45℃以下）中加入较浓的对数期敏感菌和一定体积的待测噬菌体样品，于试管中充分混匀后，立即倒在底层平板上铺平待凝，然后保温。一般经 10 余小时后即可进行噬菌体计数。

双层平板法的优点是定量性好，由于上层培养基中琼脂较稀，故形成的噬菌斑较大，容易计数；而且全部噬菌体斑都接近处于同一平面上，因此边缘清晰，无上下噬菌斑的重叠现象。其缺点是费时、麻烦。

3）单层平板法

与双层平板法相比，单层平板法省略了底层平板，但所用培养基浓度高，加的量也多。此法虽较简便，但由于全部噬菌体斑不在同一平面上，彼此重叠，实验效果较差。

2. 噬菌体的预防措施

发酵工业生产上，发酵菌种一旦被噬菌体污染会造成巨大的损失。具体表现为：发酵周期明显延长；碳源消耗缓慢；发酵液变清，镜检时，有大量异常菌体出现；发酵产物的形成缓慢或根本不形成；用敏感菌做平板检查时，出现大量噬菌斑；用电子显微镜观察时，可见到有无数噬菌体粒子存在。因此，噬菌体的污染对发酵工业等是一个很大的威胁，例如在谷氨酸发酵、细菌淀粉酶或蛋白酶发酵、丙酮丁酸发酵及各种抗生素发酵中司空见惯，而且目前对污染噬菌体的发酵菌液还无法阻止其溶菌作用，故只有预防其感染，建立"防重于治"的观念。

发酵工业生产上，预防噬菌体污染的措施主要有：加强灭菌，包括发酵管道、操作人员等；严格保持环境卫生；认真检查斜面、摇瓶及种子罐所使用的菌种，坚决废弃任何可疑菌种；空气过滤器要保证质量并经常进行严格灭菌，空气压缩机的取风口应设在30～40m 高空；决不排放或随便丢弃活菌液，摇瓶菌液、种子液、检验液和发酵后的菌液绝对不能随便丢弃或排放；正常发酵液或污染噬菌体后的发酵液均应严格灭菌后才能排放；不断筛选抗性菌种，并应经常轮换生产菌种。

若发现噬菌体污染时，要及时采取合理措施。主要有以下措施：及时改用抗噬菌体生产菌株；使用药物抑制，例如在谷氨酸发酵中，加入某些金属螯合剂（如 0.3%～ 0.5% 草酸盐、柠檬酸铵）可抑制噬菌体的吸附和侵入；加入 1～2μg/mL 金霉素、四环素或氯霉素等抗生素或聚氧乙烯烷基醚等表面活性剂均可抑制噬菌体的增殖或吸附；尽快提取产品，如果发现污染时发酵液中的代谢产物含量已较高，即应及时提取或补加营养并接种抗噬菌体菌种后再继续发酵，以挽回损失。

小结

微生物按细胞构造可以分为：原核微生物、真核微生物和病毒。原核微生物主要包括细菌、放线菌、蓝细菌、立克次氏体、支原体、衣原体。

原核生物的共同特征是细胞细小，核的结构原始，无核膜包裹，细胞壁含独特的肽聚糖，细胞内无细胞器分化。通过革兰氏染色可把所有原核生物区分成 G^+ 和 G^- 两大类，并能揭示其在结构、功能、生理、遗传、生态等特性上的不同，故此染色法具有重要的理论和实践意义。

原核细胞的共同结构有细胞壁（支原体例外）、细胞质膜、细胞质、核区和各种内含物等，部分种类的细胞壁外还有糖被（荚膜、黏液层）、鞭毛、菌毛和芽孢等特殊构造。芽孢高度耐热，在理论与实践上均很重要。

酵母菌是单细胞非丝状真核微生物。食品中常见的酵母菌在分类上主要归属于子囊菌和半知菌。子囊菌亚门的酵母菌可进行有性繁殖，产生子囊孢子；大多数酵母菌以芽殖的方式进行无性繁殖。酵母菌的有性繁殖是指通过两个具有性差异的细胞相互接合形成新个体的繁殖方式。有性繁殖过程一般分为三个阶段，即质配、核配和减数分裂。在食品工业生产中，酵母菌大多数有很高利用价值。

霉菌是丝状的真核微生物，菌丝有无隔膜菌丝和有隔膜菌丝。霉菌主要依靠各种孢子进行繁殖，产生孢子的方式分无性和有性两种。霉菌的无性繁殖主要有孢囊孢子、分生孢子、节孢子和厚垣孢子。许多霉菌的无性繁殖能力很强，可以在很短的时间内产生大量的无性孢子，大多数霉菌也可以进行有性生殖，霉菌的有性繁殖是通过不同性别的细胞或菌丝结合后，产生的有性孢子来繁殖的。霉菌的有性生殖过程也是包括质配、核配和减数分裂三个阶段。有性孢子包括卵孢子、接合孢子和子囊孢子等。霉菌是食品与医药的生产常用菌株。

蕈菌是大型真菌，大多数属于担子菌亚门，少数属于子囊菌亚门。担子菌形态多种多样，以伞状为多。大多数蕈菌食药用价值很高，世界各国已在规模开发利用。

真菌与人类的关系非常密切。如酵母菌可以用来酿酒、面包发酵。霉菌可以用来做酒曲的曲种或制造豆腐乳、酱油等。有些蕈菌可直接食用，如香菇、木耳、猴头、银耳等，不仅味道鲜美，而且营养丰富，具有有很好的保健功能。但是也有不少真菌给人类带来危害，例如人类的一些疾病，植物的某些病害，粮食腐败、纺织品发霉等。

病毒是一类结构简单、专性寄生的非细胞生物。主要成分是蛋白质和核酸。噬菌体是寄生在细菌或放线菌上的病毒，其增殖过程包括：吸附、侵入、复制、装配、释放五个阶段。噬菌体有烈性和温和噬菌体。噬菌体污染菌种是发酵工业面临的一个非常严重的问题。可根据噬菌体裂解寄主的特性来预防和检测，发酵工业中检测噬菌体的方法常用载玻片快速检测法、双层平板法和单层平板法，发酵工业中应建立防重于治的观念。

思考题

1. 试比较原核微生物和真核微生物的区别。

2. 试举例说明：不用显微镜观察，也可证明在我们的生活环境中，到处都有细菌在活动。

3. 细菌有哪几种基本形态？其中球菌的空间排列方式有几种？

4. 试绘出细菌细胞结构的模式图，注明一般结构和特殊结构，并介绍各部分的生理功能。

5. 什么是革兰氏染色法？试述革兰氏染色的机理？它的主要步骤是什么？哪一步是关键？为什么？

6. 试比较革兰氏阳性细菌和革兰氏阴性细菌在细胞壁结构和化学组成上的区别。

7. 什么叫荚膜？其化学成分和生理功能如何？

8. 什么叫鞭毛？其生理功能如何？细菌鞭毛着生的方式有哪几类？

9. 什么叫芽孢？其结构、化学成分和生理功能如何？研究细菌的芽孢有何实践意义？

10. 什么叫菌落？细菌的菌落有何特点？试分析细菌的细胞形态与菌落形态之间的相关性。

11. 简述细菌的繁殖过程。

12. 什么是放线菌的基内菌丝、气生菌丝和孢子丝？它们之间有何联系？

13. 放线菌的菌落有何特点？

14. 简述蓝细菌的形态、构造和繁殖方式。

15. 试比较细菌、支原体、立克次氏体、衣原体、病毒的特征。

16. 什么是真菌？

17. 试述酵母细胞的形态结构。

18. 简述酵母菌的菌落特征。

19. 举例说明酵母菌生活史。

20. 简述酵母菌与细菌菌落的异同。

21. 试述霉菌的细胞结构特征。

22. 霉菌可形成哪几种无性孢子？它们的主要特征是什么？

23. 霉菌有哪几种有性孢子？简述其形成过程。

24. 举例说明霉菌菌落的主要特征。

25. 试列表说明真核微生物与原核微生物的主要区别。

26. 简述食品中常见的细菌、酵母菌和霉菌。

27. 什么是蕈菌？蕈菌包括哪两个亚门？简述它们的形态特征。

第2章　微生物的生长和培养技术

2.1　微生物的营养

2.1.1　微生物的营养需求

1. 营养物和营养的概念

营养物是指具有营养功能的物质，在微生物学中，它还包括非常规物质形式的光辐射能在内。微生物在维系其生命活动的过程中，不断地从外部环境中摄取对其生命活动必需的营养物，以满足正常生长和繁殖需要的一种最基本的生理功能称做营养。

2. 微生物细胞的化学组成

根据对各类微生物细胞物质成分的分析，发现微生物细胞的化学组成和其他生物相比较，没有本质上的差别。从元素上讲，都含有碳、氢、氧、氮和各种矿质元素；微生物细胞的大致元素成分如表 2-1 所示。

表 2-1　微生物细胞的大致元素成分*

元素	占干物质百分数/%	元素	占干物质百分数/%	元素	占干物质百分数/%
碳	50	磷	3	钙	0.6
氧	20	硫	1	镁	0.6
氮	14	钾	1	氯	0.5
氢	8	钠	1	铁	0.2

* 根据大肠杆菌的数据。

从化合物水平上讲，微生物细胞平均含水分 80% 左右，其余 20% 左右为干物质，干物质主要是碳水化合物、蛋白质、核酸、脂质类、维生素、无机盐等物质。微生物细胞中主要物质的含量如表 2-2 所示。

表 2-2　微生物细胞中主要物质的含量

水分/%	总量/%	蛋白质/%	核酸/%	碳水化合物/%	脂肪/%	无机盐类/%
75~85	25~15	50~80	10~20	12~28	5~20	1.4~14
70~80	30~20	32~76	6~8	27~63	2~5	7~10
85~95	15~5	14~52	1	7~40	4~40	6~12

2.1.2　微生物生长所需的营养物质及其功能

确定微生物需要什么样的营养物质，主要的依据是分析微生物细胞的化学组成和它的代谢产物的化学成分。通过对微生物化学组成的分析，我们不难理解微生物所需的营养物质有水、碳源、能源、氮源、无机盐和生长因子。

1. 水

除蓝细菌等少数微生物能利用水中的氢来还原 CO_2 以合成糖类外，其他微生物并非真正把水作为营养物。但水是细胞维系正常生命活动所必不可少的。因此，水应该作为营养要素来考虑。

在微生物细胞内，一部分水以结合水状态存在。这部分水不易挥发，不冻结，不能作为溶剂，也不能渗透，一般约占总水量的 17%~28%。另一部分水以游离状态存在，水的生理功能通常是指游离水。

首先水是一种良好的溶剂，可以保证几乎一切生化反应的进行；其次它可以维系各种生物大分子结构的稳定性，并参与某些重要的生物化学反应；此外，它还有许多优良的物理性质，如高比热、高汽化热、高沸点以及固态时密度小于液态等，都是保证生命活动十分重要的特性。

2. 碳源

凡是能为微生物生长繁殖所需碳元素的营养物质，称为碳源。其包括糖类、有机酸、醇、脂、烃、核酸、蛋白质等有机物，还有 CO_2、碳酸盐等无机含碳化合物。

　　碳源物质在细胞内经过一系列复杂的生化反应后成为微生物自身的细胞物质（如糖类、蛋白质、脂质等）和代谢产物。同时，绝大部分碳源物质在细胞内生化反应的过程中还能为机体提供维持生命活动所需的能量，因此，碳源通常也是能源物质。有些微生物的生长是以 CO_2 作为唯一碳源的，它的能源则并非来自碳源物质。

　　不同种类微生物利用碳源物质的种类和能力是有差异的。有的微生物能够广泛利用各种碳源物质，如假单胞菌属中的某些菌种可以利用 90 多种碳源物质。而有的微生物利用碳源物质的种类则比较少。

　　在生产中，碳源物质通常不是纯物质，而是以谷物和农产品加工副产物等，如淀粉、大米、玉米、米糠、麸皮及废糖蜜等。

3. 氮源

　　凡是能提供微生物生长繁殖所需氮元素的营养源，称为氮源。其包括有机氮，如蛋白质及其降解物（胨、肽、氨基酸）、核酸；无机氮，如 NH_3、铵盐、硝酸盐、N_2 等。

　　氮源物质的主要作用是合成细胞物质中含氮物质，一般不作为能源，只有少数自养细菌能利用铵盐、硝酸盐作为机体生长的氮源与能源，某些厌氧细菌在厌氧和糖类物质缺乏的条件下，可以利用某些氨基酸作为能源物质。

　　不同种类微生物利用的氮源物质种类的差异很大。从分子 N_2 到复杂的含氮化合物都能被不同的微生物所利用。

　　实验室的有机氮源主要是有蛋白胨、牛肉膏、酵母膏、玉米浆等，工业上能够用黄豆饼粉、花生饼粉和鱼粉等作为氮源。

4. 能源

　　凡是能为微生物生命活动提供最初能量来源的营养物或辐射能，称为能源。由于各种异养微生物的能源就是其碳源，因此，它们的能源谱就显得十分简单。

　　微生物的能源谱如图 2-1 所示。

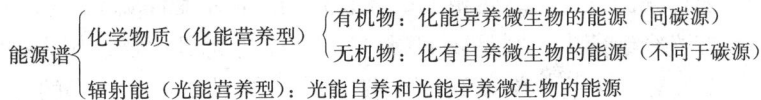

能源谱 ⎰ 化学物质（化能营养型）⎰ 有机物：化能异养微生物的能源（同碳源）
　　　　⎱ 　　　　　　　　　　　⎱ 无机物：化有自养微生物的能源（不同于碳源）
　　　　　辐射能（光能营养型）：光能自养和光能异养微生物的能源

图 2-1　微生物的能源谱

　　化能自养微生物的能源都是一些还原态的无机物质，例如 NH_4^+、NO_2、S、H_2S、H_2 和 Fe^{2+} 等。能利用这种能源的微生物都是原核生物，其包括亚硝酸细菌、硝酸细菌、硫化细菌、硫细菌、氢细菌和铁细菌等。

5. 无机盐

　　无机盐或矿质主要可为微生物提供除碳源、氮源以外的各种重要元素。是微生物生长必不可少的一类营养物质。它们在机体内主要生理功能是作为酶活性中心的组成部分，维持生物大分子和细胞结构的稳定性，调节并维持细胞的渗透压，控制细胞的氧化还原电位和作为某些微生物生长的能源物质等。微生物生长所需的无机盐通常是磷酸盐、硫酸盐、氯化物以及含有钠、钾、钙、镁、铁等金属元素的化合物。

6. 生长因子

生长因子是指微生物正常代谢所必需而且需要量很少，但自身不能合成或合成量不足以满足机体生长需要的有机化合物。根据生长因子的化学结构和它们在机体内的生理功能的不同，可分为维生素、氨基酸与嘌呤和嘧啶三大类。维生素在机体中主要作为酶的辅基或辅酶参与新陈代谢；有些微生物由于自身缺乏合成某些氨基酸的能力，因此需要在培养基中补充相应的氨基酸才能生长；嘌呤和嘧啶在机体中主要作为酶的辅酶或辅基，以及用来合成核苷、核苷酸和核酸。

2.1.3　微生物的营养类型

根据微生物所需的营养源，特别是碳源，通常可以将它们分为自养微生物和异养微生物。自养微生物以 CO_2 为唯一的碳源，能够在完全无机的环境中生长。而异养微生物的生长则至少需要有一种有机物存在，它们不能以 CO_2 作为唯一的碳源。

根据微生物所利用的能源，又可将微生物分为光能微生物和化能微生物两类。光能微生物能利用光能进行光合作用。化能微生物能源则来自无机物或有机物氧化所产生的化学能。

综合以上两种划分，我们可以把微生物的营养类型归纳为光能自养型、化能自养型、光能异养型和化能异养型四大类。

1. 光能自养型

这类微生物是利用光作为生长所需要的能源，以 CO_2 作为碳源。光能自养微生物都含有光合色素，能够进行光合作用。但是必须注意，光合细菌的光合作用与高等绿色植物的光合作用有所区别。在高等绿色植物的光合作用中，水是同化 CO_2 时的还原剂，同时释放出氧。而在光合细菌中，则是以 H_2S、$Na_2S_2O_3$ 等无机化合物作为供氢体来还原 CO_2，从而合成细胞有机物的。例如绿硫细菌以 H_2S 为供氧体，它们的光合作用可以概括为

$$CO_2 + 2H_2S \xrightarrow[\text{细胞叶绿素}]{\text{光能}} [CH_2O] + 2S + H_2O$$

2. 化能自养型

这类微生物的能源来自无机物氧化所产生的化学能。碳源是 CO_2 或碳酸盐。常见的化能自养微生物有硫化细菌、硝化细菌、氢细菌、铁细菌、一氧化碳细菌和甲烷氧化细菌等。它们分别以硫、还原态硫化物、氨、亚硝酸、氢、二价铁、一氧化碳和甲烷作为能源。

硝化细菌在自然界的氮素循环中起着重要作用，它们使自然界中的氨转化为亚硝

酸、硝酸，因而提高了土壤的肥力。

硫化细菌可用来处理矿石，浸出一些金属矿物。这样的处理方法被叫做湿法冶金。在农业上，硫化细菌则被用来改造碱性土壤。

化能自养微生物一般须消耗 ATP，促使电子沿电子传递链逆向传递，以取得固定 CO_2 时所必需的 $NADH+H^+$。因此这类菌的生长较为缓慢。

3. 光能异养型

这类微生物利用光作为能源。不能在完全无机的环境中生长，须利用有机化合物作为供氢体来还原 CO_2，合成细胞有机物质。例如，红螺细菌利用异丙醇作为供氢体，进行光合作用，并积累丙酮：

$$2CH_3{-}\underset{\underset{CH_3}{|}}{CHOH} + CO_2 \xrightarrow[\text{光合色素}]{\text{光能}} 2CH_3COCH_3 + [CH_2O] + H_2O$$

4. 化能异养型

这类微生物所需要的能源来自有机物氧化所产生的化学能，它们只能利用有机化合物。如淀粉、糖类、纤维素、有机酸等。因此有机碳化物对这类微生物来说既是碳源也是能源。它们的氮素营养可以是有机物，如蛋白质，也可以是无机物，如硝酸铵等。化能异养微生物又可分为腐生的和寄生的两类。前者是利用无生命的有机物，而后者则是寄生在活的有机体内，从寄主体内获得营养物质，在腐生和寄生之间存在着不同程度的既可腐生又可寄生的中间类型，称为兼性腐生或兼性寄生。

化能异养微生物的种类和数量很多，包括绝大多数细菌、放线菌和几乎全部真菌；因此，它们与人类的关系也异常密切，对它们的研究和应用也最多。

2.1.4　微生物对营养物质的吸收

微生物的生活环境为其提供了必需的营养物质，但营养物质必须被吸收进微生物细胞内才能被微生物所分解、利用。同时，微生物在生长过程中产生的一些代谢产物和废物也要被及时运送至细胞外，以避免它们在细胞内积累而对微生物细胞产生毒害作用。微生物没有专门的摄食器官，各类营养物质的吸收以及代谢物的排出都是通过细胞膜进行的，而多孔的细胞壁对进、出的物质分子主要仅在大小方面具有一定的选择性筛选作用。

微生物跨膜运输物质的方式有被动运输、主动运输、基团移位和膜泡运输四种。

1. 被动运输

被动运输包括被动扩散和促进扩散。渗透作用就是水分子的被动扩散。被动扩散的动力来自于液体中的原子或分子自身趋向于均匀分布的趋势，是一种不消耗细胞能量的纯物理渗透作用。当微生物细胞以被动扩散方式进行物质运输时，物质的扩散方向和速度取决于细胞膜内外两侧该物质的浓度差，扩散速度随该物质在细胞内外浓度差的减小而降低，直至达到扩散的动态平衡。被动扩散是非特异性的，扩散的物质不发生结构上的变化，也不与细胞膜上的任何成分发生特异性的相互作用。促进扩散与被动扩散有相似的地方，如物质在运输过程中不需消耗代谢能，物质不发生结构上的变化，扩散的动力来自细胞膜两侧该物质的浓度差等。所不同的是促进扩散过程中有特异性载体蛋白参与，因此它比其他被动扩散过程具有更强的特异性。特异性载体蛋白是一类存在于细胞膜中的蛋白质，每种特异性载体蛋白对被其运输的物质有高度的立体专一性，反过来讲，只有能与膜上某种特异性载体蛋白相结合的分子才能通过这种方式运输。此外，虽然特异性载体蛋白与被运输的物质之间的结合是可逆的，但当膜内外存在被运输物质浓度差时，二者在细胞膜内外相结合的亲和力是有所不同的。

2. 主动运输

主动运输与促进扩散的相似之处是运输过程中都有特异性载体蛋白参与，因此，它对被运输的物质也有高度的立体专一性。二者所不同之处是，主动运输是微生物逆浓度梯度吸收营养物质的一种方式，需要消耗代谢能，运输的速度和方向不依赖于细胞膜内外被运送物质的浓度差。通过主动运输方式，微生物可以把环境中微生物生长所需的、浓度很低的营养物质吸收到细胞内，甚至使该物质在细胞内的浓度比细胞外还要高出许多倍。例如，生长中的大肠杆菌细胞内钾离子的浓度要比细胞外基质中的高 3000 倍以上。

3. 基团移位

基团移位是指一类既需特异性蛋白的参与，又需耗能的一种物质运输的方式，其特点是溶质在运送前后还会发生分子结构的变化，因此不同于一般的主动运输。如许多糖及其衍生物的运输过程中由细菌的磷酸转移酶系催化，使其磷酸化，磷酸基团转移到它们的分子上，以磷酸糖的形式进入细胞中。基团移位主要运送各种糖类、核苷、丁酸和腺嘌呤等。

4. 膜泡运输

有些原生动物细胞可以通过吞噬作用主动运输一些大分子、颗粒物质、液体物质甚至其他细胞，这称为膜泡运输（图 2-2）。这些物质是以内吞的方式被携带进细胞的，包括通过胞饮作用进入细胞，之后形成吞噬液泡或吞噬小泡。内吞作用是指被运输的大分子物质与膜上的某种蛋白质有特异的亲和力，吸附在膜上，这部分膜内陷形成小囊，并将该物质包围在里面，小囊随即从质膜上分离下来形成小泡，并进入细胞内部。内吞作用包括两种方式：内吞的物质为固体的称为吞噬作用；内吞的物质为液体的称为胞饮作用。

图 2-2　膜泡运输示意图

2.1.5　培养基的制备、类型及应用

培养基是人工配制的适合于不同微生物生长繁殖或积累代谢产物的营养物质。是研究微生物的形态构造、生理功能以及生产微生物制品等方面的物质基础。由于各种微生物所需要的营养物质不同，所以培养基的种类很多，但无论何种培养基，都应当具备能够满足所要培养微生物在生长及正常功能方面所必需的营养物质。

1. 培养基制备的原则

1) 明确培养基配制的目的

在配制培养基之前应弄清楚要培样何种微生物？是要获得菌体还是需要代谢产物？是进行一般研究还是做生理、生化或遗传学研究？等等。不同的目的需要不同的培养基。因此，明确培养基配制的目的是首先要解决的问题。

2) 营养物的组成和比例要满足微生物的需要

由于不同类型的微生物其细胞的组成及各成分间的比例是不同的，而且微生物有不同的营养类型，对营养素的要求也是不同的。因此，培养不同的微生物需要不同组成的培养基。

如，培养自养型微生物，所用的培养基应完全是简单的无机物，因为它们有较强的合成能力，可将简单的无机物合成自己细胞所需的各种复杂物质，而培养异养型微生物所用的培养基至少有一种有机物作为碳源和能源。就微生物的主要类群细菌、放线菌、酵母、霉菌而言，它们所需要的培养基成分也是不同的，一般可以采取现成配方的培养基，如细菌常用牛肉膏蛋白胨培养基；培养放线菌常用高氏一号培养基；培养酵母常用麦芽汁培养基；培养霉菌常用马铃薯培养基和察氏培养基。

此外，还要注意各种营养物质的浓度及比例。营养物的浓度太低不能满足微生物生长，太高，也会抑制微生物的生长。例如，糖是微生物良好的营养物质，但是如浓度过高，则成为微生物生长的抑制因子。除水分外，碳源和氮源是微生物的主要营养素，因此，培养基中的碳源与氮源的含量之比称为碳氮比（C∶N），严格地讲，C∶N 应该是培养基中碳元素和氮元素物质量的比值，为方便测定和计算，通常以培养基中还原糖与粗蛋白含量的比值来表示。在考察培养基组成时碳氮比常常作为一个重要的指标。一般培养基 C∶N 比为 100∶(0.5~2) 谷氨酸发酵的情况比较特殊，C∶N 为 4∶1 时菌体大量繁殖，积累少量谷氨酸。当 C∶N 为 3∶1 时，则产生大量的谷氨酸。

除了水、碳源和氮源外，在大多数化能异养微生物的培养基中，还要加入大量元素即无机盐和生长因子等。

3) 理化条件要适宜

理化条件要适宜是指培养基的 pH、渗透压、水活度和氧化还原电动势等理化条件应较为适宜。

（1）pH。各大类微生物一般都有其生长的最适 pH 范围，细菌为 7.0~8.0，放线菌为 7.5~8.5，酵母菌为 3.8~6.0，霉菌为 4.0~5.8。

由于微生物在生长代谢过程中可引起 pH 的变化，这种变化往往抑制微生物的生

长，所以在培养基中需加一些缓冲剂。常用的缓冲剂一般是由一氢和二氢磷酸盐组成的磷酸缓冲剂或碳酸钙（$CaCO_3$）。

（2）渗透压。由于微生物细胞膜是半通透膜，外有细胞壁起到机械性保护作用，要求其生长的培养基具有一定的渗透压，只有在等渗条件下最适宜微生物的生长。当环境中的渗透压低于细胞原生质的渗透压时，就会出现细胞的膨胀，轻者影响细胞的正常代谢，重者出现细胞破裂；当环境渗透压高于原生质的渗透压时，会导致细胞皱缩，细胞膜与细胞壁分开，即所谓质壁分离现象。

（3）水分活度 A_w 值（近似地表示为溶液中水蒸气分压与纯水蒸气压之比）。各种微生物生长繁殖的水分活度 A_w 值在 0.998～0.60 之间。

（4）氧化还原电动势。各种微生物对培养基的氧化还原电动势也有不同的要求，一般好氧菌生长的 E_h 值为 +0.3～+0.4 V；而厌氧菌只能生长在 +0.1 V 以下的环境中。可以在培养基中加入适量的还原剂，包括巯基乙酸、抗坏血酸（Vc）、硫化钠、半胱氨酸、铁屑、谷胱甘肽或庖肉（瘦牛肉粒）等，来降低氧化还原势，通过通氧的方式来提高氧化还原电动势。

4）经济节约

从经济节约的角度出发选择生产中的培养原料。在食品工业中，选择培养基的原料时，除了必须考虑容易被微生物利用以及满足工艺要求外，还应考虑经济节约。尤其是应尽量减少主粮的利用，采用以副产品代用原材料的方法。例如食品生产中碳源的代用方向主要是以纤维水解物、废糖蜜等代替淀粉、葡萄糖等。氮源的代用方向以花生饼、豆饼等代替黄豆粉、蛋白胨等。总之，根据微生物对营养要求的不同特点，选择合适的培养原料，既满足微生物生长的需要，又能获得优质高产的产品，同时也应符合增产节约、因地制宜的原则。

2. 培养基的类型及应用

1）根据营养物质的来源分类

（1）合成培养基，是指由已知化学成分及数量的化学药品配制而成的培养基。它适合于某些定量工作的研究，以减少不能控制的因素。例如用以培养氧化硫杆菌的培养基：

硫黄粉	10g	$(NH_4)_2SO_4$	0.2g
$MgSO_4 \cdot 7H_2O$	0.5g	$FeSO_4$	0.01g
$CaCl_2$	3g	H_2O	1000mL

一般的微生物在合成培养基上生长缓慢，有许多异养型微生物营养要求复杂，在合成培养基上不能很好生长，所以不适于大量生产。

（2）天然培养基，是指天然的有机物配制而成的培养基。例如牛肉膏、麦芽汁、豆芽汁、麦曲汁、马铃薯、玉米粉、麸皮、花生饼粉等制成的培养基，又称为综合培养基。对许多细菌，一般可采用如下培养基：

牛肉膏	3g	蛋白胨	10g	NaCl	5g	水	1000mL

天然培养基配制方便，营养丰富，而且也较经济，适合于各类异养微生物生长，并

适于大量生产。缺点是它们的具体成分不清楚，不同单位生产的或同一单位不同批次所提供的产品成分也不稳定，因而不适合于某些试验的要求，一般自养型微生物力不能在这类培养基上生长。

（3）半合成培养基。多数培养基是以天然的有机物作为碳源、氮源及生长素的来源，并适当加入一些化学药品以补充无机盐成分，进一步充分满足微生物对营养的需要。这类培养基称为半合成培养基。在生产和实验室中使用最多的是半合成培养基，大多数微生物都在此类培养基上生长。

2）根据培养基的用途来分

（1）增殖培养基（加富培养基）。在自然环境中，通常是多种微生物混杂在一起生长的，根据某种微生物的生长要求，专门配制只适合这种微生物生长而不适合其他微生物生长的培养基，使它从自然界中分离出来，这种微生物培养基称为增殖培养基或称为加富培养基。其营养物质配比，一般能使某种微生物在其中生长比其他微生物迅速，逐渐淘汰其他各种微生物。这种培养基常用于菌种筛选工作。例如，石蜡发酵用的酵母菌种筛选时，其增殖培养基：

石蜡	20g	NH_4NO_3	3g	NaCl	0.5g
水	1000mL	pH	5.1~5.4	酵母膏	0.5g
$MgSO_4 \cdot 7H_2O$	1g	KH_2PO_4	4g		

在上述培养基中，石蜡含量占优势，能使利用石蜡的菌种比其他微生物生长繁殖迅速，逐渐淘汰其他微生物菌种。

当然，增殖培养基的选择性是相对的，在这种培养基上生长的微生物并不是一个纯种，而是营养要求相同的一类微生物。但是除营养要求外，不同微生物对环境的要求也不相同。例如，好气或厌气，高温或低温等。因此，利用增殖培养基分离和培养所需要的某种微生物，必须同时考虑培养基成分与培养的环境条件这两个因素，才能获得预期的效果。

（2）鉴别培养基。根据微生物能否利用培养基中某种营养成分，使指示剂显色，可鉴别不同种类的微生物的培养基，此类培养基称为鉴别培养基。例如，细菌具有各种酶系统，能分解糖类，产生酸类、气体或其他产物。不同细菌对各种糖类的分解能力不同，因此，在肉汁培养基中加入各种糖类及指示剂，可进行各种细菌的鉴别，微生物的其他生化试验也是应用同样的原理。鉴别培养基也可用做分离某种微生物，例如，区别大肠杆菌和产气杆菌可采用伊红-甲基蓝培养基。其成分如下：

蛋白胨	10g	2%水溶伊红液	20mL
K_2HPO_4	2g	0.32%水溶甲基蓝液	20mL
乳糖	10g	琼脂	15g
蒸馏水	1000mL		

其中，伊红为酸性染料，甲基蓝为碱性染料，当大肠杆菌分解乳糖时能使伊红与美蓝结合成黑色化合物，使大肠杆菌呈紫黑色，且有金属光泽，菌落小。而产气杆菌呈灰棕色，菌落大，湿润。不分解乳糖的细菌则不着色。如果是产生碱性物质较多的菌，细菌带阴电，被染上甲基蓝，就会成为蓝色菌落。此外，属于鉴别培养基

的还有明胶培养基，其可以试验溶液是否可以液化明胶，醋酸铅培养基则可用来检查 H_2S 的产生等。

（3）选择培养基。在培养基中加入某种化学物质以抑制不需要菌的生长，而促进某种需要菌的生长，这类培养基叫选择培养基。选择培养基加入的化学物质多具有杀菌作用，这些物质一般没有营养作用。采用适宜的选择培养基能从混杂有多种微生物的基质内分离所需的微生物。作为这种抑制剂成杀菌剂的一般多是染色剂、抗菌素和某些有机酸。如含（1∶200）～（1∶5000）浓度的结晶紫培养基，能抑制大多数革兰氏阳性细菌的生长，青霉素、链霉素能抑制细菌和放线菌的生长，灰黄霉素等部分抗菌素能抑制霉菌和酵母菌的生长。

此外，可根据培养基的状态，将培养基分为固体培养基、半固体培养基、液体培养基和脱水培养基。固体培养基就是在液体培养基里加入 1.5%～2.0% 的琼脂。而半固体培养基是在液体培养基里加入 0.3%～0.5% 的琼脂。脱水培养基又称商品培养基或预制干燥培养基，是指含有除水以外的一切成分的商品培养基，使用时只要加入适量的水分并加以灭菌即可，是一类成分精确、使用方便的现代化培养基。

2.2　微生物的生长

2.2.1　微生物生长的概念及生长量的测定

1. 生长的概念

微生物在适宜的环境条件下，不断吸收营养物质，按其自身方式进行新陈代谢，合成自身的细胞物质，其个体的质量、体积不断增加，这就是微生物个体的生长；当生长达到一定程度后就会引起细胞分裂，形成子细胞，产生各种孢子等，使个体数目增加，这就是繁殖。所以，生长是指个体重量和体积增大；繁殖是指个体数量的增多。生长是繁殖的基础，繁殖则是生长的结果。繁殖后原有的个体就发展成为一个群体。随着群体中各个个体的进一步生长、繁殖，就引起了这一群体的生长。即群体生长为个体生长与个体繁殖之和。群体的生长可用其重量、体积、个体数量或浓度等作指标来测定。

微生物的个体小，研究单个细胞或个体的生长有一定困难，且在微生物的研究和应用中，只有群体的生长才有意义，因此，凡提到"生长"时，一般均指群体生长。

单细胞微生物，如细菌、酵母菌的个体细胞的增大即细胞物质的增加是有限度的，细胞长大到一定程度就开始分裂繁殖，菌体数量增多。细菌旺盛生长时几十分钟就可繁殖一代。因此它们的生长往往是通过繁殖表现出来的，是以群体细胞数目增加为生长标志。丝状微生物，如放线菌、霉菌的生长主要表现为菌丝的伸长和分支，通常以菌丝的体积和重量增长（细胞物质量的增加）来衡量生长状况。

微生物的旺盛生长，需要有合适的营养物质和外界环境条件。外界环境条件有最低、最适和最高界限之分。低于最低或高于最高值时，微生物的生长将受到抑制或致死，只有在最适条件下微生物才会快速协调地生长繁殖。因此，生长繁殖情况就可作为研究各种生理、生化和遗传等问题的重要指标；同时，微生物在生产实践上的各种应用或是对致病、霉腐微生物的防治，也都与它们的生长繁殖和抑制紧密相关。

2. 微生物生长量的测定

微生物特别是单细胞微生物，体积很小，个体生长很难测定，而且也没有什么实际应用价值。因此，测定它们的生长主要是测定群体的增加量，即群体的生长。微生物生长量的测定方法很多，可以根据菌体细胞数量、菌体体积或重量做直接测定，也可用某种细胞物质的含量或某个代谢活性的强度做间接测定。其中，菌体细胞数量是衡量生长状况的良好指标，容易测定且实际应用最广泛。测定微生物细胞数目的方法很多，但它们都只适用于测定处于单细胞状态的细菌和酵母菌，而对于放线菌和霉菌等丝状生长的微生物而言，则只能测定其孢子数。

1）显微计数法

显微直接计数法，即在显微镜下直接进行计数，常利用血球计数板进行计数。血球计数板是一块特制的载玻片，计数在计数室内进行。由于其体积一定（0.1mm³），而且菌液浓度已知，这样计数出来的数字，通过换算，就可测知样品里单位体积中的微生物总数目。该方法的优点是直观、快速，但死活不分，测定出来的结果是总菌数。

在条件较差的地方，如果没有血球计数板，也可以采用定面积涂布法或比例计数法来测定总菌数。其中又以比例计数法较为简便。它是将待测细菌菌液与等体积血液混合涂片，在显微镜下测得细菌数与红血球数比例。由于每毫升血液中红血球数是已知的，这样根据比例可大致测知样品中的细菌数。

2）平板菌落计数法

这是广泛采用的主要活菌计数方法，是依据稀释度适宜的活菌在固体培养基上（内）形成分散的单菌落的原理而设计的，其计数基础是培养后长成的一个单菌落就代表原有样品中的一个活菌体。

此法适用于各种好氧或厌氧微生物。它的做法是：把稀释后的一定量菌样通过倾注或涂布的方法，让其内的微生物单细胞一一分散在琼脂平板上（内），待培养后，每一活细胞就形成一个单菌落，此即"菌落形成单位"（cfu），根据每皿上形成的 cfu 数乘上稀释度就可推算出菌样的含菌数。

3）液体稀释法

对待测菌样做连续的 10 倍梯度稀释，一直稀释到取少量该稀释液（如 1 mL）接种到新鲜培养基中没有或极少出现生长繁殖为止。根据估计数，从最适宜的 3 个连续的 10 倍稀释液中各取 5mL 试样，接种到 3 组共 15 支装有培养液的试管中（每管接入 1mL）（图 2-3）。经培养后，记录每个稀释度出现生长的试管数，然后查 MPN（最大可能数）表，再根据样品的稀释倍数就可计算出其中的活菌含量。

4）比浊法

这是测定菌悬液中总细胞数的快速方法。其原理是在一定的浓度范围内，菌悬液中

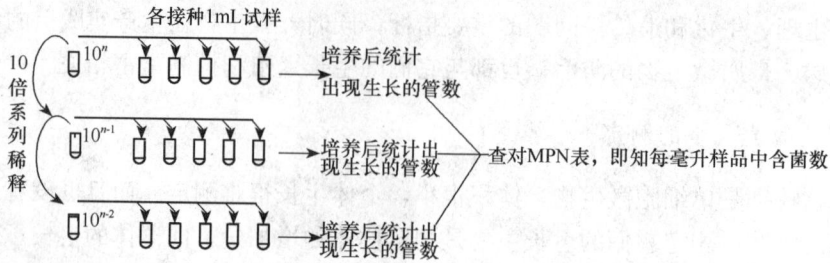

图 2-3　　液体稀释法操作示意图

的微生物细胞浓度与浑浊度成正比，即与光密度（O.D）成正比，与透光度成反比。借助于分光光度计在一定波长（450～650nm）下测量菌悬液的光密度，对照标准曲线求出菌液浓度。由于细胞浓度仅在一定范围内与光密度呈直线关系，因此待测菌悬液的细胞浓度不应过低或过高，培养液的色调也不宜过深，颗粒性杂质的数量应尽量减少。本法常用于观察和控制在培养过程中微生物菌数的消长情况。如细菌生长曲线的测定和发酵罐中的细菌生长量的控制等。同时菌悬液浓度必须在 10^7 个/mL 以上才能显示可信的浑浊度。此法简便、快速、不干扰或不破坏样品，但灵敏度较差，不能区分死活菌。

5）称干重法

测定单位体积培养物中细胞的干重，可以用来表示菌体的生长量。这是测定细胞物质较为直接而可靠的方法，也是测定丝状真菌生长量的一种常用的方法。测定时，取定容培养物，用离心或过滤的方法将菌体从培养基中分离出来，洗净、烘干然后称重。

此法较准确，但只适用于菌体浓度较高的样品，而且要求样品中不含菌体以外的其他物质。

另一种方法为过滤法。丝状真菌可用滤纸过滤，而细菌则可用醋酸纤维膜等滤膜进行过滤。过滤后，细胞可用少量水洗涤，然后在 40℃下真空干燥，称干重。

6）浓缩法

本法适用于检测微生物数量很少的水和空气等样品。其主要操作是将定量的样品通过特殊的微生物收集装置（如微孔滤膜等），菌体便被富集阻留在滤膜上，然后将收集的微生物洗脱测数，或将滤膜放在培养基上培养。计算其上的菌落数，求出样品中的含菌数。

7）生理指标法

对于一些非溶液的样品，要测定微生物数量除了用活菌计数法外，还可以用生理指标测定法进行测定。生理指标包括微生物的呼吸强度、耗氧量、酶活性、生物热等。这是根据微生物在生长过程中伴随出现的这些指标，与微生物数量或生长旺盛程度呈正相关。因此可以借助特定的仪器，如瓦勃氏呼吸仪、微量量热计等设备来测定相应的指标。这类测定方法主要用于科学研究、分析微生物生理活性等。

测定微生物的生长量，在理论和实践上都十分重要。当我们要对细菌在不同培养基中或不同条件下的生长情况进行评价或解释时，就必须用数量来表示它的状况。例如可以通过细菌生长的快慢来判断某一条件是否适合，从而测定出菌体的最佳生长条件、发酵条件，确定生产工艺参数并指导生产等。

2.2.2　微生物的生长规律

单细胞的微生物，如细菌、酵母菌在液体培养基中，可以均匀地分布，每个细胞接触的环境条件相同，都有充分的营养物质，故每个细胞都迅速地生长繁殖。霉菌多数是多细胞微生物，菌体呈丝状，在液体培养基中生长繁殖的情况与单细胞微生物不一样，如果采取摇床培养，则霉菌在液体培养中的生长繁殖情况，近似于单细胞微生物。因此，研究微生物的生长规律以单细胞微生物为对象更为典型。

当把少量纯种单细胞微生物接种到恒定容积的液体培养基中，在适宜的温度、通气等条件下，该群体就会发生有规律的增长。如定时取样测定细胞数目，然后以细胞数目的对数值作纵坐标，以培养时间作横坐标，就可画出一条反映整个培养期间菌数变化规律的曲线，它可划分为延滞期、指数期、稳定期和衰亡期 4 个阶段，这就是微生物的典型生长曲线。说其"典型"，是因为它只适合单细胞微生物，如细菌和酵母菌，而对丝状生长的真菌或放线菌而言，只能画出一条非"典型"的生长曲线，例如，真菌的生长曲线大致可分为 3 个时期，即生长延滞期、快速生长期和生长衰退期。典型的生长曲线与非典型的丝状菌生长曲线两者的差别是后者缺乏指数生长期，与此期相当的只是一段快速生长时期。

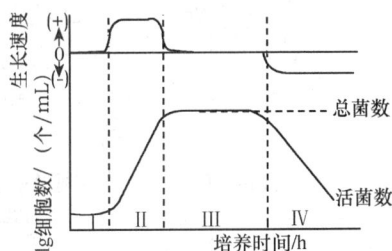

图 2-4　微生物的典型生长曲线
Ⅰ. 延滞期；Ⅱ. 指数期；
Ⅲ. 稳定期；Ⅳ. 衰亡期

根据微生物的生长速率常数，即单位时间分裂的代数（R）的不同，一般可把典型生长曲线粗分为延滞期、指数期、稳定期和衰亡期等 4 个时期（图 2-4）。

1. 延滞期

延滞期又称停滞期、调整期或适应期，是指少量单细胞微生物接种到新鲜培养液中，在开始培养的一段时间内，因代谢系统适应新环境的需要，细胞数目没有增加的一段时间。该期的特点为：

（1）生长速率常数为零。

（2）细胞形态变大或增长。

（3）细胞内的 RNA 尤其是 rRNA 含量增高，原生质呈嗜碱性。

（4）合成代谢十分活跃，核糖体、酶类和 ATP 的合成加速，易产生各种诱导酶。

（5）对外界不良条件反应敏感。

出现延滞期的原因，是由于接种到新鲜培养液中的种子细胞，一时还缺乏分解或催化有关底物的酶或辅酶，或是缺乏充足的中间代谢物。为产生诱导酶或合成有关的中间代谢物，就需要有一段用于适应的时间，此即延滞期。

延滞期的长短与菌种的特性、菌龄、接种量及所处的环境条件等因素有关，短的几分钟，长的可达几小时。采取措施缩短延滞期在发酵工业上有重要意义，增加培养基营养，采用最适种龄的健壮菌种（处于指数期的菌种）接种，加大接种量都可缩短延滞期和发酵周期，提高设备利用率。反之，若用陈旧的培养体或接种到变化较大的培养环境中，将表现出明显的生长延迟。细菌、酵母菌的延迟期短，霉菌次之，放线菌最长。

2. 指数期

指数期又称对数期，是指在生长曲线中，紧接着延滞期的一段细胞数以几何级数增长的时期。该期的特点如下：

（1）生长速率常数 R 最大，因而细胞每分裂一次所需的时间——代时（G，又称世代时间或增代时间）最短。

（2）细胞进行平衡生长，故菌体各部分的成分十分均匀。

（3）酶系活跃，代谢旺盛，对理化因素影响敏感。因此是研究菌体的最佳时期。

在指数期中，有 3 个重要参数，其相互关系及计算方法为：设对数期 t_1 时刻的菌数为 x_1，经过 n 次分裂后，t_2 时刻的菌数为 x_2。

（1）繁殖代数（n）

$x_2 = x_1 \cdot 2^n$，以对数表示：$\lg x_2 = \lg x_1 + n\lg 2$，因此：

$$n = (\lg x_2 - \lg x_1)/\lg 2 = 3.322(\lg x_2 - \lg x_1)$$

（2）生长速率常数（R）按前述生长速率常数的定义可知：

$$R = n/(t_2 - t_1) = [3.322(\lg x_2 - \lg x_1)]/(t_2 - t_1)$$

（3）代时（G）按前述平均代时的定义可知：

$$G = 1/R = (t_2 - t_1)/[3.322(\lg x_2 - \lg x_1)]$$

影响微生物世代时间的因素较多，主要有菌种、营养成分、培养温度 3 种。不同微生物的代时不同，同一菌种在不同培养条件下，代时也不同。培养基营养丰富，培养温度适宜，代时较短；反之则长，这可从表 2-3 看到。

表 2-3　部分细菌的代时

细菌	培养基	温度/℃	代时/min
漂浮假单胞菌	肉汤	37	9.8
大肠杆菌	肉汤	37	17
大肠杆菌	牛奶	37	12.5
蜡状芽孢杆菌	肉汤	30	18
蜡状芽孢杆菌	肉汤	37	28
嗜热芽孢杆菌	肉汤	55	18.3
产气肠杆菌	肉汤	37	16-18
产气肠杆菌	牛奶	37	29-44
枯草芽孢杆菌	肉汤	25	26-32
嗜酸乳杆菌	牛奶	37	66-87
结核分支杆菌	合成	37	792-932
乳酸链球菌	牛奶	37	26
乳酸链球菌	乳糖肉汤	37	48
金黄色葡萄球菌	肉汤	37	27-30

此外细菌在对数期保持高速分裂增长的时间由于受到批量有限培养基的限制，一般不超过 40 代。

处于对数期的微生物具有整个群体的生理特性较一致、细胞各成分平衡增长和生长速率恒定等优点，是用做代谢、生理等研究的良好材料，是增殖噬菌体的最适宿主，也是发酵工业中用作种子的最佳材料。

3. 稳定期

在对数期末期，由于：

（1）营养物尤其是生长限制因子的耗尽。

（2）营养物的比例失调，例如 C/N 比不合适等。

（3）酸、醇、毒素或 H_2O_2 等有害代谢产物的累积。

（4）pH、氧化还原电位等物理化学条件越来越不适宜等，使细菌的生长速度降低，增殖率下降而死亡率上升，当两者趋于平衡时，就转入稳定期。此时，活菌数基本保持稳定，生长曲线进入平坦阶段。

稳定期又称恒定期或最高生长期。其特点是生长速率常数 R 等于零，即处于新繁殖的细胞数与衰亡的细胞数相等，或正生长与负生长相等的动态平衡之中。此期活菌数达到最高峰，且保持相对稳定。

进入稳定期时，细胞内开始积累糖原、异染颗粒和脂肪等内含物；芽孢杆菌一般在这时开始形成芽孢；一些微生物在这时开始合成抗生素等多种代谢物。稳定期的长短与菌种特性和环境条件有关，在发酵工业中为了获得更多的菌体或代谢产物，还可以通过补料、调节 pH、温度或通气量等措施来延长稳定期。

稳定期的生长规律对生产实践有着重要的指导意义。例如，对以生产菌体或与菌体生长相平行的代谢产物（SCP、乳酸等）为目的的某些发酵生产来说，稳定期是产物的最佳收获期。此外，通过对稳定期到来原因的研究，还促进了连续培养原理的提出和工艺、技术的创建。

4. 衰亡期

经过稳定期后，培养基中营养逐渐耗尽，代谢产物大量积累，有毒物质逐渐积累，环境的 pH、氧化还原电位等条件对继续生长越来越不利，此时微生物个体的死亡速度超过新生速度，整个群体呈现负生长状态（R 为负值），活细胞数明显下降。这时，细胞形态发生多形化，例如会发生膨大或不规则的退化形态；有的微生物因蛋白水解酶活力的增强而发生自溶；有的微生物在这期间会进一步合成或释放对人类有益的抗生素等次生代谢物；而在芽孢杆菌中往往在此期释放芽孢等。

应当指出，上述细菌生长曲线仅反映它们在有限营养液中的群体生长规律，如实验室中常用的浅层液体培养和摇瓶振荡培养以及工业生产中普通采用的发酵罐深层搅拌通气培养。正确地认识和掌握细菌群体的生长特点和规律，对于科学研究和微生物工业发酵生产具有重要意义。

2.2.3　微生物生长繁殖的控制

1. 微生物生长的控制途径

微生物生长的控制主要是从遗传学特性、培养基组成、培养条件三个方面来进行。

微生物的遗传学特性控制主要是从菌种的选育上下功夫，而培养基组成控制主要在微生物的营养部分学习，因此，本节重点学习讨论培养条件控制方面的相关内容。

在适宜条件下，微生物能以最大的生长速率进行生长繁殖，产生大量的新个体，在不适宜条件下，生长繁殖速度较低，在恶劣条件下生长停止，甚至死亡。微生物的生长状态好坏是微生物与环境相互作用的结果。在微生物研究或生产实践中，常常需要控制所不期望的微生物的生长，促进目标菌种的合理、优势生长。因此，如何控制微生物的生长速率或消灭不需要的微生物，在实际应用中具有重要的意义。

一般而言，对生产、研究目标菌种的培养是根据需要控制其生长速率和代谢产物的生成，采取最佳的生长条件和发酵条件，并通过同步培养、分批培养、补料分批培养、连续培养、纯培养、混合培养等方式、方法控制微生物生长和产物的生成。而对于有害菌的控制则采用杀死或抑制其生长的方法进行，即灭菌、消毒、防腐等措施控制。以下介绍涉及的一些概念。

（1）同步培养，是指使培养基中所有微生物细胞处于相同的生长阶段的培养方法。

（2）分批培养，是指将微生物置于一定容积的培养基中，经过培养生长，最后一次收获的培养方式。

（3）连续培养，是指在一个恒定容积的流动系统中培养微生物，一方面以一定速率不断地加入新的培养基，另一方面又以相同的速率流出培养物（菌体和代谢产物），以使培养系统中的细胞数量和营养状态保持稳定。

（4）补料分批培养，是指在发酵培养过程中连续或间歇补加一种或几种培养基成分，但发酵培养过程中不取出发酵液的发酵培养方法。

（5）纯培养，是指在培养体系中只有一种微生物的培养。

（6）混合培养，是指多种微生物混合在一起共用一种培养基进行的培养。

（7）灭菌，是指利用某种方法杀死物体中所有微生物的措施。

（8）消毒，是指利用某种方法杀死或灭活物体中所有病原微生物的措施。

（9）防腐，是指利用某种理化因素防止或抑制微生物生长的措施。

（10）化疗，是指利用具有高度选择毒力的化学物质抑制宿主体内病原微生物或病变细胞，但对机体本身无毒害的治疗措施。

灭菌、消毒、防腐、化疗的比较如表 2-4 所示。

表 2-4　灭菌、消毒、防腐、化疗的比较

比较项目	灭菌	消毒	防腐	化疗
处理因素	强烈理化因素	温和理化因素	理化因素	化学治疗剂
处理对象	任何物体内外	生物体表，酒、乳等	有机质物体内外	宿主体内
微生物类型	一切微生物	有关病原菌	一切微生物	有关病原菌
对微生物作用	彻底杀灭	杀死或抑制	抑制或杀死	抑制或杀死
实例	加压蒸汽灭菌，辐射灭菌，化学杀菌剂	70%酒精消毒，巴氏消毒法	冷藏，干燥，糖渍，盐腌，缺氧，化学防腐剂	抗生素，抗代谢药物

2. 微生物生长的控制因素

影响微生物生长的外界因素很多，除营养条件外，还有许多物理、化学因素。

1) 温度

由于微生物的生命活动都是由一系列生物化学反应组成的，而这些反应受温度影响又极大，故温度是影响微生物生长繁殖的最重要因素之一。温度对微生物生长的影响具体表现在：

（1）影响酶活性，微生物生长过程中所发生的一系列化学反应绝大多数是在特定酶催化下完成的，每种酶都有最适的酶促反应温度，温度变化影响酶促反应速率，最终影响细胞物质合成。

（2）影响细胞质膜的流动性，温度高流动性大，有利于物质的运输，温度低流动性降低，不利于物质运输，因此温度变化影响营养物质的吸收与代谢产物的分泌。

（3）影响物质的溶解度，物质只有溶于水才能被机体吸收或分泌，除气体物质以外，温度上升，物质的溶解度增加，温度降低，物质的溶解度降低，最终影响微生物的生长。

与其他生物一样，任何微生物的生长温度范围尽管有宽有窄，但总有最低生长温度、最适生长温度和最高生长温度这 3 个重要指标，这就是生长温度的三基点。如果把微生物作为一个整体来看，其生长温度范围则很广，可在 −10～95℃ 范围内生长。

根据最适生长温度的不同可将微生物分为三类：嗜冷菌、嗜温菌和嗜热菌（表 2-5）。

表 2-5　微生物的生长温度类型

微生物类型		生长温度范围/℃			分布区域
		最低	最适	最高	
嗜冷菌	专性嗜冷型	−10	5～15	15～20	海洋深处、南北极、冰窖
	兼性嗜冷型	−5～0	10～20	25～30	海洋、冷泉、冷藏食品
嗜温菌	室温型	10～20	20～35	40～45	腐生环境
	体温型	10～20	35～40	40～45	寄生环境
嗜热菌		25～45	50～60	70～95	温泉、堆肥、土壤

对某一具体微生物而言，其生长温度范围的宽窄与它们长期进化过程中所处的生存环境温度有关。例如，一些生活在土壤中的芽孢杆菌，它们属宽温微生物（15～65℃）；大肠杆菌既可在人或动物体的肠道中生活，也可在体外环境中生活，故也是宽温微生物（10～47.5℃）；而专性寄生在人体泌尿生殖道中的淋病奈瑟氏球菌则是窄温微生物（36～40℃）。

最适生长温度经常简称为"最适温度"，其涵义为某种微生物分裂代时最短或生长速率最高时的培养温度。必须强调指出，对同一种微生物来说，最适生长温度并非一切生理过程的最适温度，也就是说，最适温度并不等于生长得率最高时的培养温度，也不等于发酵速率或累积代谢产物最高时的培养温度，更不等于累积某一代谢产物最高时的培养温度，例如黏质赛氏杆菌的生长最适温度为 37℃，而其合成灵杆菌素的最适温度为 20～25℃；黑曲霉生长最适温度为 37℃，而产糖化酶的最适温度则为 32～34℃。这一规律对指导发酵生产有着重要的意义。

当环境温度超过微生物的最高生长温度时就会引起死亡。高温的致死作用，主要是引起蛋白质、核酸和脂类等重要生物大分子发生降解或改变其空间结构等，从而变性或破坏。因此常采用高温灭菌。

当环境温度低于微生物的最低生长温度时可使微生物的代谢活力降低，生长繁殖停滞，但仍能保持活性。低温的作用主要是抑菌，常用低温保藏食品和菌种。

2）氧气

微生物对氧的需要和耐受能力在不同的类群中差别很大，根据它们和氧的关系，可把它们粗分成好氧微生物（好氧菌）和厌氧微生物（厌氧菌）两大类，并可进一步细分为以下 5 类：

（1）专性好氧菌。必须在较高浓度分子氧的条件下才能生长，它们有完整的呼吸链，以分子氧作为最终受氢体，具有超氧化物歧化酶（SOD）和过氧化氢酶，绝大多数真菌和多数细菌、放线菌都是专性好氧菌，例如醋杆菌属、固氮菌属、铜绿假单胞菌和白喉棒杆菌等。振荡、通气、搅拌都是实验室和工业生产中常用的供氧方法。

（2）兼性厌氧菌。以在有氧条件下的生长为主，也可兼在厌氧条件下生长的微生物，有时也称"兼性好氧菌"。它们在有氧时靠呼吸产能，无氧时则借发酵或无氧呼吸产能。细胞含 SOD 和过氧化氢酶，它们在有氧条件下比在无氧条件下生长得更好。许多酵母菌和不少细菌都是兼性厌氧。例如酿酒酵母、地衣芽孢杆菌以及肠杆菌科的各种常见细菌，包括大肠杆菌、产气肠杆菌和普通变形杆菌等都属此类。

（3）微好氧菌。只能在较低的氧分压下才能正常生长的微生物。也是通过呼吸链并以氧为最终受氢体而产能。霍乱弧菌、氢单胞菌属、发酵单胞菌属和弯曲菌属等都属于这类微生物。

（4）耐氧菌。即耐氧性厌氧菌的简称。是一类可在分子氧存在下进行发酵性厌氧生活的厌氧菌。它们的生长不需要任何氧，但分子氧对它们也无害。它们不具有呼吸链，仅依靠专性发酵和底物水平磷酸化而获得能量。耐氧的机制是细胞内存在 SOD 和过氧化物酶（但缺乏过氧化氢酶）。通常的乳酸菌多为耐氧菌，例如乳酸乳杆菌、肠膜明串珠菌、乳链球菌和粪肠球菌等；非乳酸菌类耐氧菌如雷氏丁酸杆菌等。

（5）厌氧菌。该类微生物的特点是：

① 分子氧对它们有毒，即使短期接触也会抑制甚至致死。

② 在空气中，它们在固体或半固体培养基表面不能生长，只有在其深层无氧处或在低氧化还原电位的环境下才能生长。

③ 生命活动所需能量是通过发酵、无氧呼吸、循环光合磷酸化或甲烷发酵等提供。

④ 细胞内缺乏 SOD 和细胞色素氧化酶，大多数还缺乏过氧化氢酶。常见的厌氧菌有梭菌属、拟杆菌属、梭杆菌属、双歧杆菌属以及各种光合细菌和产甲烷菌等。

培养好氧微生物可以通过振荡或通气等方式使之有充足的氧气供它们生长；培养专性厌氧微生物则要排除环境中的氧，同时通过在培养基中添加还原剂的方式降低培养基的氧化还原电势；培养兼性厌氧或氧的耐氧型微生物，可以用深层静止培养的方式等。

3）pH

作为微生物整体来说，其生长的 pH 范围极广（2～10），有少数种类还可超出这一范围。但绝大多数微生物的生长 pH 都在 5～9 之间。低于或高出这个范围，微生物的生长就被抑制。不同微生物生长的最适、最低与最高的 pH 范围也不同，如表 2-6 所示。

表 2-6　部分微生物的最适、最低与最高的 pH

微　生　物	最低 pH	最适 pH	最高 pH
细菌	3～5	6.5～7.5	8～10
酵母菌	2～3	4.5～5.5	7～8
霉菌	1～3	4.5～5.5	7～8
放线菌	5.0	7.0～8.0	10.0
金黄色葡萄球菌	4.2	7.0～7.5	9.3
黑曲霉	1.5	5.0～6.0	9.0
嗜酸乳杆菌	4～4.6	5.8～6.6	6.8

除不同种类微生物有其最适生长 pH 外，即使同一种微生物在其不同的生长阶段和不同的生理、生化过程，也有不同的最适 pH 要求。研究其中的规律，对发酵生产中 pH 的控制尤为重要。例如，黑曲霉在 pH 为 2.0～2.5 时，有利于合成柠檬酸，pH 在 2.5～6.5 范围内时，就以菌体生长为主，而 pH 在 7 左右时，则大量合成草酸。

虽然微生物外环境的 pH 变化很大，但细胞内环境中的 pH 却相当稳定，一般都接近中性。胞内酶的最适 pH 也都接近中性，而位于周质空间的酶和分泌到胞细外的胞外酶的最适 pH 则接近环境的 pH。pH 除了对细胞发生直接影响之外，还对细胞产生一些间接的影响。例如，可影响培养基中营养物质的离子化程度，从而影响微生物对营养物质的吸收，影响环境中有害物质对微生物的毒性，以及影响代谢反应中各种酶的活性等。

微生物在其生命活动过程中也会能动地改变外界环境的 pH，这就是通常遇到的培养基的原始 pH 会在培养微生物的过程中时时发生改变的原因。其中发生 pH 改变的可能反应如图 2-5 所示。

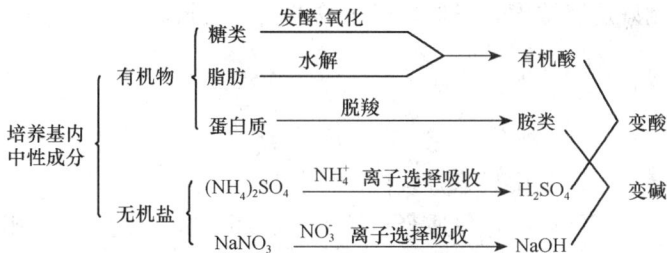

图 2-5　pH 改变的可能反应

在一般微生物的培养中变酸往往占优势，因此，随着培养时间的延长，培养基的 pH 会逐渐下降，对微生物本身及发酵生产都产生不利的影响。因此，在微生物培养和发酵生产中要及时调整 pH。实践中当过酸时一般是通过加碱、加适当氮源、提高通气量来进行调节；过碱时则通过加酸、加适当碳源、降低通气量来进行调节。

4）干燥和渗透压

微生物生命活动离不开水。干燥或提高溶液渗透压、降低微生物可利用水的量或活度，可抑制其生长。

（1）干燥。干燥的主要作用是抑菌，使细胞失水，代谢停止，也可引起某些微生物死亡。不同的微生物种类、干燥时微生物所处的环境条件、干燥的程度等均影响干燥对微生物的作用效果。一般来说，有荚膜的细菌对干燥的抵抗力比无荚膜的强，细菌的芽孢、放线菌和霉菌的孢子抗干燥能力很强，在干燥条件下可长期不死，故可用于菌种保藏。G⁻细菌如淋病球菌对干燥特别敏感，几小时便死亡；但结核分支杆菌特别耐干燥，在干燥条件中，100℃、20min 仍能生存；链球菌用干燥法保存几年而不丧失致病性。

在干燥环境中，温度越高，微生物越易死亡。缓慢干燥死亡较多，而快速干燥则不易死亡。在不同的基质中干燥，其活力保存的时间也不同，如在含蛋白质、糖存在时，微生物不易死亡。在实际工作中常用干燥法保存菌种、食品和食品发酵原料。

(2) 渗透压。细胞质膜是一种半透膜，它将细胞内的原生质与环境中的溶液（培养基等）分开。水或其他溶剂经过半透性膜而进行扩散的现象称为渗透。在渗透时溶剂通过半透膜时的压力称为渗透压。渗透压的大小与溶液浓度成正比。溶液中含的溶质越多，溶液中的 A_w 值越低，而溶液的渗透压越高。细菌接种到培养基里以后，细胞通过渗透作用使细胞质与培养基的渗透压力达到平衡。如果细胞外的渗透压力高（即 A_w 值低），原生质中的水向外扩散，这样会导致细胞发生质壁分离使生长受到抑制。因此提高环境的渗透压即降低 A_w 值，就可以达到控制微生物生长的目的。例如，用盐（浓度通常为 10%~15%）腌制的鱼、肉、食品就是通过加盐使新鲜鱼肉脱水，降低它们的水活性，使微生物不能在它们上面生长；新鲜水果通过加糖（浓度一般为 40%~70%）制成果脯、蜜饯，也是降低水果的 A_w 值，抑制微生物生长与繁殖，起到防止腐败变质的效果。如果细胞外的渗透压力低（即 A_w 值高），细胞会吸水膨胀，甚至破裂。低渗破碎细胞法就是根据这一原理来操作的。

微生物只有在等渗状态下（内外渗透压相等）生命活动最好，细胞维持原形。常用的生理盐水（0.85%NaCl 溶液）即为等渗溶液。因此培养微生物时，除了选择培养基成分外，还要控制好适宜浓度，以保证微生物的正常生长。

3. 灭菌与消毒

1) 干热灭菌法
(1) 火焰灭菌法，即利用火焰直接把微生物烧死。此法彻底可靠，灭菌迅速，但易焚毁物品，所以使用范围有限，只适合于接种针、环、试管口及不能用的污染物品或实验动物的尸体等的灭菌。

(2) 干热灭菌法，即利用干热空气进行灭菌。把待灭菌的物品均匀地放入烘箱中，升温至 160℃，恒温 2h 即可达到灭菌的目的。适用于玻璃器皿、金属用具等耐热物品的灭菌。

2) 湿热灭菌法
在同样的温度下，湿热灭菌的效果比干热灭菌好，这是因为一方面细胞内蛋白质含水量高，容易变性。另一方面高温水蒸气对蛋白质有高度的穿透力，从而加速蛋白质变性而迅速死亡。

(1) 煮沸消毒法。物品在水中 100℃ 煮沸 20min 以上，可杀死细菌的营养细胞和部分芽孢，如在水中加入 1%碳酸钠或 2%~5%石炭酸，则效果更好。这种方法适用于注射器、毛巾、解剖用具等的消毒。

(2) 巴氏消毒法。此法最早由巴斯德采用，常用于不适于高温灭菌的食品，如牛乳、酱腌菜类、果汁、啤酒、果酒和蜂蜜等，其主要目的是杀死其中无芽孢的病原菌（如牛乳中的结核杆菌或沙门氏杆菌），而又不影响它们的风味。一般是在 60～85℃维持处理 15～30min，此法只能杀死微生物的营养细胞，达不到完全灭菌的目的。

（3）超高温瞬时灭菌法。灭菌的温度在 135～137℃，处理 3～5s，可杀死微生物的营养细胞和耐热性强的芽孢细菌，但污染严重的鲜乳在 142℃以上杀菌效果才好。超高温瞬时灭菌法现广泛用于各种果汁、牛乳、花生乳、酱油等液态食品的杀菌。

（4）高压蒸汽灭菌法。高压蒸汽灭菌是在密闭的高压蒸汽锅内进行的广泛使用的灭菌方法，其灭菌原理是蒸汽压与温度成正比。当锅内蒸汽压力升高时，温度升高。如在蒸汽压达到 0.1MPa 时，加压蒸汽灭菌锅内的温度可达到 121℃。在此温度下即使最耐热的微生物（包括芽孢）经 15～20min 也会被完全杀死，而达到灭菌目的。如灭菌的对象面积大、含菌多、传热差则应适当延长灭菌时间。

在高压蒸汽灭菌中，恒压计时前排尽灭菌锅中的冷空气是灭菌成败的关键，否则表上的蒸汽压与蒸汽温度之间不具对应关系，灭菌锅中的实际温度低于表示温度，达不到预期的灭菌效果。

高压蒸汽灭菌法适用于实验室、发酵工厂对培养基、各种缓冲液、器材和其他物料的灭菌。

（5）间歇灭菌法。此法是用常压蒸汽反复灭菌的方法，温度不超过 100℃，每日 1次，加热时间为 30min，连续 3 次灭菌，杀死微生物的营养细胞。每次灭菌后，将灭菌的物品在（28～37℃）培养，促使残留的芽孢发育成为繁殖体，以便在连续灭菌中将其杀死。此法不需加压灭菌锅，适于推广，但操作麻烦，所需时间长。

3）辐射灭菌

辐射灭菌是利用电磁辐射产生的电磁波杀死大多数物质上的微生物的一种有效方法。用于灭菌的电磁波有微波、紫外线（UV）、X 射线和 γ 射线等，它们都能通过特定的方式控制微生物生长或杀死它们。例如微波可以通过产生的热量杀死微生物；紫外线（260～280nm）（UV）使 DNA 分子中相邻的嘧啶形成嘧啶二聚体，抑制 DNA 复制与转录，引起致死突变；X 射线和 γ 射线能使其他物质氧化或产生自由基，再作用于生物分子，或者直接作用于生物分子，采取打断氢键，使双键氧化、破坏环状结构或使某些分子聚合等方式，破坏和改变生物大分子的结构，以抑制或杀死微生物。利用辐射进行灭菌消毒，可以避免高温灭菌或化学药剂消毒的缺点，所以应用越来越广，如紫外线用于接种室、手术室、药物包装室等的空气和物体表面消毒灭菌（因紫外线的穿透能力差）；β 射线用于食品表面杀菌；γ 射线用于食品内部杀菌；微波用于干制食品级消毒等。

辐射灭菌的杀菌效果，因菌种及生理状态而异，另外，照射时间、距离和剂量的大小也有影响，一般剂量越大，照射时间越长，照射距离越短，灭菌效果越好。

4）过滤除菌法

采用滤孔比细菌还小的滤膜、筛子做成各种过滤器，当液体、空气流经滤膜或筛子时，比滤孔大的微生物不能通过滤孔而被阻留在一侧，从而达到除菌的目的。它的最大优点是不破坏培养基中各种物质的化学成分。缺点是易堵塞，且不能滤除病毒。

在实验室中常采用的滤器有滤膜过滤器、蔡氏过滤器、磁土过滤器和玻璃过滤器等。

其过滤介质有硝酸纤维素膜、醋酸纤维素膜、聚丙烯膜以及石棉板、烧结陶瓷、烧结玻璃等。

过滤除菌法应用于含酶、糖溶液、血清等热敏物质除菌，发酵工业上应用的大量无菌空气也是通过过滤除菌法获得的。

5）化学消毒灭菌

许多化学药剂可抑制或杀灭微生物，因而被用于微生物生长的控制，它们被分为3类：消毒剂、防腐剂、化学治疗剂。化学治疗剂是指能直接干扰病原微生物的生长繁殖并可用于治疗感染性疾病的化学药物，按其作用和性质又可分为抗代谢物和抗生素。

（1）消毒剂和防腐剂。消毒剂是可抑制或杀灭微生物，对人体也可能产生有害作用的化学药剂，主要用于抑制或杀灭非生物体表面、器械、排泄物和环境中的微生物。防腐剂是可抑制微生物但对人和动物毒性较低的化学药剂，可用于机体表面如皮肤、黏膜、伤口等处防止感染，也可用于食品、饮料、药品的防腐。现消毒剂和防腐剂间的界线已不严格，如高浓度的石炭酸（3%～5%）用于器皿表面消毒，低浓度的石炭酸（0.5%）用于生物制品的防腐。本节将消毒剂和防腐剂一起讨论。理想的消毒剂和防腐剂应具有作用快、效力大、渗透强、易配制、价格低、毒性小、无怪味的特点。完全符合上述要求的化学药剂很少，根据需要尽可能选择具有较多优良特性的化学药剂（表2-7）。

表 2-7　常用消毒剂和防腐剂

类型	名称及使用方法	作用原理	应用范围
醇类	70%～75%乙醇	脱水、蛋白质变性	皮肤、器皿
醛类	0.5%～10%甲醛 2%戊二醛（pH8）	蛋白质变性	房间、物品消毒（不适合食品厂）
酚类	3%～5%石炭酸	破坏细胞膜、蛋白质变性	地面、器具
	2%来苏儿		皮肤
	3%～5%来苏儿		地面、器具
氧化剂	0.1%高锰酸钾	氧化蛋白质活性基团，酶失活	皮肤、水果、蔬菜
	3%过氧化氢		皮肤、物品表面
	0.2%～0.5%过氧乙酸		水果、蔬菜、塑料等
重金属盐类	0.05%～0.1%升汞	蛋白质变性、酶失活	非金属器皿
	2%红汞		皮肤、黏膜、伤口
	0.1%～1%硝酸银	变性、沉淀蛋白	皮肤、新生儿眼睛
	0.1%～0.5%硫酸铜	蛋白质变性、酶失活	防治植物病害
表面活性剂	0.05%～0.1%新洁尔灭	蛋白变性、破坏细胞膜	皮肤、黏膜、器械
	0.05%～0.1%杜灭芬		皮肤、金属、棉织品、塑料
卤素及其化合物	0.2～0.5mg/L氯气	破坏细胞膜、蛋白质	饮水、游泳池水
	10%～20%漂白粉		地面
	0.5%～1%漂白粉		水、空气等
	2.5%碘酒		皮肤
染料	2%～4%龙胆紫	与蛋白质的羧基结合	皮肤、伤口
酸类	0.1%苯甲酸		食品防腐
	0.1%山梨酸		食品防腐

　　（2）抗代谢物。有些化合物结构与生物的代谢物很相似，竞争特定的酶，阻碍酶的功能，干扰正常代谢，这些物质称为抗代谢物。抗代谢物种类较多，如磺胺类药物为对氨基苯甲酸的对抗物；6-巯基嘌呤是嘌呤的对抗物；5-甲基色氨酸是色氨酸的对抗物；异烟肼（雷米封）是吡哆醇的对抗物。抗代谢物能选择性地作用于病原微生物，使其生长受到抑制或致死。但对人体细胞毒性较小，故常用于口服或注射。

　　（3）抗生素。抗生素是生物在其生命活动过程中产生的一种次生代谢物或其人工衍生物，它们在很低浓度时就能抑制或影响某些生物的生命活动。

　　由于不同微生物对不同抗生素的敏感性不一样，抗生素的作用对象就有一定的范围，这种作用范围就称为抗生素的抗菌谱。通常将对多种微生物有作用的抗生素称为广谱抗生素，如四环素、土霉素既对 G^+ 菌又对 G^- 细菌有作用；而只对少数几种微生物有作用的抗生素则称为狭谱抗生素，如青霉素只对 G^+ 菌有效。

　　抗生素的种类很多，其抑制或杀死微生物的作用机制大致分为 4 类：

　　① 抑制细胞壁的合成。

　　② 破坏细胞膜的功能。

　　③ 抑制蛋白质的合成。

　　④ 抑制核酸的合成。

　　抗生素是临床上治疗微生物感染和抑制肿瘤的常用药物，也是发酵工业中控制杂菌污染的主要药剂。在微生物育种中，抗生素常被用做筛选标记。

2.3　微生物代谢

　　微生物新陈代谢作用贯穿于它们生命活动的始终。新陈代谢简称代谢，是指发生在活细胞中的各种分解代谢（同化作用）和合成代谢（异化作用）的总和。分解代谢是指复杂的有机物分子通过分解代谢酶系的催化，产生简单分子、腺苷三磷酸（ATP）形式的能量和还原力的作用；也称为生物氧化，或产能代谢。合成代谢与分解代谢正好相反，是指在合成代谢酶系的催化下，由简单小分子（来源于分解代谢的中间产物或细胞外的小分子营养物质）、ATP 形式的能量和［H］式的还原力一起合成复杂的大分子的过程，也称为生物合成，或耗能代谢。微生物细胞直接同生活环境接触，微生物不停地从外界环境吸收适当的营养物质，在细胞内合成新的细胞物质和贮藏物质，并贮存能量，即同化作用，这是其生长、发育的物质基础；同时，又把衰老的细胞物质和从外界吸收的营养物质进行分解变成简单物质，并产生一些中间产物作为合成细胞物质的基础原料，最终将不能利用的废物排出体外，一部分能量以热量的形式散发，这便是异化作用。在上述物质代谢的过程中伴随着能量代谢的进行，在物质的分解过程中，伴随着能量的释放，这些能量一部分以热的形式散失，一部分以高能磷酸键的形式贮存在三磷酸腺苷（ATP）中，这些能量主要用于维持微生物的生理活动或供合成代谢需要。微生物进行生物氧化获取能量的方式主要为三个类型，即好氧呼吸、厌氧呼吸、发酵。它们分别以分子氧、无机氧化物、有机化合物作为最终电子受体，在产生二氧化碳、无机物、还原态有机化合物的同时，产生数量不等的 ATP，其中以好氧呼吸产生的 ATP 最多，能量效率最高。

微生物的代谢作用是由微生物体内一系列有一定次序的、连续性的生物化学反应所组成，这些生化反应在生物体内可以在常温、常压和 pH 中性条件下极其迅速地进行，这是由于生物体内存在着多种多样的酶和酶系，绝大多数的生化反应是在特定酶催化下进行的。

微生物代谢具有形式多样、适应性强、可调控的特点，微生物同其他生物一样，新陈代谢作用是它最基本的生命过程，也是其他一切生命现象的基础。

2.3.1　微生物代谢的分解代谢和合成代谢

1. 分解代谢

分解代谢大致分为三个阶段：首先将大分子的营养物质降解成氨基酸、单糖、脂肪酸等小分子物质，紧接着进一步将小分子物质降解成为简单的乙酰辅酶 A、丙酮酸及能进入 TCA 循环的中间产物，最后将第二阶段的产物完全降解生成 CO_2，并将前面形成的还原力（$NADH_2$）通过呼吸链氧化、同时形成大量的 ATP。亦或转化为其他发酵产物。

1）大分子物质的降解

（1）淀粉的分解。淀粉是多种微生物用做碳源的原料。它是葡萄糖的多聚物，有直链淀粉和支链淀粉之分。微生物对淀粉的分解是由微生物分泌的淀粉酶催化水解进行的。淀粉酶是水解淀粉糖苷键一类酶的总称，它的种类有以下几种：

液化型淀粉酶（又称 α-淀粉酶）。这种酶可以任意分解淀粉的 α-1,4-糖苷键，而不能分解 α-1,6-糖苷键。淀粉经该酶作用以后，分子变小，黏度很快下降，呈液化状态。故称液化酶。最终产物为糊精、麦芽糖和少量葡萄糖。由于生成的麦芽糖在光学上是 α 型，所以又称为 α-淀粉酶。最适 pH 为 6，最适温度为 70℃。

产生 α-淀粉酶的微生物很多，细菌、霉菌、放线菌中的许多种都能产生。

糖化型淀粉酶。这类酶从淀粉的非还原端开始，水解 α-1,4-糖苷键和 α-1,6-糖苷键，但速度慢，最终可以将淀粉完全水解成葡萄糖，故称为糖化型淀粉酶。最适 pH 为 4～5，最适温度为 50～60℃。多种曲霉有产此酶能力。

β-淀粉酶（淀粉 1,4-麦芽糖苷酶）。此酶作用方式是从淀粉分子的非还原性末端开始，逐次分解。分解物以麦芽糖为单体，但不能作用于也不能越过 α-1,6-糖苷键，这样分解到最后，仍会剩下较大分子的极限糊精。由于生成的麦芽糖，在光学是上 β 型，所以称为 β-淀粉酶。糖化酶（淀粉 1,4-、1,6-葡萄糖苷酶）：此酶对 α-1,4-糖苷键能作用，对 α-1,6-糖苷键也能分解，所以最终产物几乎全是葡萄糖。最适 pH 为 5～6。根霉、曲霉、细菌等可产生此酶。

异淀粉酶（淀粉 1,6-糊精酶）。此酶可以分解淀粉中的 α-1,6-糖苷键，生成较短的直链淀粉。异淀粉酶用于水解由 α-淀粉酶产生的极限糊精和由 β-淀粉酶产生的极限糊精。产气气杆菌、中间埃希氏杆菌、软链球菌、链霉菌等都可产生异淀粉酶。

微生物产生的淀粉酶可广泛用于粮食加工、食品加工、发酵、纺织、医药、轻工、化工等行业。

（2）蛋白质的分解。蛋白质是由氨基酸组成的分子巨大、结构复杂的化合物。它们不能直接进入细胞。微生物利用蛋白质，首先分泌蛋白酶至体外，将其分解为大小不等的多肽或氨基酸等小分子化合物后再进入细胞。

产生蛋白酶的菌种很多，细菌、放线菌、霉菌等中均有。不同的菌种可以产生不同的蛋白酶，例如黑曲霉主要生产酸性蛋白酶。短小芽孢杆菌用于生产碱性蛋白酶。不同的菌种也可生产功能相同的蛋白酶，同一个菌种也可产生多种性质不同的蛋白酶。

2）微生物主要的分解代谢途径

异养微生物可利用各类有机化合物进行生物氧化产生能量。糖类是微生物重要的能源和碳源。葡萄糖和果糖通常被异养微生物优先利用。微生物利用葡萄糖产生能量主要是经过发酵和呼吸两种代谢过程，两者有相同的初始阶段，即葡萄糖降解成丙酮酸的糖酵解过程。微生物中主要存在 4 种分解途径：EMP 途径、HMP 途径、ED 途径和 PK 途径。呼吸作用主要经过糖酵解、三羧酸循环和电子传递链 3 个阶段产生能量；发酵首先经过糖酵解过程，随后根据微生物的类型经丙酮酸转化成一种或多种不同的产物。与呼吸不同的是发酵过程只在糖酵解时产生能量，相对较少。

（1）EMP 途径。EMP 途径也称己糖双磷酸降解途径或糖酵解途径。由 10 个连续反应组成，总反应式为

$$2C_6H_{12}O_6 + 2ADP + 2H_3PO_4 + 2NAD^+ \longrightarrow 2CH_3COCOOH + 2ATP + 2NADH + 2H^+$$

EMP 途径是生物体内 6-磷酸葡萄糖转变为丙酮酸的最普遍的反应过程，许多微生物都具有 EMP 途径。但 EMP 途径往往是和 HMP 途径同时存在于同一种微生物中，以 EMP 途径作为一唯一降解途径的微生物极少，只有在含有牛肉汁酵母膏复杂培养基上生长的同型乳酸细菌可以利用 EMP 作为唯一降解途径。EMP 途径的生理作用主要是为微生物代谢提供能量（即 ATP）、还原剂（即 $NADH_2$）及代谢的中间产物，如丙酮酸等。

在 EMP 途径的反应过程中所生成的 $NADH_2$ 不能积累，必须被重新氧化为 NAD 后，才能保证继续不断地推动全部反应的进行。$NADH_2$ 重新氧化的方式，因不同的微生物和不同的条件而异。厌氧微生物及兼厌氧性微生物在无氧条件下，$NADH_2$ 的受氢体可以是丙酮酸，如乳酸细菌所进行的乳酸发酵，也可以是丙酮酸的降解产物——乙醛，如酵母的酒精发酵等。好氧性微生物和在有氧条件下的兼厌氧性微生物经 EMP 途径产生的丙酮酸进一步通过三羧酸循环，被彻底氧化，生成 CO_2，氧化过程中脱下的氢和电子经电子传递链生成 H_2O 和大量 ATP。

（2）HMP 途径。HMP 途径也称己糖单磷降解途径或磷酸戊糖循环。反应步骤大致由十一步反应完成，总反应式为

$$6\text{G-6-P} + 12NADP^+ + 7H_2O \longrightarrow 5\text{G-6-P} + 6CO_2 + 12NADPH + 12H^+ + H_3PO_4$$

HMP 途径的关键酶系是 6-磷酸葡萄糖酸脱氢酶和转酮—转醛酶系，其中 6-磷酸葡萄糖酸脱氢酶催化磷酸己糖酸的脱氢脱羧，而转酮-转醛酶系则作用于三碳糖、四碳糖、五碳糖、六碳糖及七碳糖的相互转化。

HMP 途径的另一特点是只有 NADP 参与反应。在有氧条件下，HMP 途径所产生

的 $NADPH_2$ 在转氢酶的作用下，可将氢转给 NAD，形成 $NADH_2$，经呼吸链，将电子和氢交给分子态氧形成水，并由电子传递磷酸化作用形成 ATP。但是一般认为 HMP 途径不是主要的产能途径，而是为细胞的生物合成提供供氢体（$NADPH_2$）。另外，HMP 途径还为细胞生物合成提供大量的 $C_3 \sim C_7$ 等前体物质，特别是磷酸戊糖，它是合成核酸、某些辅酶以及合成的组氨酸、芳香族氨酸、对氨基苯甲酸等化合物的重要底物。此外，HMP 途径与化能自养菌和光合细菌的碳代谢有密切联系。因此，HMP 途径的生理功能是多方面的，在微生物代谢中占有重要的地位。

（3）三羧酸循环（简称 TCA 环）。很多微生物中都存在三羧酸循环途径，它除了产生大量能量，作为微生物生命活动的主要能量来源以外，还有许多生理功能。特别是循环中的某些中间代谢产物是一些重要的细胞物质，如各种氨基酸、嘌呤、嘧啶及脂类等生物合成前体物，例如乙酰 CoA 是脂肪酸合成的起始物质；α-酮成二酸可转化为谷氨酸，草酰乙酸可转化为天冬氨酸，而且上述这些氨基酸还可转变为其他氨基酸，并参与蛋白质的生物合成。另外，TCA 环不仅是糖有氧降解的主要途径，也是脂、蛋白质降解的必经途径，例如脂肪酸经 β-氧化途径，变成乙酰 CoA 可进入 TCA 环彻底氧化成 CO_2 和 H_2O；又如丙氨酸、天冬氨酸、谷氨酸等经脱氨基作用后，可分别形成丙酮酸、草酰乙酸、α-酮戊二酸等，它们都可进入 TCA 环被彻底氧化。因此，TCA 环实际上是微生物细胞内各类物质的合成和分解代谢的中心枢纽。

由于 EMP 途径和 TCA 环研究得比较清楚，在发酵工业中得到了广泛的应用。用一种方法来阻止某一阶段的进行，就必然积累某些中间产物。根据这一原理，工业上已筛选出一些优良菌株进行工业发酵，生产柠檬酸、异柠檬酸、α-酮戊二酸、苹果酸等。例如利用黑曲霉生产柠檬酸时，由于菌体内顺乌头酸水解酶的活力特别低，可使柠檬酸大量积累。

2. 合成代谢

所谓合成代谢，是指微生物利用能量将简单的无机或有机的小分子前体物质同化成高分子或细胞结构物质。但微生物合成代谢时，必须具备三个条件，那就是代谢能量、小分子前体物质和还原力（$NADH_2$），只有具备了这三个基本条件，合成代谢才能进行。合成时在耗能的情况下先合成氨基酸、单糖、脂肪酸、核苷酸等前体物质，然后再合成蛋白质、核酸、脂肪、多糖等大分子化合物。在食品、发酵工业，涉及最多的是化能异养型微生物，这些微生物所需要的代谢能量、小分子前体物质和还原力都是从复杂的有机物降解过程中获得，所以，分解代谢和合成代谢是不能分开的，两者在生物体内是有条不紊的平衡过程。微生物细胞的生物合成除了具有动、植物相同的生物合成途径外（如蛋白质的合成和核酸的合成），还具有特殊的合成代谢类型，如某些 CO_2 固定途径、肽聚糖生物合成、生物固氮作用等。

2.3.2 微生物代谢的调节

1. 微生物代谢调节的概念与内涵

生命是靠代谢的正常运转维持的。生命有限的空间内同时有许多复杂的代谢途径在运转，必须有灵巧而严密的调节机制，才能使代谢适应外界环境的变化与生物自身生长发育的需要。调节失灵便会导致代谢障碍，出现病态甚至危及生命。微生物代谢调节是指对微生物自身各种代谢途径方向的控制和代谢反应速度的调节。代谢反应方向的控制是控制代谢走何种途径，即解决代谢何种产物的问题。代谢反应速度的调节是控制代谢反应快慢，即解决代谢多少产物的问题。

微生物细胞内各种代谢反应错综复杂，各个反应过程之间是相互制约，彼此协调的，可随环境条件的变化而迅速改变代谢反应的方向和速度。微生物细胞代谢的调节主要是通过控制酶的作用来实现的，因为任何代谢途径都是一系列酶促反应构成的。微生物细胞的代谢调节主要有两种类型（表 2-8），一类是酶活性调节，调节的是已有酶分子的活性，是在酶化学水平上发生的；另一类是酶合成的调节，调节的是酶分子的合成量，这是在遗传学水平上发生的。在细胞内这两种方式协调进行。

表 2-8　两种调节方式的比较

项目		酶合成的调节	酶活性的调节
不同点	调节对象	通过酶量的变化控制代谢速率	控制酶活性，不涉及酶量变化
	调节效果	相对缓慢	快速、精细
	调节机制	基因水平调节，调节控制酶合成	代谢调节，它调节酶活性
相同点		细胞内两种方式同时存在，密切配合，高效、准确控制代谢的正常进行	

2. 酶的活性调节

酶活性调节是指通过现成酶分子构象或分子结构的改变来调节酶的活性强弱，调节其催化反应的速率。包括酶活性的激活和抑制两个方面。这种调节方式可以使微生物细胞对环境变化做出迅速地反应，作用直接。酶活性的激活是指在分解代谢途径中，后面反应的酶可被前面的中间产物所促进。酶活性的抑制主要是反馈抑制，即在某代谢途径的末端产物（即终产物）过量时，这个产物可反过来直接抑制该途径中第一个酶的活性，促使整个反应过程减慢或停止，从而避免了末端产物的过多积累。具有作用直接、效果快速以及当末端产物浓度降低时又可重新解除等优点。

酶活性调节受多种因素影响，底物的性质和浓度、环境因子，以及其他酶的存在都有可能激活或抑制酶的活性。酶活性调节的机制主要有两种：变构调节和酶分子的修饰调节。

3. 酶活性调节的机制

1) 变构调节

在某些重要的生化反应中，反应产物的积累往往会抑制这个反应的酶的活性，这是由于反应产物与酶的结合抑制了底物与酶活性中心的结合。在一个由多步反应组成的代谢途径中，末端产物通常会反馈抑制该途径的第一个酶，这种酶通常被称为变构酶（它的调节中心与效应物间的结合，可引起酶分子发生明显而又可逆的结构变化，进而引起活性中心的性质发生改变，被抑制或被激活）。例如，合成异亮氨酸的第一个酶是苏氨酸脱氨酶，这种酶被其末端产物异亮氨酸反馈抑制。变构酶通常是某一代谢途径的第一个酶或是催化某一关键反应的酶。细菌细胞内的糖酵解和三羧酸循环的调控也是通过反馈抑制进行的。

2）修饰调节

修饰调节是通过共价调节酶来实现的。共价调节酶通过修饰酶催化其多肽链上某些基团进行可逆的共价修饰，使之处于活性和非活性的互变状态，从而导致调节酶的活化或抑制，以控制代谢的速度和方向。

酶促共价修饰与酶的变构调节不同，酶促共价修饰对酶活性调节是酶分子共价键发生了改变，即酶的一级结构发生了变化。而在变构调节中，酶分子只是单纯的构象变化。在酶分子发生磷酸化等修饰反应时，一般每个亚基消耗 1 分子 ATP，比新合成一个酶分子所耗的能量要少得多。因此，这是一种体内较经济的代谢调节方式。另外，酶促共价修饰对调节信号具放大效应，其催化效率比变构酶调节要高。

4. 分支合成途径反馈抑制类型

不分支的生物合成途径中的第一个酶受末端产物的抑制，而在有两种或两种以上的末端产物的分支代谢途径中，调节方式较为复杂。其共同特点是每个分支途径的末端产物控制分支点后的第一个酶，同时每个末端产物又对整个途径的第一个酶有部分的抑制作用，避免了在一个分支上的产物过多时影响另一分支上产物的供应，由此发展出多种分支代谢的反馈抑制方式。

1）同工酶调节

同工酶是指能催化同一种化学反应，但其酶蛋白本身的分子结构组成却有所不同的一组酶。同工酶对分支途径的反馈调节模式见图 2-6。其特点是：在分支途径中的第一个酶有几种结构不同的一组同工酶，每一种代谢终产物只对一种同工酶具有反馈抑制作用，只有当几种终产物同时过量时，才能完全阻止反应的进行。这种调节方式的典型例子是大肠杆菌天冬氨酸族氨基酸的合成。有三个天冬氨酸激酶催化途径的第一个反应，分别受赖氨酸、苏氨酸、甲硫氨酸的调节。

2）协同反馈抑制

在分支代谢途径中，几种末端产物同时都过量，才对途径中的第一个酶具有抑制作用。若某一末端产物单独过量则对途径中的第一个酶无抑制作用。例如，在多黏芽孢杆菌合成赖氨酸、蛋氨酸和苏氨酸的途径中，终产物苏氨酸和赖氨酸协同抑制天冬氨酸激酶（图 2-7）。

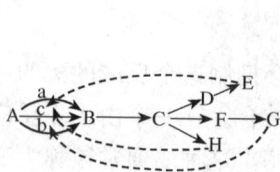

图 2-6　同工酶调节示意图　　　　图 2-7　协同反馈抑制示意图

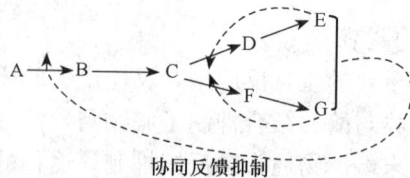

3）累积反馈抑制

在分支代谢途径中，任何一种末端产物过量时都能对共同途径中的第一个酶起部分抑制作用，各种末端产物的抑制作用互不干扰。当各种末端产物同时过量时，它们的抑制作用是累加的。如图 2-8 所示的末端产物 E 单独过量时，抑制 AB 酶活性的 20%，G 单独过量时，抑制 AB 酶活性的 50%，当 E、G 同时过量时，其抑制活性为：20% ＋（1—20%）×50%＝60%。累积反馈抑制最早是在大肠杆菌的谷氨酰胺合成酶的调节过程中发现的，该酶受 8 个最终产物的积累反馈抑制（图 2-9）。8 个最终产物同时过量时，酶活力完全被抑制。

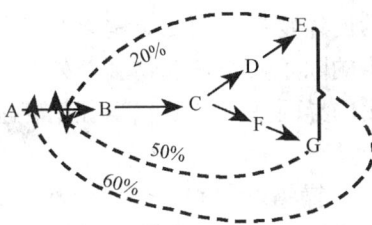

图 2-8　累积反馈抑制示意图

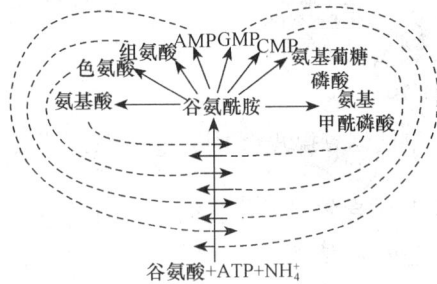

图 2-9　谷氨酰胺合成酶累积反馈抑制

4）顺序反馈抑制

分支代谢途径中的两个末端产物，不能直接抑制代谢途径中的第一个酶，而是分别抑制分支点后的反应步骤，造成分支点上中间产物的积累，这种高浓度的中间产物再反馈抑制第一个酶的活性。因此，只有当两个末端产物都过量时，才能对途径中的第一个酶起到抑制作用（图 2-10）。

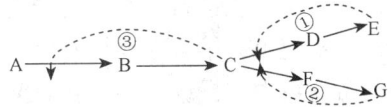

图 2-10　顺序反馈抑制示意图
①、②、③表示抑制的先后顺序

这种通过逐步有顺序的方式达到的调节，称为顺序反馈抑制。枯草芽孢杆菌合成芳香族氨基酸的代谢途径就采取这种方式进行调节。

5. 酶的合成调节

酶合成的调节是一种通过调节酶的合成量进而调节代谢速率的调节机制，这是一种在基因水平上的代谢调节。与上述调节酶活性的反馈抑制相比，其优点是通过阻止酶的过量合成，有利于节约生物合成的原料和能量。其调节方式有诱导和阻遏两种，凡能促进酶生物合成的现象，称为诱导，而能阻碍酶生物合成的现象，则称为阻遏。

酶合成调节的机制用操纵子学说解释。操纵子指的是一组功能上相关的基因，它是由启动基因、操纵基因和结构基因三部分组成。启动基因是 RNA 多聚酶的结合部位，操纵基因是与阻遏物结合的碱基序列，决定结构基因的转录是否能进行。结构基因是编码一个或多个酶的基因，被转录成对应的 mRNA，调节基因是编码调节蛋白（阻遏物）。

1）诱导

根据酶的生成与环境中所存在的该酶底物或其类似物是否有关，可把酶划分成组成

A.乳糖操纵子的结构

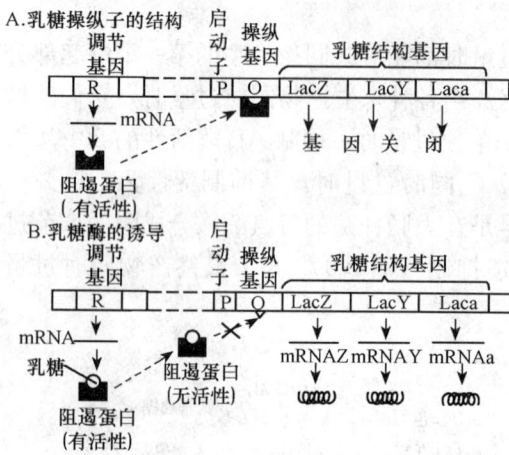

B.乳糖酶的诱导

图 2-11 乳糖操纵子的结构和乳糖酶的诱导

酶和诱导酶两类。组成酶是细胞固有的酶类，其合成是在相应的基因控制下进行的，它不因分解底物或其结构类似物的存在而受影响，例如 EMP 途径的有关酶类。诱导酶则是细胞为适应外来底物或其结构类似物而临时合成的一类酶，例如 *E. coli* 在含乳糖培养基中所产生的 β-半乳糖苷酶和半乳糖苷渗透酶等。能促进诱导酶产生的物质称为诱导物，它可以是该酶的底物，也可以是难以代谢的底物类似物或是底物的前体物质。例如能诱导 β-半乳糖苷酶产生的除了其正常底物乳糖外，不能被其利用的异丙基-β-*D*-硫代半乳糖苷也可诱导，且其诱导效果要比乳糖高（图 2-11）。

E. coli 乳糖操纵子（Lac）由 Lac 启动基因、Lac 操纵基因和三个结构基因 LacZ、LacY、LacA 所组成。三个结构基因分别编码 β-半乳糖苷酶、β-半乳糖苷透性酶和 β-半乳糖苷转乙酰酶。

在无乳糖等诱导物时，其调节基因的产物阻遏蛋白一直结合在操纵基因上使结构基因的转录不能进行。当有诱导物时，诱导物与阻遏蛋白结合，使阻遏蛋白构象改变、失活，不能继续结合在操纵基因上，结构基因的转录就可顺利进行。当诱导物耗尽时，阻遏蛋白再次与操纵基因结合，又停止转录，酶又不能合成。

2）阻遏

在微生物的代谢过程中，当代谢途径中某些末端产物过量时，除可用前述的反馈抑制的方式来抑制该途径中关键酶的活性以减少末端产物的生成外，还可通过阻遏作用来阻碍代谢途径中包括关键酶在内的一系列酶的生物合成，从而更彻底地控制代谢和减少末端产物的合成。阻遏作用有利于生物体节省有限的养料和能量。阻遏的类型主要有末端代谢产物阻遏和分解代谢产物阻遏两种。

（1）末端产物阻遏，是指由某代谢途径末端产物的过量累积而引起的阻遏。对直线式反应途径来说，末端产物阻遏的情况较为简单，即产物作用于代谢途径中的各种酶，使之合成受阻遏止，例如色氨酸的生物合成途径。对分支代谢途径来说，情况较为复杂性。每种末端产物仅专一地阻遏合成它的那个分支途径的酶。大肠杆菌色氨酸操纵子是末端产物阻遏的一个实例（图 2-12）。

大肠杆菌色氨酸操纵子由启动基因、操纵基因和五个结构基因所组成。在没有色氨酸这种末端产物时，阻遏物蛋白无法与色氨酸这种辅阻遏物结合，不能形成有活性的完全阻遏物，与操纵基因就不能结合，转录可正常进行，编码的酶大量合成；反之，色氨酸与阻遏物蛋白结合成一个有活性的完全阻遏物，它与操纵基因结合，使转录的"开关"关闭，从而无法进行转录、转译。

（2）分解代谢物阻遏，是指细胞内同时有两种分解底物存在时，利用快的那种底物

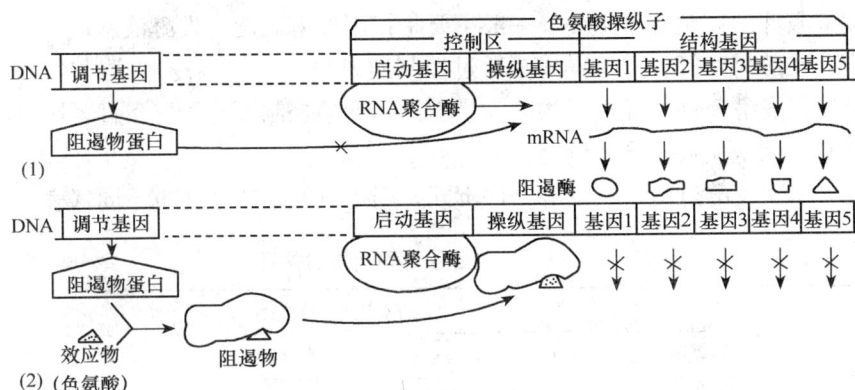

图 2-12 大肠杆菌色氨酸操纵子的结构和色氨酸的阻遏

会阻遏利用慢的底物的有关酶合成的现象。例如将大肠杆菌培养在含乳糖和葡萄糖的培养基上，发现该菌可优先利用葡萄糖，并于葡萄糖耗尽后才开始利用乳糖，这就产生了两个对数生长期中间隔开一个生长延滞期的"二次生长现象"。其原因是葡萄糖的存在阻遏了分解乳糖酶系的合成。这一现象称葡萄糖效应。由于这类现象在其他代谢的普遍存在，后来人们索性把类似葡萄糖效应的阻遏统称为分解代谢物阻遏。

乳糖操纵子的启动基因内，除 RNA 聚合酶结合位点外，还有一个称为 CAP-cAMP 复合物的结合位点。葡萄糖存在时促进 CAP-cAMP 复合物生成，该复合物与启动基因结合，阻止乳糖酶结构基因的表达，不能生成乳糖酶，因而乳糖暂不被利用。当葡萄糖耗尽后解除阻遏才开始合成乳糖酶，进而利用乳糖。

2.3.3 微生物代谢的控制

一般来说，微生物代谢调控系统正常发挥作用，使其生命活动健康、有序地进行，但对于微生物生产来说，则难以大量积累目标产物，因此必须按照我们的需要进行代谢的人工控制，人为地打破微生物细胞内代谢的自动调节，使细胞过量积累目的代谢产物。

突破微生物的自我代谢调节机制，使代谢产物多量积累的有效措施有三种：

（1）应用营养缺陷型菌株，利用其合成代谢途径中某一步发生缺陷，解除反馈调节作用，从而使产物大量积累。

（2）选育抗反馈调节的突变菌株，使其不再受正常反馈调节的影响，最终达到产物积累的目的。

（3）改变细胞膜的通透性，使最终代谢产物不能在细胞内大量积累达到引起反馈调节的浓度，从而达到解除反馈调节的目的。

1. 发酵过程控制

微生物发酵的过程控制应该从两个方面来实现：一是发酵条件的控制；二是生产菌种遗传性能的控制。

1）发酵条件的控制

在微生物发酵过程中，发酵条件既能影响微生物的生长，又能影响代谢产物的形成。因此发酵条件的控制非常重要。一般主要是控制发酵温度、发酵液基质浓度、含氧量、酸碱度、发酵时间等。具体操作是通过控制通风量、供热（冷）、调节培养基、加酸碱等来控制好发酵条件，促进产物的大量积累。如果控制不好发酵条件，则可能会使产量降低，甚至完全失败，导致倒罐。

例如在谷氨酸发酵过程中，发酵条件不同，则生成的主要产物也不同（表 2-9）。

表 2-9　谷氨酸发酵条件和产物的关系

控制因子	发酵产品的转换
氧气	谷氨酸（通气足）←——→乳酸或琥珀酸（通气不足）
NH₄⁺	α-酮戊二酸（不足）←——→谷氨酸（适量）←——→谷氨酰胺（过量）
pH	N-乙酰谷氨酰胺（酸性）←——→谷氨酸（中性或微碱性）
磷酸	缬氨酸（高浓度）←——→谷氨酸
生物素	乳酸或琥珀酸（丰富）←——→谷氨酸（缺乏）

2）菌种遗传性能的控制

优良菌种是提高发酵产率的重要前提。在微生物发酵上，通常采用的优良菌种是指那些能够克服末端产物反馈调节的和通过基因重组与基因扩增方法筛选出的新菌种，这些优良菌种可以过量合成所需的产物。

（1）应用抗反馈调节突变株解除反馈调节。抗反馈调节突变株，是指一种对反馈抑制不敏感或对阻遏有抗性的组成型突变株，或兼而有之的突变株。

例如：黄色短杆菌 AHVr 突变株可解除苏氨酸的反馈抑制而积累苏氨酸。

（2）利用营养缺陷型菌株发酵生产中间产物。例如，可以利用谷氨酸棒杆菌的瓜氨酸营养缺陷型（缺失转氨甲酰酶）进行发酵大量积累鸟氨酸。由于该菌株缺失转氨甲酰酶，鸟氨酸不能转变成精氨酸，胞内的精氨酸不会积累，即不会产生反馈抑制与反馈阻遏。因此在发酵中鸟氨酸浓度可以多量积累。

3）控制细胞膜的渗透性

微生物的细胞膜对于细胞内外物质的运输具有高度选择性。细胞内的代谢产物常常以很高的浓度积累着，并自然地通过反馈阻遏限制了它们的进一步合成。采取生理学或遗传学方法，可以改变细胞膜的透性，使细胞内的代谢产物迅速渗漏到细胞外。这种方法解除了末端产物的反馈抑制和阻遏作用，可以提高发酵产物的产量。

在谷氨酸发酵生产中，细胞膜的渗透性显著影响谷氨酸的产量。而细胞膜的渗透性又受生物素的控制。生物素影响细胞膜渗透，是由于它是脂肪酸生物合成中乙酰辅酶 A 羧化酶的辅酶，此酶可催化乙酰辅酶 A 的羧化并生成丙二酸单酰辅酶 A，进而合成细胞膜磷酯的主要成分——脂肪酸。因此，控制生物素的含量就可以改变细胞膜的成分，进而改变膜的透性和影响谷氨酸的分泌。

2. 微生物代谢调节与发酵控制实例分析

发酵过程控制主要是生产菌体的控制、发酵条件和发酵原料的控制。

1）生产菌体的控制实例

（1）应用营养缺陷型突变株条件解除反馈抑制，生产赖氨酸。营养缺陷型是因某种突变的结果而失去合成某种生长及代谢所需物质（生长因子）的能力的突变菌株。必须在培养基中补加该物质，否则不能生长。选育营养缺陷型菌株，可解除该营养缺陷物后续产物对该合成途径的抑制或阻遏，过量积累中间产物或分支途径的另一产物。

例如黄色短杆菌高丝氨酸营养缺陷型突变株（Hser-）丧失了合成高丝氨酸的能力，不能合成高丝氨酸，进而不能合成苏氨酸和蛋氨酸，故而能解除苏氨酸与赖氨酸对天冬氨酸激酶的协同反馈抑制，在补给适量的高丝氨酸（或苏氨酸和蛋氨酸）的条件下，可大量积累赖氨酸。

（2）改变菌株细胞膜的透性生产谷氨酸。谷氨酸发酵最重要的无疑就是选择菌种了，只有选择细胞膜通透较强，在细胞内不积累谷氨酸的谷氨酸棒状杆菌作菌种才有可能获得大量的谷氨酸。实际生产中选择谷氨酸棒状杆菌生物素缺陷型突变株（VH⁻），添加亚适量的生物素，减弱脂肪酸的合成，提高膜的透性；或者选用油酸缺陷型突变株，限量添加油酸可提高膜的对谷氨酸的透性；还可在谷氨酸发酵中添加亚致死量的青霉素，部分抑制肽聚糖的合成，造成细胞壁的不完全合成，使细胞对谷氨酸的透性加大。

2）发酵条件的控制实例

在酵母菌的酒精发酵过程中，如果发酵条件不同或者改变培养基的组成，都可以使发酵过程变得无效，或者使乙醇发酵转向甘油发酵，得不到所需要的产物乙醇。

酵母菌在无氧条件下，将葡萄糖经 EMP 途径分解为 2 分子丙酮酸，然后在酒精发酵的关键酶——丙酮酸脱羧酶的作用下脱羧生成乙醛和 CO_2，最后乙醛被还原为乙醇。

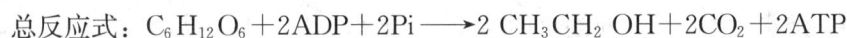

总反应式：$C_6H_{12}O_6 + 2ADP + 2Pi \longrightarrow 2 CH_3CH_2OH + 2CO_2 + 2ATP$

酒精发酵是酵母菌正常的发酵形式，又称第一型发酵，它是在无氧、酸性条件下进行。如果改变正常的发酵条件，可使酵母进行第二型和第三型发酵而产生甘油。第二型发酵是在有亚硫酸氢钠存在的情况下发生的。第三型发酵是在碱性条件下进行的。这说明酵母菌在不同条件下发酵结果是不同的，因而我们可以通过控制环境条件来利用微生物的代谢活动，有目的地生产有用的产品。

2.4　微生物的培养技术

微生物培养技术，尤其是纯种培养技术（详见第 7 章）在科学实验和生产实践中有着极其重大的理论与实践意义。若为微生物提供一个初级培养的实验方法并不复杂，但要使微生物在大规模生产中良好地生长或累积代谢产物，就得考虑一些最为合理的培养装置和有效的工艺条件，并且还要在整个微生物的发酵过程中严防其他微生物的干扰，即防止杂菌污染。一个良好的微生物培养装置应该是按微生物的生长规律进行科学的设计，能在提供丰富而均匀营养物质的基础上，保证微生物获得适宜的温度和良好的通气条件（厌氧菌除外）。

微生物培养技术的发展经历了这样一些过程和特点：

（1）从少量培养到大规模培养。

（2）从浅层培养发展到厚层（固体制曲）或深层（液体搅拌）培养。

（3）从以固体培养技术为主到以液体培养技术为主。

（4）从静止式液体培养发展到通气搅拌式的液体培养。

（5）从分批培养发展到连续培养以至多级连续培养。

（6）从利用分散的微生物细胞发展到利用固定化细胞。

（7）从单纯利用微生物细胞到利用动物、植物细胞进行大规模培养。

（8）从利用野生型菌株发展到利用变异株直至遗传工程菌株。

（9）从单菌发酵发展到混菌发酵。

（10）从人工控制的发酵罐到多传感器、计算机在线控制的自动化发酵罐等。

在整个微生物纯种培养技术的发展过程中，大规模液体深层通气搅拌发酵装置，即发酵罐的发明及大规模地普及使用，为生物工程学开辟了崭新的前景。同时微生物发酵工业也已成为国民经济的重要支柱之一。

以下就介绍一些在实验室和生产实践中较有代表性的微生物培养法。

2.4.1　好氧固体培养

通常在实验室中，将微生物菌种接种在固体培养基的表面，可使之获得充足的氧气而生长。因所用器皿不同而分为试管斜面、培养皿琼脂平板、较大型的克氏扁瓶及茄子瓶斜面等平板培养方法。菌体生长所需的氧气可以通过平皿的缝隙和管口的棉塞进行交换而满足。

工业生产中好氧固体培养是通过自然对流和机械通风来供氧，大多利用麸皮或米糠等为主要原料，加水搅拌成含水量适度的半固体物料作为培养基，薄薄地摊铺在容器表面，尽量增大物料与空气的接触面，接种微生物进行培养的，这样，既可使微生物获得充分的氧气，又可让微生物在生长过程中产生的热量及时释放，这就是曲法培养的基本原理。此法在豆酱、醋、酱油等酿造食品工业中得到广泛地应用。

2.4.2　厌氧固体培养

厌氧培养主要是靠隔绝空气或驱除氧气方式来实现的。实验室中培养厌氧菌除了需要特殊的培养装置或器皿外，首先应配制特殊的培养基。此类培养基中，除保证提供 6 种营养要素外，还需加入适当的还原剂，以降低氧化还原电势。早期主要采用高层琼脂柱法、厌氧培养皿法，现在主要采用厌氧罐技术、厌氧手套箱技术和亨盖特滚管技术。

生产实践中对厌氧菌进行大规模固态培养的例子不多，主要是在我国的传统白酒生产中采用，名优大曲白酒一般采用大型深层地窖对高粱、小麦等固态发酵料进行堆积式固态发酵，窖池表面用窖泥密封，隔绝空气，形成窖内无氧环境，促进酵母菌的无氧酒精发酵和厌氧己酸菌的己酸发酵，以提高白酒质量。

2.4.3　好氧液体培养

液体培养就是将微生物菌种接种到液体培养基中进行培养。在液体培养中，微生物只能利用培养液中的溶解氧，所以保证液体中充足的溶解氧浓度至关重要。一般通过增大液体与氧的接触面积和提高氧的分压来提高溶氧速率。实验室进行好氧菌液体培养的方法主要有 4 种：试管液体培养、浅层液体培养、摇瓶培养和台式发酵罐培养。

1. 试管液体培养

装液量可多可少。此法的通气效果一般较差，仅适合培养兼性厌氧菌。常用于微生物的各种生理生化试验等。

2. 浅层液体培养

在三角瓶中装入浅层培养液，其通气量与装液量、棉塞通气程度密切相关。此法一般仅适用于兼性厌氧菌的培养。

3. 摇瓶培养

将装有较少量液体培养基的三角瓶（摇瓶），用 8～12 层纱布或疏松的棉塞封口以利于通气并阻止空气中杂菌或杂质进入，将摇瓶放置在旋转式或往复式摇床上进行振荡培养。三角瓶中的液体在振荡过程中与空气中的氧反复不断的接触，使溶解氧量增加且分布均匀。为使菌体获得充足的氧，一般装液量为三角瓶容积的 10% 左右，如 250mL 三角瓶装 10～20mL 培养液。摇瓶培养在实验室里被广泛用于微生物的生理生化试验、发酵和菌种筛选等，也常在发酵工业中用于种子培养。

4. 台式发酵罐

实验室用的发酵罐体积一般为几升到几十升。商品发酵罐的种类很多，一般都有多种自动控制和记录装置。如配置有 pH、溶解氧、温度和泡沫检测电极，有加热或冷却装置，有补料、消泡和 pH 调节用的酸或碱贮罐及其自动记录装置，大多由计算机控制。因为它的结构与生产用的大型发酵罐接近，所以，它是实验室模拟生产实践的重要试验工具。发酵罐采用通入无菌压缩空气方式供氧，并使用搅拌桨把气流分散成微泡，以增加气液接触面积，延长微泡在液体中的滞留时间，从而提高氧的溶解效率。

现代发酵工业中主要采用深层液体通风培养法向培养液中强制通风，并设法将气泡微小化，使它尽可能滞留于培养液中以促进氧的溶解。最常用的是机械搅拌通风发酵罐（图 2-13）。

2.4.4　厌氧液体培养

实验室中厌氧菌的液体培养同固体培养一样，都需要特殊的培养装置以及加有还原剂和氧化还原指示剂的培养基。

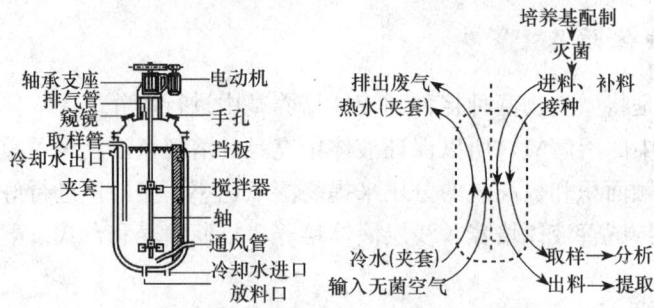

图 2-13　机械搅拌通风发酵罐的构造及其运转原理

　　若在厌氧罐或厌氧手套箱中对厌氧菌进行液体培养，通常不必提供额外的培养措施；若单独放在有氧环境下培养，则在培养基中必须加入巯基乙酸、半胱氨酸、维生素C或疱肉（牛肉小颗粒）等有机还原剂，或加入铁丝等能显著降低氧化还原电位的无机还原剂，在此基础上，再用深层培养或同时在液面上封一层石蜡油或凡士林-石蜡油，则可保证专性厌氧菌的生长。

　　工业上主要采用液体静置培养法，接种后不通空气静置保温培养，常用于酒精、啤酒、丙酮、丁醇及乳酸等发酵过程。该法发酵速度快，周期短，发酵完全，原料利用率高，适合大规模机械化、连续化、自动化生产。

2.4.5　连续培养

　　连续培养是在研究典型生长曲线的基础上，通过深刻认识稳定期到来的原因，并采取相应的防止措施而实现的。

　　连续培养有两种类型，恒化器连续培养和恒浊器连续培养。前者是在整个培养过程中通过控制培养基中某种营养物质的浓度基本恒定的方式，保持细菌的比生长速率恒定，使生长"不断"进行。培养基中的某种营养物质通常是作为细菌比生长速率的控制因子，这类因子一般是氨基酸、氨和铵盐等氮源，或是葡萄糖、麦芽糖等碳源或者是无机盐、生长因子等物质。恒化器连续培养通常用于微生物学的研究，筛选不同的变种。后者主要是通过连续培养装置中的光电系统控制培养液中菌体浓度恒定，使细菌生长连续进行的一种培养方式。菌液浓度大小通过光电系统调节稀释率来维持菌数恒定，此种培养方式一般用于菌体以及与菌体生长平行的代谢产物生产的发酵工业，从而获得更好的经济效益。

表 2-10　恒浊器与恒化器的比较

装置	控制对象	生长限制因子*	培养液流速	生长速度	产物	应用范围
恒浊器	菌体密度（内控制）	无	不恒定	最高生长速度	大量菌体或与菌体生长相平行的代谢产物	生产为主
恒化器	培养液流速（外控制）	有	恒定	低于最高生长速度	不同生长速度的菌体	实验室为主

　　*生长限制因子：凡处于较低浓度内可影响生长速率和菌体产量的某营养物就称为生长限制因子。

　　连续培养的优点是微生物能在比较恒定的环境中以恒定的速率生长，有利于研究生长速率（或营养物质）对细胞形态、组成和代谢活动的影响，可筛选出新的突变株。连续培养如用于发酵工业中，就称为连续发酵。连续发酵可缩短生产周期，提高设备利用率，提高发酵工业的效益，便于自动化生产，减轻劳动强度，稳定产品质量，已成为当前发酵工业的方向。其不足之处是营养物质利用率低，杂菌易污染，菌种易退化。

　　在生产实践上，连续培养技术已广泛用于酵母菌体的生产，乙醇、乳酸和丙酮-丁醇等发酵，以及用假丝酵母进行石油脱蜡或是污水处理中。

小结

　　微生物的营养要素有水、碳源、氮源、能源、无机盐和生长因子。微生物的营养类型可以分为四大类：光能自养、化能自养、光能异养、化能异养。微生物跨膜运输物质的方式有被动运输、主动运输、基团移位和膜泡运输四种。培养基的配制原则：明确目的、营养物的组成和比例要满足微生物的需要、理化条件要适宜、经济节约。培养基的种类根据营养物质的来源可分为合成培养基、天然培养基、半合成培养基；根据培养基的用途可分为增殖培养基（加富培养基）、鉴别培养基、选择培养基；根据培养基的状态可分为固体培养基、半固体培养基、液体培养基和脱水培养基等。

　　测定微生物的生长情况，可选用微生物的细胞数目或生长量等作为指标。测定细胞数目常用直接计数法、间接计数法以及比浊法、过滤法、干重法等多种。各种方法各有优缺点，可根据实际需要采取不同的测定方法。

　　微生物生长遵循一定的规律，单细胞微生物在分批培养时，其生长规律可用典型生长曲线描述，通常可分为四个时期：延滞期、指数期、稳定期和衰亡期。研究和运用微生物生长规律对基础理论研究和指导生产实践都有重要的意义。

　　影响微生物生长的环境因素主要是温度、氧气和 pH。根据最适生长温度的不同可将微生物分为三类：嗜冷菌、嗜温菌和嗜热菌。根据微生物和氧的关系，可把它们分为专性好氧菌、兼性厌氧菌、微好氧菌、耐氧菌和（专性）厌氧菌五大类。不同微生物有其生长的最适 pH 范围；微生物生长会改变环境的 pH 并导致对自身生长的不利状态，为此，在实验室或生产实践中就应采用相应措施调整微生物培养物的 pH。

　　微生物研究或生产实践中，常常需要控制所不期望的微生物的生长。任何杀死或抑制微生物的方法都可以达到控制微生物生长的目的，它们包括加热、低温、干燥、辐射、过滤等物理方法和消毒剂、防腐剂、化学治疗剂等化学方法两大类。

　　微生物代谢可分为分解代谢和合成代谢，物质代谢的同时伴随着能量代谢。

　　微生物代谢受到严格的调节，其调节主要是通过对酶的合成和酶活性的调控来实现的。

　　实验室和生产实践中培养微生物的方法和装置很多。在实际工作中通常根据微生物的种类和培养目的的不同进行选择。

思考题

1. 微生物菌体细胞的化学组成中以哪几种元素为主？

2. 微生物细胞的化学组成中主要有哪几种物质？

3. 简述微生物生长所需要的营养物质及其功能。

4. 有哪几大营养类型的微生物？如何区分的？

5. 什么叫培养基？制备培养基的原则是什么？

6. 微生物吸收营养物质与细胞膜有何关系？一般营养物质透过细胞膜遵循什么原则？

7. 营养物质在细胞内外是如何传递的？

8. 如果你需要从自然界中选育一株菌株，利用本章知识应如何考虑培养基的选用和配制？

9. 什么是微生物的生长？测定微生物生长的方法有哪些？

10. 比较各种微生物数量测定法的优缺点。

11. 平板菌落计数法中可能出现测定误差的因素有哪些？如何尽量避免？

12. 微生物生长曲线可分为哪几个阶段？各阶段分别具有什么特点？

13. 如何运用微生物生长规律指导工业生产？

14. 什么是微生物的最适生长温度？温度对同一微生物的生长速度、生长量、代谢速度、代谢产物累积量的影响是否相同？研究它有何实践意义？

15. 从对分子氧的要求来分，微生物可分为哪几种类型？它们各有何特点？

16. 在实验室和发酵工业中，如何保证好氧微生物对氧的需要？

17. 微生物在生长的过程中，引起 pH 改变的原因有哪些？举例说明微生物最适生长 pH 与最适发酵 pH 是否一致。

18. 试述 pH 对微生物影响机理

19. 控制微生物生长繁殖的主要方法及原理有哪些？

20. 试各举一例说明日常生活中灭菌、消毒、防腐的实例及其原理。

21. 试比较杀菌（灭菌）、商业灭菌、消毒、防腐的异同点。

22. 简述高压蒸汽灭菌的方法步骤，灭菌锅中的空气排除度对灭菌效果有何影响？

23. 氧化剂杀菌的机理是什么？在食品工业中应用如何？

24. 什么是新陈代谢？合成代谢和分解代谢有什么关系？

25. 试述 TCA 循环在微生物产能和发酵生产中的重要性。

26. 试述 EMP、HMP 途径在微生物生命活动中的重要性。

27. 试述微生物代谢调节类型及其特点。

28. 试述酶合成调节的类型及其机制。

29. 微生物的培养方法有哪些？

第3章 微生物遗传育种和菌种保藏技术

3.1 微生物的遗传与变异

遗传与变异是生物体的最本质的属性，是一切物种延续和进化的基础。遗传是子代与亲代相似的现象，生物在繁殖延续后代的过程中，亲代与子代在形态、结构、生态、生理生化特性等方面都具有一定的相似性。变异是子代与亲代差异的现象，在微生物繁殖过程中，在世代之间、同代个体之间各个方面都存在着差异。遗传与变异实质是不变与变的一对矛盾，两者相互依存又相互独立。没有变异，遗传就只能简单的重复，使生物失去进化的材料；没有遗传，变异就不能积累，生物难以进化。因此，遗传和变异起着保持物种的连续和稳定，推动物种的进化和发展的重要作用。

3.1.1 遗传变异的物质基础

遗传变异有无物质基础以及何种物质可承担遗传变异功能的问题，是生物学中的一个重大理论问题。直到1944年后，科学家们利用微生物作为实验对象进行了三个著名的实验（转化实验、噬菌体感染实验、植物病毒的拆开与重建实验），才以确凿的事实证实了核酸，尤其是DNA才是一切生物遗传变异的真正物质基础。

3.1.2 微生物的遗传与变异

微生物的遗传变异在基本原理上与高等生物相同，但由于微生物有一系列非常独特的生物学特性，因而在研究现代遗传学和其他许多重要的生物学基本理论问题中，微生物成了最热衷的研究对象。这些生物学特性包括：

(1) 微生物细胞结构简单，营养体一般为单倍体，方便建立纯的品系。

(2) 很多常见微生物都易于人工培养，能快速、大量生长繁殖，产生代谢产物快。

（3）对环境因素的作用敏感，易于获得各类突变株。

（4）大多是无性生殖，变异易保留。

（5）易于形成营养缺陷型。

（6）结构简单，适合作为遗传研究的材料，所以近代遗传学研究采用的材料多由微生物提供。

1. 常见微生物的遗传性

微生物的遗传性是相对稳定的，它可以使物种的特性很长期地传给后代而没有显著的质的变化。微生物的变异表现有多方面：有形态、毒力、代谢产物以及抗性的变异等。

研究微生物的遗传变异的规律具有很重要的理论和实践意义。不仅促进了现代分子生物学和生物工程学的发展，而且为育种工作提供了丰富的日益坚实的理论基础，促使育种工作从不自觉到自觉、从低效到高效、从随机到定向、从近缘杂交到远缘杂交的方向发展。

2. 常见的微生物变异现象

1）形态与结构变异

细菌在生长过程中受外界环境条件的影响形态会发生变异，如原来是黑色孢子，现在变成了白色；原来噬菌斑较大，现在变得较小；醋酸杆菌在 37℃ 的培养液中，菌体形状较短，相互连接，若温度升高时，则每个细胞伸长，当温度降低时，则形成柠檬状等异常形态。细菌的一些特殊结构，如荚膜、芽孢、鞭毛等也可发生变异，如在实验室保存的菌种，不定期移植和通过易感动物接种，有荚膜的细菌，可能丧失其形成荚膜的能力，导致病原菌毒力和抗原性的改变；有鞭毛的细菌可以失去鞭毛，如将有鞭毛的沙门氏菌培养于含 0.075%～0.1% 石炭酸的琼脂培养基上，可失去形成鞭毛的能力，亦就丧失了运动力和鞭毛抗原；形成芽孢的细菌，在一定条件下可丧失形成芽孢的能力，如巴斯德培养强毒炭疽杆菌于 43℃ 条件下，结果育成了不形成芽孢的菌株。

2）菌落特征变异

细菌的菌落最常见的有两种类型，即光滑型（S 型）和粗糙型（R 型）。S 型菌落一般表面光滑、湿润、边缘整齐，致病性强；R 型菌落的表面粗糙、干而有皱纹、边缘不整齐，致病性弱。从患病动物或者人体分离出来的病原菌，往往形成 S 型菌落，但在人工培养条件下，经过多次移种，经若干代后，往往会有 R 型菌落的出现。细菌菌落从光滑型变为粗糙型时，称 S→R 变异。S→R 变异时，不仅是菌落性状的改变，细菌的毒力也相应减弱，其他生化反应、抗原性等也随之改变。

3）毒力变异

病原微生物的毒力有增强或减弱的变异。让病原微生物连续通过易感动物，可使其毒力增强。将病原微生物长期培养于不适宜的环境中或反复通过非易感动物时，可使其毒力减弱。这种毒力减弱的菌株或毒株可用于疫苗的制造。如巴斯德曾将炭疽芽孢杆菌培养于 43～44℃ 的环境中，经过 15d 之后就获得了毒性减弱的炭疽芽孢杆菌，可用来制造炭疽芽孢杆菌疫苗。其他如猪瘟兔化弱毒疫苗、牛瘟兔化弱毒疫苗，就是把具有强毒的病原微生物通过兔子获得毒力减弱的菌株制造的预防用生物制品。

4）耐药性变异

细菌对许多抗菌药物是敏感的，但发现在使用某些药物治疗疾病过程中，其疗效逐渐降低，甚至无效，这是由于细菌对该种药物产生了抵抗力，这种现象为耐药性变异。如对青霉素敏感的金黄色葡萄球菌发生耐药性变异后，成为对青霉素有耐受性的菌株。细菌的耐药性大多是自发突变，也有是由于诱导而产生的耐药性。

5）代谢特性变异

啤酒酵母生长在含有葡萄糖的培养基上，能使葡萄糖发酵。如果放在含有半乳糖的缺氧的培养液中培养，刚开始时酵母菌并不生长，以后才逐渐开始使半乳糖发酵，这就是代谢特性变异。金黄色葡萄球菌具有分解明胶的能力，如果在实验室长期培养在不含蛋白质的培养基中会减弱或者失去液化明胶的能力。又如产生抗生素的一些微生物，经过 X 射线、γ 射线照射后，其中有些菌株可以变成产量高的菌株等。

3.2　微生物菌种的选育

微生物是重要的自然资源，我们不仅要不断发掘新菌种，向大自然索取新产品，还要对现有菌种进行改造，以期菌种的优良性能得以稳定并逐步提高。微生物菌种的选育就是根据微生物遗传与变异理论，通过自然的或人工的因素使微生物的遗传物质发生改变，从而使微生物性状发生变异，再通过人工筛选和培育，得到优良的菌株。更好地控制其生产工艺、易于管理、提高质量和增加产量。

3.2.1　自然突变选育

自然突变是一个偶然事件，突变概率很低，可发生在任一瞬间、任一碱基，是难以预见的。任何时间、任何基因或任一个基因位置都有可能发生突变。同一基因内部突变率特别高的位点叫突变热点。自然突变可能会产生两种截然不同的结果，一种是菌种退化而导致目标产量或质量下降；另一种是比原来菌株活力更为旺盛和生产性能更为优良。

自然选育是微生物菌种选育的经典方法。它是利用微生物在一定条件下发生自发突变，通过分离、筛选，排除劣势性状的菌株，选择出维持原有生产水平或具有更优良生产性能的高产菌株。为了保证生产的稳定和提高，应经常地进行生产菌种自然选育。

自然选育菌种一方面可以从生产中选育，即在日常的大生产过程中，微生物会以一定频率发生自发突变，富于实际经验和善于细致观察的人们就可以及时抓住这类良机来选育优良的生产菌种。例如，从污染噬菌体的发酵液中有可能分离到抗噬菌体的自发突变株。另一方面可以定向培育优良品种，就是指在某一特定条件下，长期培养某一微生物菌群，通过不断转接传代以积累其自发突变，并经过筛选最终获得优良菌株的过程。由于自发突变的频率较低，变异程度较轻微，故用此法育种十分缓慢。例如，当今世界上应用最广的预防结核病制剂——卡介苗的获得，便是定向育种的结果。这是法国科学家 Calmette 和 C. Guerin 经历了 13 年时间，把牛型结核分支杆菌接在牛胆汁、甘油、马铃薯培养基上，连续转接了 230 代，才在 1923 年成功地获得了这种减毒的活菌苗——卡介苗。

　　在工业生产上，由于各种条件因素的影响，自然突变是经常发生的，也造成了生产水平的波动，所以技术人员很注意从高生产水平的批次中，分离高生产能力的菌种再用于生产。同时也可利用自发突变而出现的菌种性状的变化，去选育优良的菌株。自然选育是一种简单易行的选育方法，可以达到纯化菌种，防止菌种退化，稳定生产，提高产量的目的。但是自然选育的效率低，因此经常要与诱变育种交替使用，以提高育种效率。

3.2.2　诱变选育

　　诱变育种，就是以物理、化学或者生物等因素，使微生物的遗传物质发生突然变化，进而导致菌种的遗传性状发生改变，然后从变异的群体中筛选出产量高、性状优良的突变株。并且找出发挥这个突变株性能的最佳培养基和培养条件，使其在最合适的环境下合成有效产物。诱变育种和其他育种方法相比，具有速度快、收益大、方法简单等优点，是当前菌种选育的一种主要方法，在生产中使用十分普遍。当今发酵工业所使用的高产菌株，几乎都是通过诱变育种而大大提高了生产性能。但是诱变育种缺乏定向性，因此诱变突变必须与大规模的筛选工作相配合才能收到良好的效果。诱变选育主要环节是：诱变（随机）和筛选（定向）。诱变就是选用合适的诱变剂和诱变剂量处理大量均匀、分散的微生物细胞，以引起绝大多数细胞致死的同时，使存活个体中的突变频率大大提高。筛选就是设计有效的筛选方法，将少量正变株中的优良菌株挑选出来。

　　1) 出发菌株的挑选

　　出发菌株是指用于诱变育种的起始菌株。出发菌株的选择标准是具有优良性状（如高产、生长速度快、营养要求粗放、标记明显等）、对诱变剂敏感和产生变异的幅度要大，才有利于选择其中的优良菌株。出发菌株的来源第一类是从自然界的土样、水样等分离出来的野生型菌株，这类菌株的特点是对诱变因素敏感，容易发生变异，而且容易向好的方向变异，即产生正突变。第二类是现行菌株或从生产中筛选得到的自发突变菌株，这类菌株是生产中常采用的，容易得到好的效果。第三类是对经过诱变获得的高产菌株再诱变。另外还可以从菌种保藏机构去索取已知其名称和性能的菌株。

　　2) 诱变剂的选择

　　能诱发生物体遗传物质变化的物理、化学的因素统称为诱变剂。其中物理因素包括紫外线、激光、X 射线、γ 射线、快中子、电场和磁场等；化学因素更多，主要是烷化剂，包括甲基磺酸乙酯（EMS）、甲基磺酸甲酯（MMS）、乙烯亚胺（EI）、亚硝基乙基脲烷（NEU）、亚硝基甲基脲烷（NMU）、硫酸二乙酯（DES）等，以及天然碱基类似物，如 5-溴尿嘧啶，亚硝酸和氯化锂等。在物理诱变因素中，紫外线比较有效、适用、安全。其他几种射线都是电离性质的，具有穿透力，使用时有一定的危险性。化学诱变剂的突变率通常要比电离辐射的高，并且十分经济，但这些物质大多是致癌剂，使用时必须十分谨慎。目前，多种诱变剂的诱变效果、作用时间、方法都已基本确定，人们可以有目的、有选择地使用各种诱变剂以达到预期的育种效果。诱变育种也可采用复合诱变，即两种或多种诱变剂的先后使用；同种诱变剂的重复作用；两种或多种诱变剂的同时使用。普遍认为复合诱变具有协同效应，较单一诱变效果好。目前还没有一种诱变剂是十全十美的，诱变剂的选择还只能决定在实用上的便利和经验上的成功。

3）诱变剂量的选择

诱变剂量的选择也是一个比较复杂的问题，因为最适剂量涉及的因素很多，如处理条件、菌种情况、诱变剂种类等。一般来说，诱变效应往往随剂量增高而增高，但达到一定剂量后，再增大剂量，诱变率反而下降。最适剂量是指能够提高正变株变异幅度的诱变剂量。目前常采用的最适剂量是杀菌率为 70％～80％，以前采用的剂量可使90％～99.9％的细胞死亡。

4）突变菌株的筛选

诱变和筛选是诱变育种的两个重要环节。如何从诱变培养物中筛选其优良突变株呢？一般分初筛和复筛两个阶段进行。初筛即粗筛，以筛选菌株数量为主。复筛即精细筛选，以测定菌株质量为主。

初筛既可在培养皿平板上进行（图 3-1），也可在摇瓶中进行，两者各有利弊。如

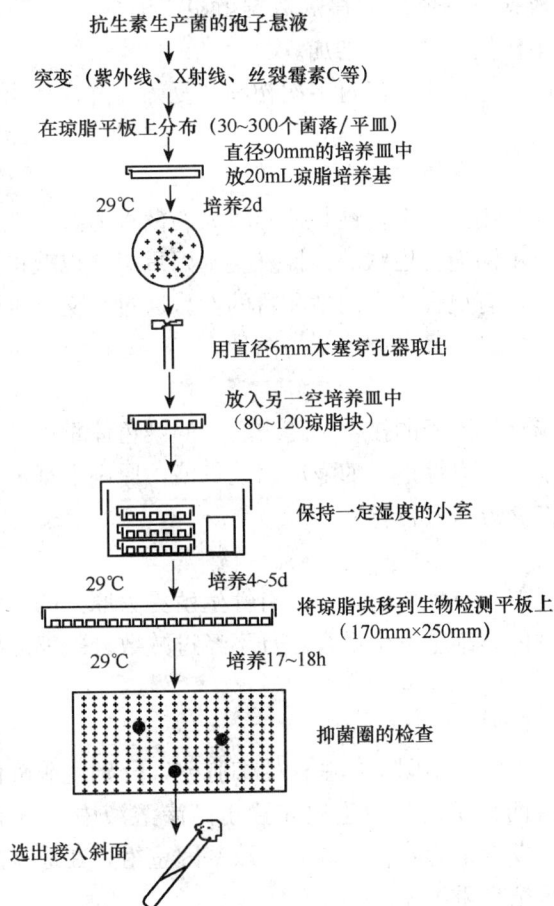

图 3-1　琼脂块培养法程序图

在平板上进行，其优点是快速简便，工作量小，结果直观。例如可采用透明圈法（蛋白酶、脂肪酶、纤维素酶）、抑菌圈法（抗生素）、变色圈法（柠檬酸）、显色圈（氨基酸）、沉淀圈法（外毒素）等来进行初步测定，缺点则是由于培养皿平板上的种种条件与摇瓶培养，尤其与发酵罐中进行液体深层培养时的条件有很大差别，所以有时两者结果很不一致。当然，也不乏有十分一致的例子。例如，在柠檬酸生产菌株宇佐美曲霉的筛选过程中，有人把待测菌株的单孢子用特制的不锈钢多点接种器接种到浸有淀粉培养基和溴甲酚绿指示剂的厚滤纸片上，经培养后，根据黄色变色圈的直径和该菌落直径之比，就可筛选出产量较高的菌株。又如测定突变株淀粉酶活力，可把待测菌株的培养液以相同大小和条件浸泡的滤纸片，点植于淀粉平板上，经培养后加碘再仔细观察并测定透明圈的大小，其直径越大表明该突变株在培养液中所产生的淀粉酶多而且活力高。

　　复筛就是在初筛的基础上对突变株的生产性能进行比较精确的定量测定工作。一般是将初筛所得的菌株接种在三角瓶内的培养液中做振荡培养（即摇瓶培养），然后再对培养液进行定量分析测定。在摇瓶培养条件下，微生物在培养液内分布均匀，既能满足丰富的营养，又能获得充足的氧气（仅对好氧性微生物），还能充分排出代谢废物，因此与发酵罐的条件比较接近，所以测得的数据就更具有实际意义。复筛需要较多的人力、设备和时间，故工作量难度大量增加。

　　筛选是一项繁杂的工作，必须经过多次初筛和复筛，并设计出合理的方案。

3.2.3　育种技术简介

　　杂交育种是指人为利用两个遗传性状差异较大的菌种通过有性生殖、准性生殖或细胞融合，促使两个具有不同遗传性状的菌株发生基因重组，以获得性能优良的后代的技术。比起诱变育种，它具有更强的方向性和目的性。通过杂交育种既有可能提高菌种的生产性能，增加产量和质量，又可创造新的菌种。

　　1）有性杂交

　　有性杂交，一般指性细胞间的接合和随之发生的染色体重组，并产生新遗传型后代的一种育种技术。凡能产生有性孢子的酵母菌或霉菌，原则上都可应用与高等动、植物杂交育种相似的有性杂交方法进行育种。

　　2）准性杂交

　　准性杂交是一种类似于有性生殖，但比有性生殖更为原始的一种生殖方式，它可使同种生物两个不同菌株的体细胞发生融合，且不经过减数分裂就能导致低频率基因重组并产生重组子。

　　3）原生质体融合育种技术

　　原生质体融合就是把两个不同亲本菌株的细胞壁，分别经酶解作用去除，而得到球状的原生质体，然后将两种不同的原生质体置于高渗溶液中，由聚乙二醇（PEG）助融，促使两者高度密集发生细胞融合，进而导致基因重组，在适宜的条件下使细胞壁再生，在再生细胞中获得杂交重组体。

　　4）基因工程育种

　　基因工程是指在基因水平上的遗传工程，它是用人为方法将所需要的某一供体生物的遗传物质—DNA 大分子提取出来，在离体条件下用适当的工具酶进行切割后，把它与作为载体的 DNA 分子连接起来，然后与载体一起导入某一更易生长、繁殖的受体细胞中，让外源遗传物质在其中"安家落户"，进行正常的复制和表达，从而获得新物种的一种崭新的育种技术。所以，基因工程是人们在分子生物学理论指导下的一种自觉的、能像工程一样可事先设计和控制的育种新技术，是人工的、离体的、分子水平上的一种遗传重组的新技术，是一种可完成超远缘杂交的育种新技术，因而必然是一种最新、最有前途的定向育种新技术。

基因工程虽然是在 20 世纪 70 年代初才开始发展起来的一个遗传育种新领域，但由于它反映了时代的要求，因而进展极快，至今已取得了不少成就。基因工程将不只局限于微生物间进行，还能在动、植物和微生物间进行任意的、定向的和超远缘的分子杂交和高效表达，从而将大大加快育种工作的速度和提高育种工作的自觉性。有人估计，用基因工程方法获取新种，要比它们自然进化的速度提高 1 亿～10 亿倍。利用基因工程进行育种工作的出现，为遗传育种工作者提出了一系列具有吸引力的研究课题，同时也为有关工作展示了一幅能逐步达到的光辉灿烂的美好前景。

3.3　微生物菌种的退化、复壮与保藏

要选得一株符合生产要求的菌种是一件艰苦的工作，通过上述种种菌种选育工作获得了优良菌种之后，首先要做好的就是菌种保藏工作，而要使菌种在长期保藏和使用中保持优良的性能还需要做很多日常的工作。而实际上要使菌种永远不变是不可能的，由于种种原因，菌种退化是一种潜在的威胁。只有掌握了菌种退化的规律，才能采取相应的措施防止菌种退化，即使退化也能采取相应的措施使退化的菌种复壮。

3.3.1　菌种的退化

1. 菌种退化的现象

随着菌种保藏时间的延长或菌种的多次转接传代，生产上的长期使用，菌种本身所具有的优良的遗传性状可能得到延续，也可能发生变异。变异有正变和负变两种，负变即菌株生产性状的劣化或有些遗传标记的丢失，这些均称为菌种的退化。但是在生产实践中，必须将由于培养条件的改变导致菌种形态和生理上的变异与菌种退化区别开来。因为优良菌株的生产性能是和生产工艺条件紧密相关的。如果培养条件发生变化，如培养基中缺乏某些元素，会导致产孢子数量减少，也会引起孢子颜色的改变；温度、pH的变化也会使发酵产量发生波动等。所有这些，只要条件恢复正常，菌种原有性能就能恢复正常，因此这些原因引起的菌种变化不能称为菌种退化。常见的菌种退化现象中，最易觉察到的是菌落形态、细胞形态和生理等多方面的改变，如菌落颜色的改变，畸形细胞的出现等；菌株生长变得缓慢，产孢子越来越少，直至产孢子能力丧失，例如放线菌、霉菌在斜面上多次传代后产生"光秃"现象等，从而造成生产上用孢子接种的困难。还有菌种退化后菌种的代谢活动，代谢产物的产生能力或其对寄主的寄生能力明显

下降，例如黑曲霉糖化能力的下降，抗菌素发酵单位的减少，枯草杆菌产淀粉酶能力的衰退等。所有这些对生产均不利。因此，为了使菌种的优良性状持久延续下去，必须要防止菌种退化和做好菌种的复壮工作。在菌种的优良性状没有退化之前，要定期进行纯种分离和性能测定。菌种的衰退是发生在细胞群体中的一个由量变到质变的逐步演变过程。开始时，在一个大群体中仅个别细胞发生负变，这时如不及时发现并采取有效措施，而一味移种传代，则群体中这种负变个体的比例逐步增大，最后让它们占了优势，从而使整个群体表现出严重的衰退。所以，在开始时所谓"纯"的菌株，实际上其中已包含着一定程度的不纯因素。同样，到了后来，整个菌种虽已"衰退"了，但是在衰退的群体中还有少数尚未衰退的个体存在着。在了解菌种衰退的实质后，就有可能提出防止衰退和进行菌种复壮的对策。

2. 防止菌种衰退措施

（1）控制传代次数。尽量避免不必要的移种和传代，并将必要的传代降低到最低限度，以减少自发突变。前已述及，微生物都存在着自发突变，而突变都是在繁殖过程中发生或表现出来的。一个处于旺盛生长状态的细胞发生突变的概率比处于休眠状态时大得多，由此可以看出，菌种的传代次数越多，产生突变的概率就越高，因而发生衰退的机会也就越多。所以，不论在实验室还是在生产实践上，必须严格控制菌种的传代（即移种）次数，而采用良好的菌种保藏方法，就可大大减少不必要的移种和传代次数。

（2）创造良好的培养条件。在实践中，有人发现如果创造一个适合原种的生长条件，就可在一定程度上防止菌种衰退。例如，在赤霉素生产菌的培养基中，加入糖蜜、天冬酰胺、谷氨酰胺、5'-核苷酸或甘露醇等丰富营养物时，有防止菌种衰退的效果；在栖土曲霉 3.942 的培养中，有人曾用改变培养温度的措施，即从 28～30℃ 提高到 33～34℃ 来防止它产孢子能力的衰退。

（3）利用不同类型的细胞进行接种传代。在放线菌和霉菌中，由于它们的菌丝细胞常含几个核或甚至是异核体，因此用菌丝接种就会出现不纯和衰退，而孢子一般是单核的，用于接种时，就没有这种现象发生。有人在实践上创造了用灭过菌的棉团轻巧地对细黄链霉菌 5406 抗生菌进行斜面移种，由于避免了菌丝的接入，因而达到了防止菌种衰退的效果；又有人发现构巢曲霉如以其分生孢子传代就易退化，而改用子囊孢子移种则不易退化。

（4）采用有效的菌种保藏方法。在用于工业生产的菌种中，重要的性状都属于数量性状，而这类性状恰是最易退化的，即使在较好的保藏条件下，还是存在这种情况。因此有必要研究和采用更有效的保藏方法以防止菌种生产性状的衰退。

3.3.2　菌种的复壮

狭义的复壮仅是一种消极的措施，它指的是在菌种已发生衰退的情况下，通过纯种分离和测定生产性能等方法，从衰退的群体中找出少数尚未衰退的个体，以达到恢复该菌原有典型性状的一种措施；而广义的复壮则应是一项积极的措施，即在菌种的生产性能尚未衰退前就经常有意识地进行纯种分离和生产性能的测定工作，以期菌种的生产性能保持稳定并逐步有所提高。所以，这实际上是一种利用自发突变（正变）不断从生产中进行选种的工作。有关进行复壮工作已累积了很多经验，主要有以下几个方面。

（1）纯种分离。就是把退化菌种的细胞群体中一部分仍保持原有典型性状的单细胞分离出来，经过扩大培养，就可恢复原菌株的典型性状。常用的分离纯化的方法很多，大体上可将它们归纳成两类，一类较粗放，一般只能达到"菌落纯"的水平，即从种的水平来说是纯的，例如在琼脂平板上进行划线分离、表面涂布或与尚未凝固的琼脂培养基混匀后再浇注并铺成平板等方法以获得单菌落；另一类是较精细的单细胞或单孢子分离方法，它可以达到细胞纯即"菌株纯"的水平。这类方法的具体操作种类很多，既有简便的利用培养皿或凹玻片等做分离小室的方法，也有利用复杂的显微操作装置进行分离的方法。如果遇到不长孢子的丝状真菌，则可用无菌小刀切取菌落边缘稀疏的菌丝尖端进行分离移植，也可用无菌毛细管插入菌丝尖端，以截取单细胞而进行纯种分离。

（2）通过宿主体内生长进行复壮。对于寄生性微生物的退化菌株，可通过接种至相应的昆虫或动、植物宿主体内的措施来提高它们的致病性。例如，经过长期人工培养的苏云金芽孢杆菌，会发生毒力减退和杀虫效率降低等现象。这时，可将已衰退的菌株去感染菜青虫等的幼虫（相当于一种活的选择性培养基），然后可从病死的虫体内重新分离出典型的产毒菌株。如此反复进行多次，就可提高菌株的杀虫效率。

（3）淘汰已衰退的个体。有人曾对细黄链霉菌"5406"抗生菌的分生孢子，采用 $-30 \sim -10℃$ 的低温处理 $5 \sim 7d$，使其死亡率达到 80%。结果发现，在抗低温的存活个体中，留下了未退化的健壮个体，从而达到了复壮的目的。

以上综合了在实践中收到一定效果的防止菌种生产性状衰退和达到复壮的某些经验。但是，必须强调指出的是，在使用这类措施之前，还得仔细分析和判断一下菌种究竟是发生了衰退，还是仅属一般性的表型改变（饰变），或甚至仅是一般的杂菌污染。只有对症下药，才能使复壮工作奏效。

3.3.3 菌种的保藏

菌种是一个国家所拥有的重要生物资源，菌种保藏是一项重要的微生物学基础工作。菌种保藏机构的任务是在广泛收集实验室和生产菌种、菌株（包括病毒株甚至动、植物细胞株和质粒等）的基础上，将它们妥善保藏，以保证菌种存活，不丢失，不污染；防止优良性状丧失；随时为生产、科研提供优良菌种为目的。同一菌种在工作过程及结束后，均可获得重复的实验结果；对于有经济价值的生产菌，需要保持其高产的性能；通过生物工程技术所得的重组菌，必须保持其遗传特性的稳定性；菌种在保藏期内，既要随时可以使用这些菌种，又要尽可能减少甚至不产生变异。为此，在国际上一些工业较发达的国家中都设有相应的菌种保藏机构。例如：中国微生物菌种保藏管理委员会（CCCCM），美国典型菌种保藏中心（ATCC），美国的"北部地区研究实验室"（NRRL），荷兰的霉菌中心保藏所（CBS），英国的国家典型菌种保藏所（NCTC），前苏联的全苏微生物保藏所（UCM）以及日本的大阪发酵研究所（1FO），还有全球性的世界微生物保存联盟（WFCC）等都是有代表性的菌种保藏机构，全世界的菌种保存机构在 300 个以上。

1. 菌种保藏的原理

菌种保藏的具体方法很多，原理却大同小异。首先要挑选典型菌种的优良纯种，最好采用它们的休眠体（如分生孢子、芽孢等）；其次，还要创造一个降低代谢速度，适合其长期休眠的环境条件，从微生物与环境的关系的研究中得知，干燥、低温、缺氧、避光、缺乏营养等环境因素均可使微生物处于休眠状态。

2. 菌种的保藏方法

1）斜面保藏法

这是一种最基本的微生物保藏方法，适用范围广，细菌、真菌、放线菌都可应用。做法是定期地将菌种接种在不同成分的斜面培养基上，待菌种生长良好后再置于 4℃ 的冰箱中保存，每隔一定时间（3～6 个月）进行移植培养后，再将新斜面继续保存，如此连续不断。这种保藏法的优点是方法简便，存活率高，具有一定的保存效果，所以许多生产单位和研究单位经常使用这种方法。但其缺点也很明显，如：

（1）菌种管棉塞经常容易发霉。

（2）菌株的遗传性状容易发生变异。

（3）反复传代时，菌株的病原性、形成生理活性物质的能力以及形成孢子的能力等均有降低。

（4）需要定期转种，工作量大。

（5）杂菌的污染机会较多。

目前许多实验室采用密封性能较好的螺旋口试管替代传统的棉塞和减少碳水化合物含量的方法，更有利于菌种的保藏。

2）液体石蜡覆盖保藏法

此法是斜面保藏的一种改进方法，取待保存的菌种斜面，用无菌吸管向内加入灭菌液体石蜡，要求液体石蜡高出菌斜面末端 1cm 左右。该法较前一种方法保存菌种的时间更长，适用于霉菌、酵母菌、放线菌及需氧细菌等的保藏。此法可防止干燥，并通过限制氧的供给而达到削弱微生物代谢作用的目的，具有方法简便的优点，保存时间可延长到几年到十年之久，同时也适用于不宜冷冻干燥的微生物（如产孢能力低的丝状菌）的保藏，如此法保存红曲霉 1～2 年后存活率为 100%，某些放线菌保存 4 年后存活率仍为 90%。而某些细菌如固氮菌、乳酸杆菌、明串珠菌、分支杆菌、红螺菌及沙门氏菌等和一些真菌，如卷霉菌、小克银汉霉、毛霉、根霉等不宜采用此法进行保存。此法要注意的是从液体石蜡覆盖层下移种时，接种针在火焰上烧灼时液体石蜡会四溅，如果培养物是病源菌时应注意。第一代的培养物会有液蜡的残迹和复壮问题，第二代才适于实验用。

3）干燥保藏法

这种方法适用于形成芽孢的细菌、形成孢子的丝状菌和放线菌，其原理是将微生物吸附在各种载体上进行干燥后保藏。常用的方法包括以下几种。

（1）土壤保藏法。保存用的土壤原则上以肥沃的耕土为宜，具体方法是：取适量经风干、粉碎、过 100 目筛、自来水冲洗至中性，处理后的土壤（5g）置于塞有棉塞的试管中，加水或加入充分稀释的液体培养基（以含水量为土壤最大持水量的 60% 为宜），然后高压灭菌。再将需保存的微生物进行大量接种，培养至菌丝能用肉眼确认的程度为止，小试管放入真空干燥器中加五氧化二磷为吸水剂干燥，试管可熔封也可用石蜡封口后，仍放在干燥器内冷藏（4℃）或室温保存。保藏期一般为 2 年。

（2）沙土保藏法。取清洁的河沙，过 60 目筛去掉大沙粒，并用磁铁吸去沙中铁屑，用 10%HCl 浸泡 3~4h，除去其中所含有机物；并经反复水洗至中性后，置于试管或安瓿瓶中保持 2~3cm 深，再经干热灭菌后，加入 1mL 菌种培养液，经充分混匀后，放入盛有五氧化二磷的真空干燥器中，待完全干燥后熔封保存。保存时间可达数年至数十年。当五氧化二磷呈糊状时则可更换一次。

（3）硅胶保藏法。以 6~16 目的无色硅胶代替沙子，干热灭菌后，加入菌液。加菌液时，由于硅胶的吸附热常使温度升高，因而接种时要将盛有硅胶的小试管置于水中冷却。

（4）磁珠保藏法。将菌液浸入素烧磁珠（或多孔玻璃珠）后再进行干燥保存的一种方法。在螺旋口试管中装入 1/2 管高的硅胶（或无水 CaSO$_4$），上铺玻璃棉，再放上 10~20 粒磁珠，经干热灭菌后，接入菌悬液，最后冷藏、室温保藏或减压干燥后密封保藏。本法对酵母菌很有效，特别适用于根瘤菌，可保存长达 2.5 年。

（5）曲法保藏。此法与大曲保藏法类似，具体做法是将麸皮与水按 1∶0.8、1∶1、或者 1∶1.5 的比例（视菌种而异）装入试管，塞上棉塞，灭菌后接入菌种培养，待孢子长成后即成曲。将试管放入干燥器中，在室温下干燥数日，置低温保藏。此法用于保藏有大量孢子的霉菌和一些放线菌，保藏时间 1 年以上。

4）悬液保藏法

此法的基本原理是将微生物悬浮于不含养分的溶液，如蒸馏水、0.25mol/L 磷酸缓冲液（pH6.5）或者生理盐水中保藏。适用于霉菌、酵母菌及绝大部分放线菌，如将霉菌菌体悬浮于蒸馏水中即可保藏在 4℃、10℃ 或室温（18~20℃），保存 1 年或者数年。本法的关键是避免水分的蒸发。

5）真空冷冻干燥保藏法

其基本原理是将微生物或者孢子冷冻，减压情况下，将冷冻状态的培养物或者孢子悬浮液于真空干燥。此法的优点是具备了低温、真空、干燥三个条件，因此适合于各种微生物的保藏，保藏时间长，变异小，便于大量保藏。缺点是操作烦琐，需要一定的设备，影响因素也较多。具体操作如下：

（1）培养菌种。选择适于冷冻干燥的菌龄细胞，培养时间应掌握在生长后期，因为对数生长期的细胞对干燥的抵抗力弱，有孢子的微生物需适当的培养以期得到成熟的孢子。如，放线菌和丝状真菌是 7~8d 以上；细菌培养 24~48h，使芽孢菌的芽孢形成；酵母培养 72h 就可以。还要选择适宜的培养基，因为某些微生物对冷冻的抵抗力常随培养基成分的变化而显示出巨大差异。

（2）保护剂的选择。可在菌液内添加甘油等保护剂，以防止在冷冻过程中出现菌体大量死亡的现象。也可添加各种糖类、氨基酸、脱脂牛乳等具有良好保护效果的溶剂，

ATCC 及 NRRL 用马血清、NCTC 用 1∶3 的营养肉汤和马血清加入 7.5% 的葡萄糖，常用的是脱脂牛乳和血清。

（3）制备悬浮液和分装。选择合适的菌液浓度，通常菌液浓度越高，生存率越高，保存期也越长。因细菌和孢子大小不一，不易制定出统一的标准，细菌可制成悬浮液，浓度在 $10^9 \sim 10^{10}$/mL。用无菌的毛细血管将此悬浮液装入安瓿瓶底部，并切勿粘管壁，每安瓿瓶装 0.1～0.2mL。

（4）冷冻与真空干燥。原则上应尽快进行冷冻处理，不宜放置过久。时间长了会使菌体自行沉淀成为不均匀的悬液不利冷冻，同时还会使保护剂起培养作用使微生物再次生长或萌发孢子，这些情况不利于长期保藏。就动物细胞而言，应在 −20℃ 范围内以 1℃/min 左右的速度缓慢降温，此后必须尽快降到贮藏温度；而对绝大多数微生物而言，则不必如此，如结构较为复杂的原虫则可在 −35℃ 范围内进行缓慢降温；若进行长期保存，则贮藏温度越低越好。取用冷冻保存的菌种时，应采取速融措施，即在 35～40℃ 温水中轻轻振荡使之迅速融解。而就厌氧菌来说，则应选择静置融化的措施。当冷冻菌融化后，应尽量避免再次冷冻，否则菌体的存活率将显著下降。冷冻后的安瓿瓶应立即真空干燥。

（5）密封保存。真空干燥后，取出安瓿瓶并在室温下继续抽气 10min，以利安瓿瓶封口，安瓿瓶封口后就可在低温冰箱中保存。

6）液氮超低温冷冻保藏法

这一方法是将菌体悬浮液在保护剂中或将琼脂培养物原封不动地进行液体冷冻，在液氮（−196℃）或气相液氮（−170～−150℃）中保存。液氮罐容易购置，是一种保藏菌种效果好、方法简单、保藏对象也最为广泛的微生物保藏法。其操作步骤如下：

（1）装安瓿瓶。使用尽量浓厚的菌体悬浮于含有适当防冻剂（10% 的甘油或 5% 的二甲基亚砜）的灭菌溶液中，将 0.2～1mL 的这种溶液分装于安瓿瓶中，或在装有保护剂的安瓿瓶中直接接种，或将菌丝体琼脂块直接悬浮于保护剂中。

（2）熔封安瓿瓶。

（3）检查安瓿瓶是否熔封良好。即在 4℃ 下，将熔封的安瓿瓶在适当的色素溶液中浸泡 20～30min 后，观察有无色素进入安瓿瓶。

（4）缓慢冷却。将熔封安瓿瓶置于小罐中，然后用液氮气以约 1℃/min 的速度冷却至 −25℃ 左右，也可在 −25～−20℃ 的冰箱内缓慢冷却 30～60min。

（5）速冻。最后浸入液氮中快速冷却至 −196℃。

小结

本章介绍了微生物遗传变异的物质基础，微生物育种的各种技术以及菌种保藏的各种方法。微生物遗传的物质基础是 DNA，微生物育种技术是建立在遗传和变异的基础上的，主要的育种技术有自然突变选育、诱变选育、杂交育种和原生质体融合、基因工程育种。微生物育种技术发展迅速，要选得一株附合生产要求的菌种是一件艰苦的工作，而要使菌种在长期使用中保持优良的性能还需要从各方面防止菌种退化，如果退化应采取相应的措施使退化的菌种复壮。而选择好合适的微生物菌种保藏方法是保证菌种存活，不丢失、不污染以及防止菌种退化的良好措施。

思考题

1. 微生物遗传变异的物质基础是什么？微生物变异现象有哪些？
2. 什么是基因突变？
3. 微生物育种有哪些技术？怎么进行微生物自然突变育种？
4. 什么是原生质体融合？
5. 菌种保藏的基本原理和原则是什么？
6. 为什么菌种会退化？如何防止菌种退化？
7. 菌种保藏原理是什么？
8. 常用的工业微生物菌种保藏技术有哪些？低温斜面保藏菌种有哪些优点和缺点？

第4章 微生物的生态

所谓微生物的生态就是指各种环境因子包括物理因子、化学因子以及生物因子对微生物自然群体的作用，以及微生物对外界环境的反作用。在自然条件下的各种微生物类群，根据它们和环境的不同反应而组成各种不同的生态系统，微生物的生命活动依赖于环境，不同的环境分布不同的微生物，在同一环境中也因环境条件的变化而变化。此外微生物的生命活动也影响环境，这种微生物对环境的反作用，可维持自然界的物质转化的动态平衡和自然界的自净作用，也可在环境保护中起到积极作用。

4.1 微生物在自然界中的分布

微生物在自然界中的分布是有规律的，是由微生物对环境适应性决定的。不同的环境有各种不同类型的微生物。

4.1.1 空气中的微生物

空气是多种气体的混合体，本身缺乏微生物生活所必需的营养物，日光对微生物也具有很强的杀菌作用，另外空气一般是干燥的，因此空气不是微生物生长繁殖的良好场所。空气中没有固定的微生物种类。但土壤、水体、各种腐烂的有机物以及人和动、植物体上的微生物，都可附着在灰尘颗粒以及短暂悬浮于空气中的液滴内，随着气流的运动在空气中传播。

微生物在空气中的分布很不均匀，其数量和种类主要取决于空气流经环境的温度、湿度、尘埃量、地理环境等。尘埃较多的空气中，微生物的种类多，数量大；在海洋、高山、森林以及高纬度地带的空气中，微生物的种类和数量都比较少；在人口稠密、污染严重的城市上空，微生物的种类和数量较多，尤其是在医院或患者的居室附近，空气中还可能有较多的病原菌；另外，空气中温度适宜、湿度较大时，微生物的存活量大，空气微生物最易引起各种物品的霉腐变质。

空气中的微生物主要是一些耐干燥及抗紫外线能力强的类群。如细菌中的芽孢杆菌、小球菌、八叠球菌等；霉菌中的青霉、曲霉、镰刀霉等的孢子；其他也有少数的酵母菌和放线菌的孢子。空气中的病原微生物主要有结核杆菌、葡萄球菌、肺炎球菌及流行性感冒病毒和脊髓灰质炎病毒等。

4.1.2 水体中的微生物

水环境包括江、河、湖泊等淡水环境以及海洋等咸水环境。虽然各种水的性状不同，但水中溶解或悬浮着多种无机或有机物质，可供给微生物生长繁殖所需要的营养物；水还具有微生物生命活动适宜的温度、pH、氧气等条件。因此与空气相比，水是适合微生物生长的自然环境。水体微生物的主要类群是细菌。

淡水水域多接近陆地，因此淡水中的微生物主要来源土壤、空气、动植物尸体、人和动物的排泻物、工业及生活污水等，其中土壤中最主要的微生物来源，江、河、湖泊等淡水中的细菌，其中有厌氧及兼性厌氧的腐生菌，如变形杆菌、芽孢杆菌等，也有适应淡水环境的天然微生物群系，如能进行光合作用的蓝细菌、硫细菌、螺菌等，还有与食品相关的假单胞菌属、产碱杆菌属、黄杆菌属、气单胞菌属和无色杆菌属等。生活污水及人畜排泄物会污染水源，其中有许多人畜消化道内的寄生菌，如大肠杆菌、粪链球菌等和腐生菌，如变形杆菌、梭状芽孢杆菌等；在有些情况下，还会发现病原微生物，如伤寒杆菌、痢疾杆菌、霍乱弧菌及传染性肝炎病毒等。

海水含有相当稳定而高浓度的盐分，一般含盐量在4%左右。海水密度大，渗透压较高，冰点较低。因此海水中的细菌比淡水中的少，绝大多数是耐盐或嗜盐性细菌，常见种类有假单胞菌属、弧菌属、螺菌属、无色杆菌属和黄杆菌属。

4.1.3 土壤中的微生物

土壤是微生物生活的最适环境，它具有微生物生命活动所必需的一切营养物质和适宜的生活条件。

土壤中含有大量的固形有机物和矿质元素，是微生物的营养库。各种动植物在其生命活动中产生的排泄物、死亡后的残骸以及微生物生命活动过程中所产生的中间产物都可使土壤中含有微生物得到所需要的有机物质。土壤中矿质成分中既有微生物所必需的磷、硫、钾、铁、钙、镁等常量无机元素，也有它们所要求的硼、钼、锌、锰等微量元素。土壤有持水性，土壤的水分是一种浓度很稀的盐类溶液，其中含有各种上述有机和无机氮素及各种盐类、微量元素、维生素等，类似于培养微生物常用的液体培养基。

土壤的团粒结构使土壤既能蓄水又能通气；土壤的pH大多在3.5~10.5之间，适宜于大多数微生物生长；在土壤表层几毫米之下，可保证微生物免于被阳光直射致死；而且土壤保温性能较好，温度较稳定，大部分地区土壤温度的变化在0~30℃之间，并且在一年的大部分时间内其温度变化在10~25℃。所有这些都为微生物的栖息、生长和繁殖提供了有利的条件，所以土壤又有天然培养基之称，土壤是微生物的大本营，是人类利用微生物资源的主要来源，也是食品腐败变质、遭受微生物污染的来源之一。

在自然界三大环境区域中，土壤中存在的微生物种类最多、数量最大。在土壤中分布着形形色色的微生物类群，其中有细菌、放线菌、酵母菌、霉菌、藻类和原生动物等。土壤中微生物以细菌为最多，占土壤微生物总数量的 70%～90%，放线菌、真菌次之，藻类和原生动物较少。土壤中微生物数量很大，根据不同的土壤分析统计，每克肥沃的土壤中，通常含有几亿到几十亿个微生物，贫瘠的土壤中每克也含有几百万至几千万个微生物。

土壤中的细菌多数为异养菌，少数是自养菌。异养菌中包括好氧、兼性厌氧及厌氧菌，在分类上多属于腐生的球状菌群、需氧性的芽孢杆菌（如枯草芽孢杆菌等）、厌氧性的芽孢杆菌（如肉毒梭状芽孢杆菌等）和非芽孢杆菌（如大肠杆菌属等）。自养菌中重要的类群有硝化细菌、硫化细菌、铁细菌等。土壤中的放线菌种类也很多，主要有小单胞菌属、链霉菌属、诺卡氏菌属等。细菌与放线菌适宜分布在中性到微碱性土壤中，真菌主要生活在富含腐殖质的酸性土壤表层中，在土壤中以菌丝体和孢子形式存在。最普通的霉菌种类有毛霉属、曲霉属、青霉属、根霉属、镰刀霉属、交链孢霉属等。

4.1.4 极端环境下的微生物

一直认为，在苛刻的自然环境中，不太可能存在生命。但在地球上陆续发现了一些奇特的微生物，它们生活在动植物通常不能生存的恶劣环境中，可一旦离开这些极端环境往往就不能生存，这一类微生物被称为极端微生物。这些微生物能在非常不利的环境中，比如极高温和高压、极干燥、高盐浓度、放射性、过酸或过碱性等环境中茁壮成长。

自然界中有许多高温环境，热泉是最主要的高温环境，其中生活着许多嗜热微生物。它们可以在水温为 57～90℃的温泉里生存，甚至可以在 100℃以上生长。

自然界中诸如冰川、深海、极地等各种低温环境中也生存着大量微生物。比如在南极，即使在气温达到 -70～-60℃，没有任何有机物质的内陆，每半升雪中仍能找到一个细菌。

4.1.5 工、农业产品中的微生物

微生物的分布极其广泛，除了上述环境中生活着各种类群的微生物以外，在人们的日常生活和生产中也处处可见，它们在各种工业材料、制品以及食品、农副产品上的生命活动往往会造成材料的腐蚀、食品的败坏等，因此研究工、农业产品中的微生物具有十分重要的意义。

1. 微生物引起的工业产品的霉腐

引起工业材料和制品老化、腐蚀、发霉和腐烂等的因素很多，包括气候、物理、化学及生物因素，其中霉腐微生物是重要因素。霉菌种类异常繁多，它们包括真菌门中的子囊菌纲、藻状菌纲、不完全菌纲等，其中，对工业材料有侵袭作用的有 4 万余种。

2. 食品、农副产品中的微生物

食品多由天然的动、植物以及微生物原料经加工制成，含有微生物生长的各种营养

物质，因此也常常是微生物的天然培养基，很容易被微生物作用而导致腐败变质。不同类别的食品，其原料——动、植物的生长环境、主体营养成分、基质条件等各不相同，因而污染在其上的微生物类群也不同。其污染程度取决于食品周围环境的微生物种类和数量、产品状况、处理方法、贮存时间和条件等。

在新鲜肉上，常见的微生物有假单胞杆菌、小球菌、肠球菌和大肠菌群等，冷藏肉上也可污染嗜冷微生物，污染家禽的微生物主要是假单胞菌属，在正常情况下，每$1cm^2$的皮表面细菌数目达 100~1000 个，在少数情况下细菌数目可增加 100 倍或更多。

新鲜蛋内部是无菌的，但因保存不当而使微生物尤其是细菌和霉菌通过蛋壳的缝隙进入蛋内，从而引起蛋的腐败变质。

鱼贝类水产动物食品上的微生物主要反映了它所生存的水中的微生物的情况，因此主要污染类群是细菌。

水果和蔬菜上污染的微生物常见的有霉菌、酵母菌和细菌。因水果的 pH 较低（pH2.3~5.0），另外含糖质较多，故主要发生霉菌和酵母菌感染；而蔬菜的 pH 多为5.0~7.0，所以也可受细菌作用。

罐藏食品中的微生物主要是耐热芽孢菌，因为它们有芽孢，能耐受很高的温度，故有可能在罐藏食品的杀菌中残留下来，从而导致罐藏食品的腐败变质。

玉米、大米、大豆、花生、麦类及棉子等农副产品也含有丰富的营养物质，所以上面也附有大量的微生物。主要类群有细菌、放线菌、真菌和病毒，这些微生物与土壤、空气、水中的微生物没有多大区别，但从种类和数量上看，则因这些农副产品的种类、生产地区、成熟收获区、气候、仓库贮藏条件、贮藏时间、产品品质以及加工处理等因素的影响而有很大差别。一般粮食上含有微生物的数量，平均每克可以达到几千到几万个，甚至有的能达到几亿个以上。

4.1.6　人体的正常菌群

在人体内、外部生活着为数众多的微生物种类，其数量更是惊人，高达 10^{14}，约为人体总细胞数的 10 倍。生活在健康动物各部位、数量大、种类较稳定、一般能发挥有益作用的微生物种群，称为正常菌群。正常菌群之间，正常菌群与其宿主之间，以及正常菌群与周围其他因子之间，都存在着种种密切关系，这就是微生态关系。人体共有五大微生态系统，包括消化道、呼吸道、泌尿生殖道、口腔和皮肤，其中尤以消化道最引人注目。据报道，在胃、肠中的微生物数量占了人体总携带量的 78.7%。在一般情况下，正常菌群与人体保持一个十分和谐的平衡状态，在菌群内部微生物间也是相互制约、维持稳定、有序的相互关系，这就是微生态平衡。

4.1.7　微生物与生物环境间的相互关系

自然界中的微生物是杂居混生的。各种不同的微生物之间不是孤立存在，而是相互联系、相互影响的。而且微生物与其他生物间的关系也是如此。有一些微生物与其他微生物或其他生物共存一处，互惠互利；有一些微生物与其他微生物或其他生物间则相互竞争，相互对抗。一般将这些关系归纳为互生、共生、拮抗、寄生和捕食五大类关系。

1. 互生关系

互生关系是指两种可以单独生活的生物，当其共同生活在一起时，可以相互有利，或者一种生物生命活动的结果为另一种生物创造了有利的生活条件。

自然界中，微生物间的互生关系相当普遍。例如土壤中的固氮菌与分解纤维素菌共同生活在一起所建立的互生关系。固氮菌需不含氮的有机质作为碳源和能源，但不能利用土壤中大量存在的纤维素物质。而分解纤维素的微生物虽能分解纤维素，但是分解之后有大量的有机酸积累，对自己生长不利。当两者共同生活时，固氮菌可以利用分解纤维素菌所产生的有机酸类物质而大量生长，同时进行固氮作用。有机酸被消耗后，分解纤维素菌的生长也就不会受到自己积累的代谢产物的抑制了。相反，因固氮菌的固氮作用改善了土壤中的氮素条件而得以发展，从而加强了对纤维素的分解能力。两者相互帮助，相互有利。

2. 共生关系

共生关系是指两种生物紧密地生活在一起，彼此依赖，创造相互有利的营养和生活条件，比单独生活更为有利。有时甚至一种生物脱离了另一种生物就不易独立生活，在生理上形成了一定的分工，在组织上和形态上形成了特殊的共生体。

微生物与植物间的共生关系最为突出的例子就是根瘤菌与豆科植物所形成的根瘤。根瘤菌侵入豆科植物的根部形成根瘤，根瘤为根瘤菌提供了理想的活动场所，同时还供应丰富的养料，使根瘤菌迅速分裂繁殖。根瘤菌又会从空气中吸收氮气，为豆科植物制造氮肥，促进它们的生长。根瘤菌与豆科植物所结成的这种共生关系也增加了土壤的肥力。

3. 拮抗关系

拮抗关系是指一种微生物在其生命活动的过程中，产生了某种代谢产物或改变其他条件，从而抑制其他微生物的生长繁殖，甚至杀死其他微生物的现象。

微生物通过拮抗来保持其优势，因此在自然界中普遍存在。根据拮抗作用的选择性，微生物间的拮抗关系可分为非特异性拮抗关系和特异性拮抗关系两类。在酸菜、泡菜的制作过程中，由于乳酸细菌的旺盛繁殖，产生大量乳酸，使环境中的 pH 下降，从而使许多腐败细菌的生长受到抑制并趋向死亡。酵母菌进行乙醇发酵时，可产生大量乙醇，同样对其他微生物也有一定的抑制作用。这种抑制作用没有一定的专一性，对多数微生物来说，都有抑制作用，所以称为非特异性拮抗关系。许多微生物在其生命活动过程中，能够产生某种或某类特殊的代谢产物，可以选择性地抑制或杀死某一种或某几种微生物，这种抑制作用具有一定的专一性，所以称为特异性拮抗关系。

4. 寄生关系

寄生关系是指一种生物生活在另一种生物体内，从中摄取营养物质而进行生长繁殖，并且在一定条件下使另一种生物受到损害甚至死亡的现象。其中前一种生物称为寄生物，后一种生物称为寄主或宿主。

微生物间的寄生关系最典型的例子是噬菌体和细菌之间的相互关系。噬菌体侵入细菌细胞后，利用细菌细胞内的合成机构及营养物质进行自身的生命活动，最后导致细菌裂解死亡（详见形态部分）。此外还有细菌和细菌、真菌和真菌之间的寄生关系。

　　微生物的寄生关系有时会给工农业生产带来危害和损失。如噬菌体可给发酵工业造成危害，病原微生物往往导致农作物病害、动物及人体传染病等。因此有效地防治这些病害是一个重要课题。当然，寄生关系也有有益的方面，例如，有些微生物在危害植物的昆虫体内寄生，从而引起害虫致病死亡，就对农业生产有利，因此，人们利用昆虫病原菌制成生物杀虫剂，用来进行农、林害虫的防治，这种方法既有明显的效果，又可保护自然环境，避免化学杀虫剂引起的抗药性。

　　5. 捕食关系

　　捕食又称猎食，一般指一种大型的生物直接捕捉、吞食另一种小型生物以满足其营养需要的相互关系。微生物间的捕食关系主要是原生动物捕食细菌和藻类，它是水体生态系统中食物链的基本环节，在污水净化中也有重要作用。另一类是捕食性真菌，例如少孢节丛孢菌等巧妙地捕食土壤线虫。捕食关系在生物防治方面有一定的意义。

4.2　微生物在物质循环中的作用

　　任何生物在自然界中都不是孤立存在的，它们总是结合成生物群落而生存的。生物群落和非生物环境之间是密切相关的，它们互相作用，进行着物质和能量的交换，这种生物群落和环境的综合体就称作生态系统。自然界是由多种多样生态系统组成的，每一个生态系统又是一个物质循环和能量流动的系统，整个自然界就是在物质循环和能量流动中，不断地变化和发展的。微生物个体虽小，但在生态系统的物质循环中起着巨大的作用。

4.2.1　微生物在碳素循环中的作用

　　碳是有机化合物的基本成分，是构成生命体的基本元素。生物体细胞内含有大量的碳，约占干重的一半。碳的主要来源是大气中的 CO_2，但大气中 CO_2 的含量只有 0.03%，远远满足不了地球上的光合生物进行光合作用的。由于异养微生物的氧化分解作用，将有机物中的碳素转变成 CO_2，返还给大气，才使得光合作用不断进行下去。能够进行光合作用的生物主要是绿色植物，也有一些藻类和光合细菌，它们利用光能，通过光合作用，将大气中的 CO_2 转化成糖类物质以及其他各种有机碳化合物，如蛋白质、脂类物质等；植物和微生物进行呼吸作用获得能量，同时释放出 CO_2。动物以植物和微生物为食物，也可以通过呼吸作用获得能量并释放出 CO_2。微生物能分解所有生物残骸及动物排泄物等有机碳化物，这种分解作用不仅在好氧条件、也可在厌氧条件下进行，结果产生大量的 CO_2，返还给环境。据估计，地球上有 90% 的 CO_2 是靠微生物的分解作用而形成的。分解有机碳化合物的微生物主要是细菌、真菌和放线菌。它们在自然界的碳素循环中起着关键的作用（图 4-1）。

4.2.2　微生物在氮素循环中的作用

　　自然界中蕴藏着丰富的氮素物质，大多数是以氮气的形式存在于大气中，约占大气容量的 78% 左右，还有一些是以有机氮的形式存在于生物体内的氨基酸、蛋白质、核酸等物质中，或以氨态氮、硝态氮（如铵盐、硝酸盐、亚硝酸盐）的形式存在于土壤、水域环境中。绿色植物和微生物在生命活动过程中吸收硝态氮和氨态氮合成蛋白质、核酸等有机物质，使无机态氮转化为有机氮；动植物的代谢产物以及各种生物遗体中的有机氮化物经微生物的分解作用转化成氨态氮；土壤中的氨态氮在有氧条件下经硝化细菌的作用氧化成硝态氮；土壤中的硝酸盐，由反硝化细菌还原成单质氮，进入大气中。大气中的氮气，通过各种固氮菌的作用，又合成为有机氮化物。由此可见微生物在自然界的氮素循环中的重要作用（图 4-2）。氮素循环包括了固氮作用、氨化作用、硝化作用和反硝化作用，微生物参与了每一个转化过程。

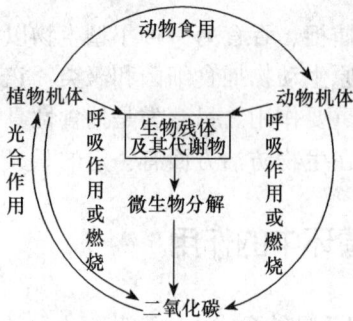

图 4-1　碳素循环

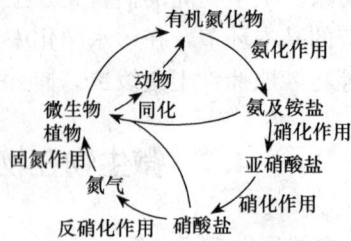

图 4-2　氮素循环

4.2.3　微生物在硫素循环中的作用

硫是生物有机体内的重要元素，它是一些必需氨基酸以及某些维生素和辅酶的成分。在自然界中，硫以单质硫、硫化氢、硫酸盐和有机硫化物的形式存在。植物一般只能利用无机硫酸盐，而以其他形式存在的硫需经微生物的转化才能被植物吸收。因此，微生物在硫素的转化和循环中也起到非常重要的作用。

自然界中的硫和硫化氢经自养微生物氧化形成硫酸盐：

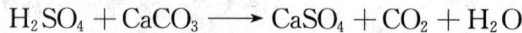

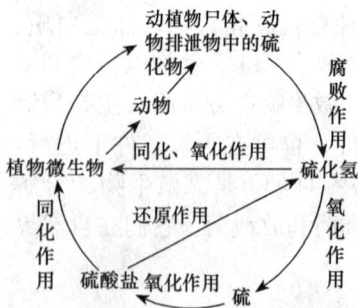

$$2S + 2H_2O + 3O_2 \longrightarrow 2H_2SO_4$$

$$H_2SO_4 + CaCO_3 \longrightarrow CaSO_4 + CO_2 + H_2O$$

图 4-3　硫素循环

硫酸盐可被植物吸收利用，合成为蛋白质、维生素等有机硫化物。动物食用植物后，将其转变成动物有机硫化物。动植物尸体中的有机硫化物被异养微生物分解，最后以硫化氢和硫单质的形式返回自然界中，从而完成整个硫素循环。另外，在缺氧环境中，硫酸盐也可被微生物还原生成硫化氢：

$$4H_2 + CaSO_4 \longrightarrow H_2S + Ca(OH)_2 + 2H_2O$$

整个硫素循环见图 4-3。

4.2.4　微生物在磷素循环中的作用

磷是生物有机体不可缺少的元素。生物的细胞内发生的一切生物化学反应中的能量转移都是通过高能磷酸键在二磷酸腺苷（ADP）和三磷酸腺苷（ATP）之间的可逆转化实现的。磷还是构成核酸的重要元素。在自然界中，磷以无机磷酸盐和有机磷化物形式存在。土壤中的无机磷酸盐主要是磷酸钙，磷酸钙是不溶性盐，因而不能直接被植物吸收利用。某些土壤微生物在生命活动过程中，可产生各种酸性物质，如硝酸细菌可产生硝酸，硫化细菌可产生硫酸，呼吸作用产生的 CO_2 所形成的碳酸。这些酸性物质都能促进无机磷化物溶解而转变成可溶性的磷酸氢盐。

$$Ca_3(PO_4)_2 + 4HNO_3 \longrightarrow Ca(H_2PO_4)_2 + 2Ca(NO_3)_2$$
$$Ca_3(PO_4)_2 + 2H_2SO_4 \longrightarrow Ca(H_2PO_4)_2 + 2CaSO_4$$
$$Ca_3(PO_4)_2 + 2H_2CO_3 \longrightarrow 2CaHPO_4 + Ca(HCO_3)_2$$

有机磷化物主要有核酸、卵磷脂和植酸等，它们可被微生物分解成为可供态磷再供给植物吸收利用。

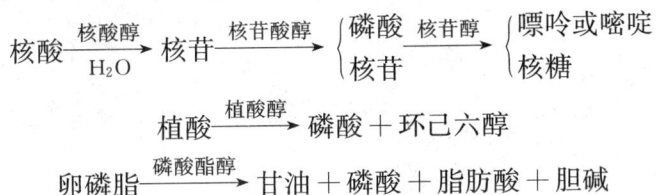

$$核酸 \xrightarrow[\text{H}_2\text{O}]{\text{核酸酶}} 核苷 \xrightarrow{\text{核苷酸酶}} \begin{cases} 磷酸 \\ 核苷 \end{cases} \xrightarrow{\text{核苷酶}} \begin{cases} 嘌呤或嘧啶 \\ 核糖 \end{cases}$$

$$植酸 \xrightarrow{\text{植酸酶}} 磷酸 + 环己六醇$$

$$卵磷脂 \xrightarrow{\text{磷酸酯酶}} 甘油 + 磷酸 + 脂肪酸 + 胆碱$$

从有机磷化物和无机磷化物转化成的可供态磷，被高等植物吸收同化，合成有机磷化物，组成自身。动物摄食植物，将其转化为动物有机磷化物。动植物尸体或动物排泄物中所含的有机磷化物，在土壤中又重新被微生物分解，转化成无机磷的形式返回土壤或水域中。从而完成了磷素循环（图 4-4）。在这些循环过程中，微生物并不改变磷的价态，因此微生物所推动的磷素循环可看成是一种转化。

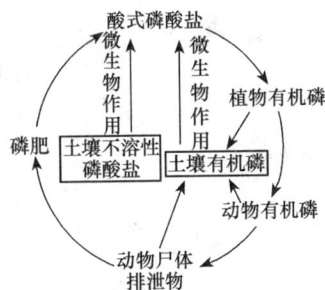

图 4-4　磷素循环

小结

微生物的生态学是研究微生物与其生存环境间的相互关系的科学。微生物的生命活动依赖于环境，不同的自然环境中分布着不同种类和数量的微生物，微生物的生命活动对环境也有反作用。

土壤是微生物最适宜生长的环境，自然水体中营养物质及生长条件比土壤的差，而空气的条件恶劣，不适应微生物生存，因此，微生物在土壤中的种类和数量最多，水体中次之，空气中最少。人体中也存在正常菌群。自然生态系统中的微生物在碳、氮、硫和磷等物质循环中发挥重要作用，它们对各种有机物的分解，维持着生物圈内的物质转化和动态平衡。微生物在动植物及人体上的分布，反映了微生物与生物环境间的相互作用和关系，也与工农业生产和人类生活有着密切的联系。极端环境微生物往往有特别的适应机制，也是潜在的微生物资源。

思考题

1. 试述微生物在自然界中分布的规律。
2. 举例说明微生物与生物环境之间的相互关系。
3. 微生物在自然界的各物质循环中有哪些作用？
4. 名词解释：微生物的生态、正常菌群、互生、共生、拮抗、寄生、捕食。

第5章 食品腐败变质及其控制

☞ **学习目标**

1. 了解污染食品的微生物的来源及途径。

2. 掌握微生物引起食品腐败变质需要的基本条件。

3. 了解引起各类主要食品腐败变质的微生物类群以及相关现象和原因。

4. 了解常用的食品加工及保藏中微生物污染控制方法、原理及其他卫生管理措施;能够独立分析某食品是否可能发生变质、变质的原因,确定应采取的预防措施。

食品腐败变质是指食品受到各种内外因素的影响,造成其原有化学性质或物理性质和感官性状发生变化,降低或失去其营养价值和商品价值的过程。如鱼肉的腐臭、油脂的酸败、果蔬的腐烂和粮食的霉变等。

造成食品腐败变质的原因很多,主要可分为物理因素、化学因素和生物性因素等。其中由生物因素中微生物污染所引起的食品腐败变质最为重要和普遍,故本章只讨论有关由微生物引起的食品腐败变质。

5.1 食品的腐败变质

食品腐败变质的因素是多方面的,一般来说,食品发生腐败变质,与食品本身的性质、污染微生物的种类和数量以及食品所处的环境等因素有着密切的关系,而它们三者之间又是相互作用、相互影响的,食品的腐败变质是食品、微生物和环境条件三者综合作用的结果。

5.1.1 引起食品腐败的主要微生物

1. 食品的基质特性

食品供给人类以营养,绝大多数食品也可供给微生物以营养。可以说,绝大多数食品都是微生物的天然培养基。由于微生物把食品中的某些成分分解,因而引起食品的腐败。但是,由于食品的性质不同,引起食品腐败的微生物也不同。

1) 食品营养成分的组成

食品中的基本营养物质,除含有一定量的水分以外,主要由蛋白质、碳水化合物、脂肪、无机盐类和维生素等物质所组成。食品的原料，来自动物的或植物的，不同原料的食品所含有的蛋白质、碳水化合物和脂肪三种主要成分的含量有着明显的差别，见表5-1。

表 5-1 食品原料营养物质组成的比较

食品原料	占有机物的百分数/%		
	蛋白质	碳水化合物	脂肪
水果	2～8	85～97	0～3
蔬菜	15～30	50～85	0～5
鱼	70～95	少量	5～30
禽	50～70	少量	30～50
蛋	51	3	46
肉	35～50	少量	50～65
乳	29	38	31

2）微生物对营养成分的选择

虽然食品在自然环境下很容易被微生物污染，但微生物能否在食品上生长，还要看它能否利用食品中的营养成分。食品腐败变质的过程实质上是细菌、酵母菌和霉菌等微生物分解食品中蛋白质、糖类、脂肪的化学过程。其腐败变质程度常因食品种类、微生物种类和数量以及其他条件的影响而异。一般情况下细菌常比酵母菌占优势。在这些微生物中，有病原菌和非病原菌，有芽孢和非芽孢菌，有嗜热性、嗜温性和嗜冷性菌，有好气或厌气菌，有分解蛋白质、糖类、脂肪能力强的菌。

（1）分解蛋白质的微生物。能分解蛋白质而使食品变质的微生物主要是细菌，其次是霉菌和酵母菌，它们多数是通过分泌胞外蛋白酶来完成的。

细菌中，芽孢杆菌属、梭状芽孢杆菌属、假单胞菌属、变形杆菌属等分解蛋白质能力较强，即使无糖存在，它们也能在以蛋白质为主要成分的食品上生长良好；肉毒梭状芽孢杆菌分解蛋白质能力很微弱，但该菌为厌氧菌，可引起罐头的腐败变质；小球菌属、葡萄球菌属、黄杆菌属等分解蛋白质较弱。

许多霉菌也具有分解蛋白质的能力，霉菌比细菌更能利用天然蛋白质，常见的有：青霉属、毛霉属、曲霉属等；而多数酵母菌对蛋白质的分解能力极弱，如啤酒酵母属、毕赤氏酵母属、汉逊氏酵母属等能使凝固的蛋白质缓慢分解；但在某些食品上，酵母菌竞争不过细菌，往往是细菌占优势。

按食品的类别区分，引起食品变质的细菌，在鱼、贝类中主要是球菌、假单胞菌、黄色杆菌、无色杆菌等；在畜肉中主要是好氧性细菌和嫌氧性芽孢杆菌、变形杆菌等。这些富含蛋白质的食品经微生物的蛋白酶和肽链内切酶等作用，首先分解成多肽并断裂形成氨基酸，并进一步分解成相应的胺类、有机酸类和各种碳氢化合物，食品即表现出腐败特征。

（2）分解碳水化合物的微生物。能够分解碳水化合物的微生物主要是酵母菌，其次是霉菌和细菌。食品中的碳水化合物包括纤维素、半纤维素、淀粉、糖元以及双糖和单糖等。在微生物及动、植物组织中的各种酶及其他因素作用下，这些组成成分可发生水解并顺次形成低级产物。这种以碳水化合物为主的分解常称为发酵或酵解。蔗糖含量高的食品，不适宜细菌生长，而酵母菌却能够生长。另外，酵母菌还能利用有机酸，如果汁、蜂蜜、果酱等常因酵母菌的污染而引起变质。绝大多数酵母不能使淀粉水解；少数酵母如拟内胞霉属能分解多糖；极少数酵母如脆壁酵母能分解果胶；大多数酵母有利用有机酸的能力。

能够分解碳水化合物的细菌只是少数，主要有芽孢杆菌属、八叠球菌属和梭状芽孢杆菌属中的一部分菌种。细菌中具有较强分解淀粉能力的为数不多，主要是芽孢杆菌属和梭状芽孢杆菌属等，它们是引起米饭发酵、面包黏液化的主要菌株；能分解纤维素和半纤维素的只有芽孢杆菌属、梭状芽孢杆菌属和八叠球菌属的一些种；绝大多数细菌都具有分解某类糖的能力，特别是利用单糖的能力极为普遍。

多数霉菌都有利用简单碳水化合物的能力，几乎全部霉菌都具有分解淀粉的能力，但能够分解纤维素的霉菌并不多，常见的有青霉属、曲霉属、木霉属等。分解果胶质的霉菌活力强的有曲霉属、毛霉属、蜡叶芽支霉等；部分霉菌还具有利用某些简单有机酸和醇类的能力。

由此可见，在自然界中，没有一种微生物可以在各种不同成分的食品中生长，同时也没有一种食品能适合所有微生物的生长。细菌、酵母菌和霉菌对不同营养物质的分解作用，均显示出一定的选择性，其中对蛋白质具有显著分解能力的菌群有细菌和酵母菌，如变形杆菌和沙门柏干酪酵母等，对碳水化合物具有显著分解能力的菌群有酵母菌和霉菌，如啤酒酵母和黑曲霉等，对脂肪具有显著分解能力的菌群有霉菌和少数细菌，如黄曲霉和荧光假单胞菌等。

（3）分解脂肪的微生物。分解脂肪的微生物主要是霉菌，其次是细菌和酵母菌，这些微生物都能通过生成脂肪酶，使脂肪水解为甘油和脂肪酸。

对蛋白质分解能力强的好氧性细菌，同时大多数也是脂肪分解菌。细菌中的假单胞菌属、无色杆菌属、黄色杆菌属、产碱杆菌属和芽孢杆菌属中的许多种都具有分解脂肪的特性。

在含水量较多的食品中，由于细菌能够生长，霉菌就更有机会生长，因此能分解脂肪的霉菌比细菌多，在食品中常见的有曲霉属、白地霉、代氏根霉和芽支霉属等。

酵母菌中分解脂肪的菌种不多，常见的有解脂假丝酵母，这种酵母对糖类不发酵，但分解脂肪和蛋白质的能力却很强。因此，在肉类食品、乳制品脂肪酸败时，也应考虑到是否是因酵母而引起的。

2. 外界环境条件

在某种意义上讲，引起食品变质，环境因素也是非常重要的。微生物生长要求的环境条件很多，而且是综合的环境条件，即在各种条件都适宜时才能大量生长繁殖，这些条件中，温度、气体和湿度是主要的环境条件。

1）温度

根据微生物对温度的适应性，可将微生物分为三个生理类群，即嗜热微生物、嗜冷微生物和嗜温微生物三大生理类群。每一类群微生物都有最适宜生长的温度范围，但这三类生理群微生物又都可以找到一个共同的温度范围：$25\sim30$℃，这个温度范围与嗜温微生物的最适生长温度相接近，也是绝大多数细菌、酵母和霉菌能够较好生长的温度范围。在这种温度的环境中，各种微生物都能生长繁殖从而引起食品的变质。若实际温度高于或低于这一范围，微生物能适应活动的主要类群就有了改变，在低于 10℃ 的环境中活动的微生物类群主要包括霉菌和少数酵母及细菌，而在高于 40℃ 的环境中活动的微生物类群只有少数细菌。

低温可抑制多数微生物生长，对微生物生长极为不利，但由于嗜冷微生物具有一定的适应性，在 5℃ 左右或更低的温度（甚至 -20℃ 以下）下仍可以生长繁殖，虽然这种代谢活动极为缓慢，生长繁殖的速度也非常迟缓，但仍能使食品发生腐败变质。低温微生物是引起冷藏、冷冻食品变质的主要微生物。能在低温食品中生长的细菌，多数属于革兰氏阴性的无芽孢杆菌，如假单胞菌；其他还有革兰氏阳性细菌，如微球菌属、链球菌属等，酵母有假丝酵母属、隐球酵母属、圆酵母属、丝孢酵母属等；霉菌有青霉属、芽枝霉属、葡萄孢属和毛霉属等；另据报道，低温下也有过放线菌出现的事例。食品中不同微生物生长的最低温度见表 5-2。

表 5-2　食品中微生物生长的最低温度

食品	微生物	生长最低温度/℃	食品	微生物	生长最低温度/℃
猪肉	细菌	-4	乳	细菌	-1~0
牛肉	霉菌、酵母菌、细菌	1.6~-1	冰淇淋	细菌	-10~-3
羊肉	霉菌、酵母菌、细菌	-5~-1	大豆	霉菌	-6.7
火腿	细菌	1~2	豌豆	霉菌、酵母菌	-6.7~-4
腊肠	细菌	5	苹果	霉菌	0
熏肋肉	细菌	-10~-5	葡萄汁	酵母菌	0
鱼贝类	细菌	-7~-4	浓橘汁	酵母菌	-10
草莓	霉菌、酵母菌、细菌	-6.5~-0.3			

从表 5-2 中可以看出，温度下降至 -5~-1℃ 时，微生物的生长基本上可以被控制，但其中少数的酵母和霉菌适应性较大，还不能被抑制。0℃ 以下的低温下，食品中出现的微生物以霉菌占多数。

超过 45℃ 的高温条件对微生物生长来讲，是十分不利的。这是因为在高温条件下，微生物体内的酶、蛋白质、脂质体很容易发生变性失活，细胞膜也易受到破坏，这样会加速细胞的死亡。温度越高，死亡率也越高。然而，在高温条件下，仍然有部分嗜热微生物能够生长繁殖而造成食品变质、酸败，它们主要引起糖类的分解而产酸。这类能在食品中生长的嗜热微生物，主要有嗜热细菌，如嗜热脂肪芽孢杆菌、凝结芽孢杆菌、肉毒梭菌、热解糖梭状芽孢杆菌等；霉菌中则有纯黄丝衣霉等。由于高温下嗜热微生物的新陈代谢活动加快，所产生的酶对蛋白质和糖类等物质的分解速度也比其他微生物快，因而使食品发生变质的时间缩短，若不及时进行分离培养，就会失去检出的机会。

2）气体

不同的食品在加工、运输、贮藏中，由于环境中含有气体的情况不一样，因此，引起食品变质的微生物类群和食品变质的过程也都不同。在有氧条件下引起食品变质的微生物包括绝大多数的细菌、酵母、霉菌。O_2存在与否决定着兼性厌氧微生物是否生长和生长速度的快慢。多数兼性厌氧微生物在食品中的繁殖速度，在有氧时也比缺氧时要快得多，因此食品变质出现的时间也短，有些好氧微生物在含氧量少的环境中也能进行生长繁殖，但速度缓慢。

食品的新鲜原料中含有还原性物质，如动物原料组织内的巯基、植物组织内的维生素 C 和还原糖，再加上组织细胞还具有一定呼吸作用，因而具有抗氧化能力，可使动、植物组织内部一直保持少氧状态。因此，能在新鲜原料食品内部生长的微生物只能是厌氧性微生物；而在食品表面生长的是好氧性微生物。但当食品经过加工处理，物质结构性质发生改变时，食品中含有的还原性物质被氧化破坏，好氧微生物进入组织内部，食品更易发生变质。

CO_2等气体的存在对微生物的生长也有一定的影响。食品贮藏在含有高浓度 CO_2 的环境中可防止好氧性细菌和霉菌所引起的食品变质。但乳酸菌和酵母等对 CO_2 有较大耐受力。臭氧（O_3）在几个 $\mu g/cm^3$ 时就可有效延长一些食品的保藏期。真空包装或抽除食品包装袋中的空气而充入氮气也可以延长食品保藏时间。

3）湿度

空气中的湿度对于微生物生长和食品变质来讲，起着重要的作用，尤其是未经包装的食品。即便是经过干燥脱水后含水量少的食品放在湿度大的地方，食品也易吸潮，造成表面水分迅速增加，从而为微生物的生长繁殖创造了有利的条件。

湿度的概念是空气中含有水蒸气的多少。它有三种表示方法，分别是绝对湿度、含湿量和相对湿度，其中相对湿度是常用的一种方法，表示空气中的绝对湿度与同温度下的饱和绝对湿度的比值，得数是一个百分比。

食品从原料到加工成产品，从保存到销售，随时都有被微生物污染的可能。这些污染的微生物在适宜条件下即可生长繁殖，分解食品中的营养成分，使食品失去原有的营养价值，成为不符合卫生要求的食品。当然，由于食品类型不同，引起其发生腐败变质的微生物也有所不同。下面就各类主要食品的腐败变质做一介绍。

5.1.2　乳及乳制品的腐败变质

对于所有类型的微生物来说，无论牛乳、羊乳、马乳等，都因其含有丰富的、容易消化吸收的营养物质而成为微生物生长繁殖的良好培养基。这些来自于健康动物体内的鲜乳本身是无菌的，但如果一旦被微生物污染，在适宜条件下，微生物就会迅速繁殖引起腐败变质而失去食用价值，甚至可能引起食物中毒或其他传染病的传播。

1. 鲜乳中的腐败变质

1）鲜乳中微生物的来源及主要类群

以牛乳为例，鲜乳在健康牛乳房内是无菌状态，但与外界相通的乳头管，尤其是乳头的远端不是无菌的，还有的微生物从皮肤外伤部位通过毛细血管侵入内部。所以，即使遵守严格无菌操作挤出乳汁，在 1mL 中也会有数百个细菌。乳房中的正常菌群称为乳房细菌，主要是小球菌属和链球菌属。而当乳畜患病感染后，乳中就会含有一些病原微生物，如结核分支杆菌、无乳链球菌、乳房链球菌、金黄色葡萄球菌、化脓性棒状杆菌以及埃希氏大肠杆菌。

2）环境中的微生物

环境中的微生物包括挤奶过程中细菌的污染和挤后食用前的一切环节中受到的细菌的污染。奶牛场卫生条件包括牛舍的空气、挤奶用具、容器，都会使牛乳在挤奶阶段被霉菌、酵母菌和细菌污染。有数据表明，不洁的牛附着的每克泥土中所含有的细菌多达几亿到几十个亿个之多；每一只苍蝇携带的微生物平均达 100 万个，高的可达到 600 万个以上；而挤奶工人的个人卫生情况和卫生习惯也会在很大程度地带入微生物而污染牛乳。在挤奶后，如不及时加工或冷藏不仅会增加新的污染机会，而且会使原来存在于鲜乳内的微生物数量增多，这样很容易导致鲜乳变质，特别是在气温升高至 30℃ 以上时，变质会非常快。所以挤奶后应尽快进行过滤、冷却。

3）乳液中的微生物及变质过程

污染鲜乳的微生物有许多种，其中最为常见的为细菌，其次为酵母菌和霉菌。细菌中主要有乳酸菌、胨化菌、酪酸菌、脂肪分解菌、产气肠细菌、产碱菌以及致病菌等。乳酸菌是一类能利用可发酵性碳水化合物产乳酸的一大类革兰氏阳性细菌的统称。乳中主要包括链球菌类和乳杆菌类。胨化细菌是一类分解蛋白质的细菌，凡能使不溶解状态蛋白质变成溶解状态简单蛋白质的一类细菌，称为胨化细菌。胨化细菌能产生蛋白酶，可使凝固蛋白质消化成为可溶性状态，主要包括芽孢杆菌属和假单胞菌属细菌。酪酸菌是一类使碳水化合物分解而产生酪酸、CO_2、H_2 的细菌，广泛存在于牛粪、干饲料中（土壤、污水等），已知的有 20 余种，有厌氧性和需氧性的。脂肪分解菌指的是在乳液中出现的一类分解脂肪的细菌，主要是革兰氏阴性无芽孢杆菌，如假单胞杆菌属和无色杆菌属。产生气体的细菌是一类能分解碳水化合物而产酸、产气的细菌，如大肠杆菌和产气杆菌（为革兰氏阴性杆菌、厌氧或兼性厌氧）。产碱菌是一类能使牛乳中所含的有机盐（柠檬酸盐）分解而形成碳酸盐或其他物质，从而使牛乳转为碱性的细菌，如类产碱杆菌、黏乳产碱杆菌等（为革兰氏阴性需氧杆菌）。牛乳中有时还会有各种病原菌，如人体病原菌、牛体病原菌以及人畜共患的病原菌。因此，饮用未经消毒的生牛乳是很危险的。另外，牛乳中还存在着白地霉、灰绿曲霉、灰绿青霉和黑曲霉等霉菌以及脆壁酵母、牛乳酒圆酵母、球拟酵母菌等酵母菌。

针对鲜乳存在的一定数量的微生物，即便是进行消毒后，残存的微生物还会很多，因而常引起乳的酸败，这是乳发生变质的重要原因。通过研究静置于室温下的乳，可观察到乳所特有的菌群交替现象，这种有规律的交替现象分为以下几个阶段（图 5-1）。

(1) 抑制期（混合菌群期）。鲜乳中含有溶菌酶、乳素等抑菌物质，能对乳中存在的微生物具有杀菌和抑制作用，使乳汁本身具有抗菌特性，因此鲜乳放置适温一定时间不出现变质现象，一般可持续 12h。当然保持的时间与鲜乳中菌的多少有关。在含菌少的鲜乳中，其作用可持续 36h（13～14℃），若在污染严重的乳液中，可持续 18h 左右。在这段时间内，乳内细菌是受到抑制的。在杀菌作用终止后，乳中各种细菌均发育繁殖，由于营养物质丰富，暂时不发生互联或拮抗现象。

（2）乳链球菌期。鲜乳中含有抗菌物质的量是有限的，当鲜乳中的抗菌物质减少或消失后，存在于乳中的微生物，如乳链球菌、乳酸杆菌、大肠杆菌和一些蛋白质分解菌等迅速繁殖，其中以乳酸链球菌等细菌占绝对优势。这些细菌分解乳糖产生乳酸，使乳中的酸性物质不断增高。由于酸度的增高，抑制了其他腐败菌、产碱菌的生长。但是当乳酸渐渐增多，酸度升高到一定限度时（pH4.5），乳链球菌本身的生长也受到抑制，数量开始减少。

（3）乳杆菌期。当乳链球菌在乳液中繁殖，乳液的 pH 下降至 4.5 以下时，其生长受到了抑制，然而由于乳酸杆菌耐酸力较强，尚能继续繁殖并产酸。在此时期，乳中可出现大量乳凝块，并有大量乳清析出，这个时期约有 2d。

（4）真菌期。当酸度继续升高至 pH3.5～3.0 时，绝大多数的细菌生长受到抑制，甚至死亡。此时只有霉菌和酵母菌尚能适应高酸环境，并利用乳酸或其他有机酸作为营养来源而开始大量生长繁殖。由于酸被利用，乳液的酸度降低，pH 回升，逐渐接近中性，这时乳就失去了食品的价值。

（5）腐败期（胨化期）。经过以上几个阶段，乳中的乳糖已基本上消耗掉，而蛋白质和脂肪含量相对增高。因此，此时能分解蛋白质和脂肪的细菌开始活跃，凝乳块逐渐被消化，乳的 pH 不断上升，向碱性转化，同时并伴随有腐败细菌的生长繁殖，如芽孢杆菌属、假单胞杆菌属、变形杆菌属等，于是牛乳出现腐败臭味，这标志着乳中菌群交替现象即告结束。此时，乳亦产生各种异色、苦味、恶臭味及有毒物质，外观上呈现黏滞的液体或清水。

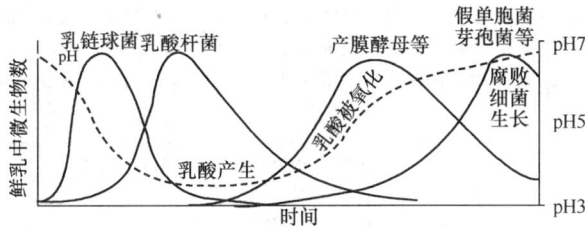

图 5-1　鲜乳中微生物活动曲线

2. 炼乳的腐败变质

炼乳是"浓缩乳"的一种，用鲜牛乳或羊乳经过消毒并经真空浓缩或其他方法除去大部分水分的乳制品，主要分为甜炼乳和淡炼乳，其特点是可贮存较长时间。

1）甜炼乳的腐败变质

甜炼乳是在鲜乳中加入 16％左右的蔗糖，经消毒、浓缩和装罐而成的产品。成品后的甜炼乳的体积为原体积的 40％左右，蔗糖浓度达 40％～45％，装罐后不再进行灭菌，而是借助乳中高浓度的糖含量而形成一个高渗透压的环境，从而来抑制微生物的生长。但是，如果乳原料污染情况严重，加工过程中再次污染，以及蔗糖量不足等原因，往往也会造成甜炼乳的微生物学变质，其原因、现象及微生物如表 5-3 所示。

表 5-3　引起甜炼乳变质的原因、现象与微生物

变质类型	原　因	现　象	主要微生物类群
膨胀乳	加工中原料乳杀菌不充分或混入了不清洁的蔗糖造成，特别是加工后没有及时装罐造成再次污染，致使微生物的繁殖产气，使罐头产气发生膨胀而形成的	罐头严重膨胀，甚至爆裂	炼乳球拟酵母、酪酸菌、乳酸菌
变稠乳	理化因素，或加糖不足造成微生物污染	乳液变稠黏液增加，以致其失去流动性，甚至全部凝固。酸度增高	芽孢杆菌、小球菌、葡萄球菌和乳酸菌
霉乳	罐内残存有一定的空气，又有霉菌污染	乳的表面形成白色、黄色等多种颜色，纽扣状凝块的菌落，并伴随有异味产生（金属味、干酪味）	匍匐曲霉和芽枝霉

2）淡炼乳的腐败变质

淡炼乳是消毒牛乳经浓缩[（2.15～2.55）∶1]、灌装、高温（115～117℃、15min）灭菌而制成的乳制品，主要特点为水发较少，并含有不低于 25.5% 的乳固体和不低于 7.8% 的乳脂肪。正常状况下的罐装淡炼乳可以长期保存，并不会因微生物而发生变质。但有时由于罐装不密封、加热灭菌不充分，导致微生物残留而引起微生物学变质，其原因、现象及微生物如表 5-4 所示。

表 5-4　引起淡炼乳变质的原因、现象与微生物

变质类型	原　因	现　象	主要微生物类群
凝乳	微生物在炼乳中生长繁殖产生凝乳酶，其后凝块又逐渐被消化成乳清液体状，或细菌分解乳糖产酸而引起凝固	甜凝固：淡炼乳变稠并发生结块；酸凝固：微生物产酸使炼乳变稠凝固，并伴随有干酪样气味产生	枯草芽孢杆菌、巨大芽孢杆菌、嗜热芽孢杆菌和蜡样芽孢杆菌等
产气乳	理化因素，或微生物污染	罐内产气，伴有凝固和有不良气味出现，使炼乳发生爆裂膨胀现象，出现断层	耐热的厌氧芽孢乳杆菌
苦味乳	微生物污染分解蛋白质产生苦味	产生苦味，蛋白质被消化分解	刺鼻芽孢杆菌和面包芽孢杆菌

5.1.3　水产品的腐败变质

鱼类平均含水分 75%～85%、蛋白质 15%～19%、脂肪 1%～8%，由于其营养丰富，含水量高，加之鱼的组织结构较松，鱼体 pH 较高，与鲜畜、禽肉相比，鲜鱼保质期更短，在微生物与酶的作用下，更易产生腐败变质。为此，鲜鱼在捕捞后，应迅速加冰或做其他保藏处理。

1. 引起水产品变质的微生物

活的鲜鱼组织内和血液中是无菌的，但由于鱼的生活环境并不是无菌的，所以鱼的

体表的黏液中、鳃以及消化道内都有一定数量的微生物存在。当然由于季节、鱼场、种类的不同，体表所附细菌数有所差异。一般来说，引起海水鱼变质的常见细菌有假单胞菌属、无色杆菌属、不动杆菌属、黄杆菌属和摩氏杆菌属和弧菌属等。淡水鱼除上述细菌外，还有产碱杆菌属、气单胞菌属、短杆菌属等细菌，其他如芽孢杆菌、大肠杆菌、棒状杆菌等也有报道。另外，捕捉方式也会影响细菌的数目，如网捕比钓捕到的鱼细菌污染要高 1～100 倍。

2. 鲜鱼的腐败变质

在室温条件下，鱼死后会迅速腐败变质。一是因为鱼类在被捕获后，不是立即清洗处理，而多数情况下是带着容易腐败的内脏和鳃一起进行运输，这样就容易引起腐败。二是因为，鱼体本身含水量高（约 70％～80％），组织脆弱，鱼鳞容易脱落，细菌容易从受伤部位侵入，而鱼体表面的黏液又是细菌良好的培养基，因而造成了鱼类死后很快就发生了腐败变质。

在细菌与酶的作用下，鱼体表黏液蛋白首先被分解，鱼体表呈现浑浊并失去光泽，表皮组织由坚硬变疏松，鱼鳞脱落，眼球下陷；同时，消化道内的细菌也很快繁殖，使消化道组织溃烂，细菌迅速进入鱼体腔内，腹部膨胀，产生臭味物质，变质程度越深，臭味越浓。当感官能察觉到其腐败表征时，鱼体细菌总数一般已达到 10^8 个/g，组织 pH 可升高至 7～8，挥发性盐基氮的含量可达到 30mg/100g 左右。

3. 腌制鱼品的腐败变质

除了通过冷藏等方法可以使鲜鱼获得较长的保质期外，最常用的就是通过腌制杀灭或抑制大部分微生物的生长，从而避免鱼类等水产品的变质。如食盐浓度在 10％以上时，大多数细菌生长都会被抑制，但也有极少数耐高渗透压的微生物可在 25％～35％的盐环境中生长发育，造成腌制鱼品发生赤变现象，最终导致鱼的腐败变质。引起赤变的主要菌有玫瑰色微球菌、盐地沙雷氏杆菌、假单胞菌等。

5.1.4　果蔬及其制品的腐败变质

虽然由于水果和蔬菜富含水分、碳水化合物、蛋白质、无机盐和维生素而适宜微生物的生长和繁殖，但由于水果和蔬菜的表皮和表皮外覆盖着一层蜡质状物质，这种物质能防止微生物侵入它们的内部组织中，因此一般正常的果蔬是无菌的。只要不是染有病害的水果和蔬菜，微生物只是附着在果蔬的表面。

1. 新鲜果蔬的腐败变质

1）引起果蔬变质的微生物

一般讲，虽然正常果蔬内部组织是无菌的，但有时也会有些微生物早在开花期即已侵入并自下而上在植物体内，如有些苹果、樱桃等组织内部可以分离出酵母属的酵母菌，番茄中可以分离出圆酵母属、红酵母属的酵母菌以及假单胞菌属的细菌。当然这种情况仅属于少数。

最常见的是当果蔬表皮组织受到昆虫刺伤或其他机械损伤时，果蔬就会遭受植物病原菌的侵害引起病害，这些病变的果蔬即带有大量植物病原微生物。还有一些新鲜果蔬的表面由于接触外界环境而总是带有一定数量微生物，表 5-5 列出了引起果蔬变质的主要微生物。

表 5-5　引起果蔬变质的主要微生物

微生物种类	易感染的果蔬种类	微生物种类	易感染的果蔬种类
扩张青霉	苹果，番薯	指状青霉	柑橘
马铃薯疫霉	马铃薯，番茄，茄子	胡萝卜软腐病欧文氏杆菌	胡萝卜，白菜
茄绵疫霉	茄子，番茄	软腐病欧文氏杆菌	马铃薯，洋葱
交链孢霉	柑橘，苹果	黑根霉	桃，梨，番茄，草莓，番薯
镰刀霉属	苹果，番茄，黄瓜，甜瓜，洋葱	苹果枯腐病毒	葡萄，梨，苹果
灰葡萄孢霉	梨，葡萄，苹果，草莓，甘蓝	果产核盘菌	桃，樱桃
黑曲霉	苹果，柑橘	串珠镰孢霉	香蕉

2）微生物引起新鲜果蔬的变质

从表 5-5 可以看出，引起水果变质的微生物，主要是酵母菌、霉菌；引起蔬菜变质的微生物是霉菌、酵母菌和少数细菌，这是由于水果 pH<4.5，蔬菜 pH5～7 的特点所决定的。

微生物引起新鲜果蔬的变质最常见的现象是首先霉菌在果蔬表皮损伤处繁殖或者在果蔬表面有污染物黏附的场所繁殖，侵入果蔬组织后，组织细胞壁的纤维素首先被破坏，进而分解果胶、蛋白质、淀粉、有机酸、糖类等有机物，继而酵母菌和细菌开始繁殖。果蔬外观上就表现出深色的斑点，组织变得松软、发绵、凹陷、变形，并逐渐变成浆液状甚至是水液状，产生各种不同的味道，如酸味、芳香味、酒味等。

新鲜果蔬属于活体食品，其组织内的酶仍然活动，故可利用采收前积贮于组织内的养分来维持其生命活动，使有机物分解，直至养料消耗完全，从而使果蔬组织全部瓦解而发生变质，这种特性与微生物造成的变质有一定的协同作用。

2. 果蔬汁的腐败变质

1）引起果蔬汁变质的微生物

果蔬汁是直接由水果或蔬菜采用压榨法或萃取法提取出来的汁液，或将原料破碎含有果肉的汁浆。在果蔬汁制造过程中，如果原料处理不当或杀灭菌不彻底时，果蔬表面带有的大量微生物就会进入果蔬汁从而造成微生物污染。但微生物进入果蔬汁后能否生长繁殖，主要取决于 pH 和糖分含量的高低。由于果蔬汁的酸度多在 pH2.4～4.2 之间，且糖度较高，因而在果蔬汁中生长的微生物主要是酵母菌、霉菌和极少数的细菌。

果蔬汁中的细菌主要是植物乳杆菌、乳明串珠菌和嗜酸链球菌，它们能在 pH>3.5 以上的果蔬汁中生长，利用果蔬汁中的糖、有机酸生长繁殖并产生乳酸、CO_2 等和少量丁二酮、3-羟基-2-丁酮等香味物质。乳明串珠菌可产生黏多糖等增稠物质而使果蔬汁变质；当果蔬汁的 pH>4.0 时，酪酸菌容易生长而进行丁酸发酵。

　　酵母菌是果蔬汁中所含的微生物数量和种类最多的一类微生物，它们是从鲜果中带来的或是在压榨过程中环境污染的，酵母菌能在 pH＞3.5 的果蔬汁中生长。引起果蔬汁变质的酵母主要有假丝酵母菌属、圆酵母菌属、隐球酵母属和红酵母属等。此外，苹果汁保存于低 CO_2 气体中时，常会见到可产生酯类物质等水果香味的汉逊氏酵母菌生长；柑橘汁中常出现有越南酵母菌、葡萄酒酵母、圆酵母属等，这些菌是在加工中污染的；浓缩果汁由于糖度高、酸度高，细菌的生长受到抑制，在其生长的是一些耐渗透压的酵母菌，如鲁氏酵母菌、蜂蜜酵母菌等。

　　霉菌引起果蔬汁变质时会产生难闻的气味并形成棉花状的丝状沉淀。果蔬汁中存在的霉菌以青霉属最为多见，如扩张青霉、皮壳青霉，其次是曲霉属的霉菌，如构巢曲霉、烟曲霉等。原因是霉菌的孢子有强的抵抗力，可以较长的时间保持其活力。另外，交链孢霉属、芽枝霉属、粉孢霉属和镰刀霉属中的一些霉菌会在刚榨出的果蔬汁中出现，但在冷藏果蔬汁中很少出现。

　　2）微生物引起果蔬汁的变质现象

　　微生物引起果蔬汁变质一般会出现浑浊、产生酒精和低碳有机酸的变化。

　　除了化学因素引起外，造成果蔬汁浑浊的通常是由于圆酵母菌属进行酒精发酵而造成的，有时也可由耐热性的霉菌如雪白丝衣霉菌、纯黄衣霉菌和宛氏拟青霉等大量繁殖时出现（少量繁殖时能产生果胶酶，对果蔬汁起澄清作用）。

　　引起果蔬汁产生酒精而变质的微生物主要是酵母菌，常见的酵母菌有葡萄汁酵母菌、啤酒酵母菌等。虽然当果蔬汁含有较高浓度的 CO_2 时，酵母菌不能明显生长，但由于酵母菌能耐受 CO_2，此时仍能保持活力，一旦 CO_2 浓度降低，即可恢复生长繁殖的能力。此外，少数霉菌和细菌也可引起果蔬汁产生酒精变质。

　　果蔬汁变质时亦可导致低碳有机酸的变化。果蔬汁中含多种有机酸，如酒石酸、柠檬酸、苹果酸，这些物质是保证果蔬汁特有风味的基础。而当细菌、霉菌等微生物生长繁殖后，就会分解原有有机酸或合成新的低碳有机酸，从而使果蔬汁原有的风味被破坏，甚至会产生一些不愉快的异味。如解酒石杆菌等细菌和黑根霉、葡萄孢霉属、青霉属、毛霉属、曲霉属等霉菌，酵母菌对有机酸的作用微弱。

5.1.5　畜禽产品的腐败变质

1. 肉类的变质

　　虽然健康牲畜的组织内部是无微生物存在的，但如果在加工过程受到污染或因某些传染病而导致有微生物检出，且因肉类营养丰富而可能使微生物大量繁殖，因此保证肉类食品的卫生质量是食品卫生工作的重点。

　　1）鲜肉中微生物的来源及类型

　　即便是健康的牲畜在被宰杀前，因其消化道、上呼吸道以及体表和外界都是相通的，所以总是存在一定类群和数量的微生物。而当被病原微生物感染的牲畜，其组织内部通常会发现有病原微生物的存在。而无论牲畜在宰杀时的放血、脱毛、剥皮、去内脏、分割等过程中，还是在宰杀后未及时使肉体干燥、冷却或冷藏，都会造成肉类的多次污染，这样就会使肉类表面附着有微生物。

细菌、酵母菌和霉菌都会污染肉品，使肉品发生腐败变质。其中细菌主要有假单胞菌属、无色杆菌属、产碱杆菌属、变形杆菌属、芽孢杆菌属等；酵母菌主要有假丝酵母丝孢酵母属；霉菌主要有毛霉属、青霉属、芽枝霉属等。除了上述的腐生微生物外，肉类中还可能会有各种病原微生物，这些微生物有的能仅针对某些牲畜有致病作用，而有的微生物对人和牲畜都有致病作用，常见的有沙门氏菌、金黄色葡萄球菌、结核杆菌、布氏杆菌和炭疽杆菌等，它们对肉类的影响不仅在于腐败变质，重要的是传病疾病，造成食物中毒。

2）肉类的变质过程及现象

通常鲜肉保藏在 0℃左右的低温环境中，可存放 10d 左右而不变质。而当肉类加工条件简陋，基本卫生条件不能保证，或者超出保质保存，保藏温度上升时，肉类表层好氧菌开始迅速繁殖，并过渡到好氧与兼性菌共同作用，最后以厌氧菌在肉体的内部繁殖为终结，使肉由表至里产生变质。这种菌群交替现象一般分为三个时期，即需氧期、兼性厌氧繁殖期和厌氧菌繁殖期。需氧菌繁殖期：细菌分解前 3～4d，细菌主要在表层蔓延，最初见到各种球菌，继而出现大肠杆菌、变形杆菌、枯草杆菌等。兼性厌氧菌期：腐败分解 3～4d 后，细菌已在肉的中层出现，能见到产气荚膜杆菌等。厌氧菌期：约在腐败分解的 7～8d 以后，深层肉中已有细菌生长，主要是腐败杆菌。伴随着这种菌群的交替，肉类变质通常呈现有以下四种明显的感官变化现象：发黏、变色、霉斑和气味改变等。

（1）发黏。发黏指的是肉类表面有黏性物质产生，肉块切开时会出现拉丝现象，并有臭味产生。此时肉类含菌数一般为 10^7 cfu/cm²。发黏现象是一些革兰氏阴性细菌、乳酸菌和酵母菌，还有一些需氧芽孢菌和小球菌等微生物繁殖后形成菌落，以及微生物分解蛋白质后产生的。

（2）变色。当含硫蛋白质被微生物分解产生的硫化氢与肉质中的血红蛋白结合后形成的硫化氢血红蛋白（$H_2S\text{-}Hb$）积累在肉的表面时，就会形成一层暗绿色的斑点，从而造成微生物污染肉类后会出现变色现象。当然，也可由不同的微生物产生不同色素而造成多种颜色斑点，如黏质赛氏杆菌在肉表面所产生红色斑点，深蓝色假单胞杆菌能产生蓝色斑点、黄杆菌能产生黄色斑点，而有些酵母菌则能产生白色、粉红色、灰色等斑点。

（3）霉斑。霉斑的出现是由于霉菌的孢子污染肉类特别是一些干腌制肉制品后产生的，并使肉呈现各种不同的颜色，这主要是由霉菌的孢子造成与变色形成的。如美丽枝霉和刺枝霉在肉表面产生羽毛状菌丝；白色侧孢霉和白地霉产生白色霉斑；草酸青霉产生绿色霉斑；蜡叶芽枝霉在冷冻肉上产生黑色斑点。

（4）气味改变。微生物引起肉类变质后还伴随着各种不良气味，如乳酸菌和酵母菌发酵产生的挥发性有机酸味，蛋白质分解菌分解蛋白质时产生的恶臭味，霉菌生长繁殖产生的霉味等。

2. 禽蛋的变质

鲜蛋内部应该是无菌的，这首先是由于新蛋壳的完整性以及表面具有防止水分蒸发作用的一层黏液胶质层，可以阻止外界微生物的侵入；其次是在蛋壳膜和蛋白中，存在一定的溶菌酶，也可以杀灭侵入壳内的微生物；另外，禽蛋蛋白 pH 常可达 9.4～9.5 的碱性环境也极不适于一般微生物的生存与生长。但是禽蛋本身营养丰富且常因家禽本身和外界的影响而使微生物大量繁殖，因此保证禽蛋的卫生质量是食品卫生工作的重点。

1) 鲜蛋中的微生物

当母禽不健康时，机体防御机能减弱，外界的细菌会通过血液循环侵入到输卵管甚至卵巢，并于蛋黄形成时侵染蛋黄。而当蛋壳形成前，泄殖腔内的微生物会上行至输卵管导致微生物的污染。另外，在禽蛋产下后，如果蛋壳磨损或胶质层被破坏，污染的微生物就会透过气孔进入蛋内，从而造成微生物的污染。而如果保存的时间过长，温度和湿度过高，侵入的微生物就会大量生长繁殖，结果造成蛋的腐败。鲜蛋中常见的微生物通常有细菌和霉菌。细菌包括假单胞菌属、变形杆菌属、产碱杆菌属、艾希氏菌属、无色杆菌属等，霉菌包括支孢属、青霉属、毛霉属、支霉属等。另外，禽蛋中也可能存在病原菌，如沙门氏菌、金黄色葡萄球菌。

2) 禽蛋的腐败变质

在禽蛋被微生物污染后，微生物不断生长繁殖并形成各种相适应的酶使蛋白质分解，蛋白系带断裂，使蛋黄膜破裂，蛋黄流出与蛋白混合，形成散黄蛋。这种现象是变质过程的初始阶段，主要是由荧光假单胞菌所引起。如果微生物污染继续进行，蛋黄中的核蛋白和卵磷脂也会被分解，则会相应地产生恶臭的硫化氢等气体和其他有机物，使整个蛋液变为灰绿色的稀薄液，并伴有恶臭，这一阶段称之为泻黄蛋。这种现象主要是由变形杆菌属和某些假单胞菌和气单胞菌引起的。而当霉菌菌丝经过蛋壳气孔侵入后，则会在蛋壳内壁与蛋白膜上生长起来，逐渐形成深色斑点菌落，造成蛋液黏附于蛋壳，形成黏壳蛋。

5.1.6　罐藏食品的腐败变质

罐藏食品是指以动、植物组织为原料，经过清洗、预处理、调味加工等一系列处理后，再装罐、密封、杀菌而制成的食品。食品的罐藏技术是长久保存食品的方法之一。但是，如果杀菌不彻底或罐头密封不良，食品或容器以及外界的微生物就会污染食品，从而造成罐藏食品的变质。

1. 罐藏食品的性质

存在于罐藏食品上的微生物能否引起食品变质，与食品的 pH 有着非常密切的关系。一般低酸性罐头食品多数以动物性食物原料为主要组成，其特点是含有较丰富的蛋白质，故引起其腐败变质的微生物，主要是以分解蛋白质的微生物为主要类群。而中酸性、酸性和高酸性罐头食品的原料一般为植物性食物，是以碳水化合物为主要成分，故引起其腐败变质微生物是以能分解碳水化合物和具有耐酸特性微生物为主要类群。表 5-6 列出了罐藏食品的分类及要求热力灭菌的温度。

表 5-6　罐藏食品的 pH 分类

项　目	低酸性食品 （pH5.3 以上）	中酸性食品 （5.3～4.5）	酸性食品 （4.5～3.7）	高酸性食品 （3.7 以下）
食品种类	谷类、豆类、肉、禽、乳、鱼、虾等	蔬菜、甜菜、瓜类等	番茄、菠菜、梨、柑橘等	酸泡菜、果酱等
热力灭菌要求	高温杀菌 （105～121℃）	高温杀菌 （105～121℃）	沸水或 100℃以下介质中杀菌	沸水或 100℃以下介质中杀菌

2. 引起罐藏食品腐败变质的微生物

当罐藏食品杀菌不彻底或在经过杀菌后，由于密封性能不好发生漏罐的情形下，很容易造成微生物的污染。这些经过高压蒸汽杀菌后残留的微生物都是些抗热的细菌芽孢，而通过漏罐重新侵入的微生物则可能是一些不同的类型。这些造成罐藏食品腐败变质的微生物通常包括：嗜热菌、中温菌、不产芽孢菌、酵母菌和霉菌等。

1）嗜热菌

芽孢杆菌中的嗜热脂肪芽孢杆菌、凝结芽孢杆菌等嗜热菌，能分解低酸、中酸罐头内的食品产生并积累乳酸等有机酸，使 pH 下降 0.1～0.3，呈现酸味而发生变质，但罐头外观仍正常，无膨胀现象，从而引起罐头平酸腐败（产酸不产气腐败）；而 TA 菌指引起 TA 腐败的细菌，TA 是不产生硫化氢的嗜热厌氧菌的缩写，是一种分解糖、专性嗜热、产芽孢的厌氧菌，能在中酸或低酸罐头中产酸、产生 CO_2 和 H_2 混合气体，能使罐头膨胀，最后引起破裂。腐败变质的罐头常具有酸味。如嗜热解糖梭菌是典型的代表菌，它常引起芦笋、蘑菇等蔬菜类罐头产气性腐败。另外，专性嗜热的致黑梭状芽孢杆菌会在低酸罐头中分解蛋白质，产生 H_2S，并与罐头容器的铁质化合，使食品形成黑色，并有臭味。

2）中温菌

枯草芽孢杆菌、巨大芽孢杆菌和蜡样芽孢杆菌是引起罐头平酸腐败中温需氧芽孢菌，它们既能分解糖类也能分解蛋白质，产物主要是酸及其他一些物质，一般不产生气体。但也有少数中温芽孢细菌引起罐头腐败变质时伴随有气体产生，如多黏芽孢杆菌、浸麻芽孢杆菌；要特别注意的是厌氧的腐败梭菌、生孢梭菌和肉毒梭状芽孢杆菌等，能分解食品中的蛋白质，并伴有恶臭的化合物产生。此外，此类菌能产生肉毒毒素，且毒性很强，使整个罐内充满毒素，造成严重的食物中毒。因此罐藏食品常常把能否杀死肉毒梭菌的芽孢作为灭菌标准。

3）不产芽孢菌

能引起罐头变质的这类菌仅是少数，它们分属于两大群。一类是肠杆菌，如大肠杆菌、产气杆菌、变形杆菌等，正常情况下这些菌的检出率不高，且只能引起 pH＞4.5 的罐头（低酸性、中酸性）的变质；另一类是球菌，如乳链球菌、类链球菌和嗜热链球菌等，它们能分解果蔬罐头中的糖类产酸，并产生气体造成罐头胀罐。不产芽孢的细菌耐热性不如产芽孢细菌，如果罐头中发现有不产芽孢的细菌，这常常是由于罐头密封不良，漏气而造成的，或由于杀菌温度过低造成的。

4）酵母菌

引起罐藏食品变质的酵母菌主要是球拟酵母属、假丝酵母属、啤酒酵母属。罐藏食品因酵母引起的变质主要是由于罐头食品漏罐或因杀菌温度不够造成的，且绝大多数发生在酸性或高酸性罐头食品，如果酱、果汁、水果罐头、甜炼乳、糖浆等含糖量高制品中。

5）霉菌

引起罐头变质的霉菌主要有：青霉、曲霉、橘青霉等，少数霉菌特别耐热，如纯黄丝衣霉菌和雪白丝衣霉菌等较耐热、耐低氧，可引起水果罐头发酵糖产生二氧化碳而胀罐。由于霉菌属于好氧性微生物，且一般不耐热，生长繁殖需要一定的空气，若罐头食品中有霉菌出现，说明罐头食品真空度不够、漏气或杀菌不充分而导致了霉菌残存。

3. 微生物引起罐藏食品的变质现象

合格的罐藏食品的罐盖和罐底是平的或向内凹陷的，但当罐头食品因微生物污染发生腐败变质后，就会发生胀罐、平酸、黑变、发霉等腐败变质现象。

胀罐是指当罐头内有微生物生长繁殖造成腐败变质后，有时会产生气体，使罐头发生膨胀，形成了胖听，甚至可以造成罐头爆炸。值得注意的是，罐头食品出现膨胀，除了由于微生物原因引起外还可以由化学性、物理性原因造成，因此必须加以区分。平酸是指食品发生酸败，而罐头外观仍属正常，盖和底不发生膨胀，呈平坦或内凹状，这是由于产酸不产气的缘故。黑变是指在某种细菌活动下，含硫蛋白被分解，并产生硫化氢气体又与罐内壁铁质发生化学反应形成黑色化合物堆积于罐头内壁或食品上，以致食品发黑并呈臭味，黑变又称硫化物腐败。这类腐败的罐头，外观一般正常，有时也会出现隐胀或轻胀。发霉这类腐败在罐藏食品中不太常见，主要是在低水分和高浓度糖分的食品表面形成霉变。

5.1.7　冷藏和冷冻食品的腐败变质

冷藏和冷冻技术可以抑制绝大部分微生物的生长而延长食品的保存时间，其原理是在 0℃以下，菌体内的水分冻结，生化反应无法进行而停止生长。但也会有部分能够在低温下生长的低温微生物（嗜冷菌）存在于冷藏和冷冻食品之中，这些微生物多数属于革兰氏阴性的无芽孢杆菌，酵母菌有假丝酵母属、圆酵母属、隐球酵母属等，以及霉菌有青霉属、念珠霉属、毛霉属、葡萄孢霉等，这些霉菌在 10℃上下的温度均能生长。上述低温微生物均能在各自相应的低温下生长，从而会引起冷藏和冷冻食品的腐败变质。因此，为了完全防止微生物的生长，肉类、奶油、鱼贝类等食品的贮藏温度均需在 −10℃以下。

1. 低温中食品的变质

虽然低温微生物能在低温环境下生长，但由于低温并不在这些微生物的最适生长温度范围内，就是在特别低温下能生长的微生物，其最适温度也是在 10℃左右。研究结果表明，远离生长最适温度时，细胞分裂时间逐渐增长。在0℃左右，低温细菌的分裂速度也极其缓慢。因此，在低温下，生长速度随着温度的降低而降低，0℃以下则极其缓慢，所造成的食品变质过程也比较缓慢。

2. 鲜乳冷藏中的变质

当鲜乳不经消毒即冷藏保存时，鲜乳中常见低温微生物如假单胞菌属、产碱杆菌属、无色杆菌属、黄杆菌属、克雷伯氏杆菌属和小球菌属等，在经过大约1周的适应期后就会开始渐渐增加。这些微生物能促使乳液中脂肪和蛋白质的分解，使乳液胨化并产生黏稠现象和苦味。因此，未经消毒的鲜乳在0℃环境下保存的有效期一般在10d以内。

3. 鲜鱼低温保藏中的变质

大多数在水温低的海洋中生活的鱼类，在自然状态下附带的微生物几乎大部分都是低温微生物，它们即使在0℃也能很好地生长。所以把附有这些低温微生物的鱼体等进行冷藏，尤其是在0℃左右或略高一点的温度下贮藏时，经常会发现这类微生物生长的现象。而当温度低达−5℃时，细菌的生长基本已被控制，保存有效期可在2～3周以上。鲜鱼的冻藏温度越低越好，尤其长时间保藏时，但考虑到经济因素，一般常采用−30～−25℃的速冻保存。当鲜鱼保存超过有效期后，鱼体肌肉组织弹性会逐渐变差，体表逐渐失去光泽，色变暗，不快气味变浓，黏液浓稠。

4. 果蔬冷藏中的变质

蔬菜和水果收获后，仍是活动的生物体，仍具备呼吸作用，果蔬的呼吸作用越旺，营养物质消耗越大，鲜度越难保持。根据呼吸作用和温度之间的密切关系，可以采用低温保存以起到抑制效果。保存果蔬最适宜的温度是0℃左右，在这一温度下，既可以抑制呼吸作用、蒸发扩散作用以及微生物的活动而保持鲜度，又可以保证不因低温破坏其组织结构而导致细胞的死亡。但也有例外，例如，热带和亚热带水果如香蕉在0.5～2℃下，1d之中果皮即变褐（或黑），黄瓜在5℃约第三天发生疙瘩黑变、顶端黄色化、病害等。这类产物的最适低温可分两类：一种在7～10℃以上，另一种在7～10℃以下。而这种温度以下的果蔬只要不冻结，则鲜度多能很好保持。

5.2　食品腐败变质的控制

食品因富含微生物可依赖生长的营养成分，因此会不同程度地受到各种微生物污染。通过在食品加工和保藏中调节食品中水分活度和pH、温度或加入化学添加剂，或通过特定的包装技术虽可以控制各种微生物的生长进而达到控制食品的腐败变质的目的。但是，如果只依赖于其中一种很难满足要求，必须考虑引起腐败变质的各种因素，采取不同的方法或方法组合，杀死腐败微生物或抑制其在食品中的生长繁殖，从而达到延长食品货架期的目的。

5.2.1 控制 pH

pH 是一种抑制微生物生长的方法，每种微生物生长都有最低、最适和最高 pH，虽然 pH 不能破坏杀死现存的微生物，如大肠埃希氏菌 O157：H7 在酸性条件下的生长可被抑制，但其仍可存活较长时间。但是如果在低 pH 环境下保持时间较长，则很多微生物将被破坏。相对于细菌而言，酵母菌和霉菌可在较低的 pH 下生长。有研究表明，当 pH<4.5 的酸性食品中，致病菌的生长和毒素的产生受到抑制。因此，在生产实际过程中，常通过向低酸食品加酸使其酸化至 pH4.5 或更低，或通过发酵利用某些无害微生物来促进食品化学变化产生醋酸、乳酸或乙醇的过程。

5.2.2 控制水分活度 (A_w)

控制水分活度 (A_w) 也是一种抑制微生物生长的方法，每种微生物有其生长的最低、最适和最高 A_w 值。A_w 值 0.85 是微生物生长的临界点，A_w 值 0.85 以上的水分较高食品需要通过冷藏或其他措施来控制微生物的生长；A_w 值 0.60~0.85 的中等水分食品，不需要通过冷藏来控制微生物，但要有一个限定货架期。对大部分 A_w 值在 0.6 以下的低水分食品，不需冷藏就可有较长的货架期。在具体应用中，人们常通过热空气干燥、喷雾干燥、真空干燥和冷冻干燥等干燥法以及加盐加糖等方法降低水分活度以达到控制微生物生长繁殖的目的。

5.2.3 冷藏和冷冻

在 5~46℃范围内，微生物的生长最为旺盛，食品也最易受到微生物的污染。通过冷藏和冷冻使温度控制在 4℃以下，可以阻止微生物的繁殖而达到控制食品腐败变质的目的。虽然冷藏温度对控制微生物的生长确实起到了很好的作用，但是一些病原菌，如李斯特菌和耶尔森氏菌在接近冻结点时仍可以生长；而且，当食品的温度上升到冷藏温度以上时，微生物生长加快，可使食品污染。因此在食品加工过程中，需要掌握食品对时间和温度的具体要求。而通过在更低温度下对食品进行冷冻处理，不仅可以更有效地抑制微生物的生长，还可以破坏多种食品中的其他生物体，如寄生性原虫、线虫、蠕虫等，这对于直接食用或不经过烹调就食用的食品尤为重要。

5.2.4 热处理

虽然通过冷藏和冷冻使温度控制在 4℃以下，可以阻止微生物的繁殖，但低温并没有杀死或灭活食品中的微生物，在食品加工中常使用高温来杀灭和控制微生物生长，常见的热处理方式有煮、蒸、炸、烤、炒、高温高压杀菌、管式热交换器和刮板式热交换器等。在具体加工过程中，食物的导热性、食物的特性、微生物的种类和微生物的耐热性是影响热处理控制微生物的关键因素。

5.2.5 化学抑制剂

如果上述的食品微生物控制方法效果不佳或从适用范围和简捷角度考虑时，可选用添加苯甲酸盐、山梨酸、亚硫酸盐、亚硝酸盐和抗生素等化学抑制剂，使微生物蛋白质变性，抑制酶和改变或破坏细胞壁或细胞膜而达到控制微生物进一步确保食品的安全。其中，苯甲酸盐主要用于抑制酵母菌和霉菌；山梨酸盐用于抑制霉菌；丙酸用于抑制面包、蛋糕和奶酪中霉菌；亚硫酸盐主要作为抗氧化剂使用，同时也有抗微生物特性；亚硝酸盐通常与盐和糖混合使用以抑制肉毒梭菌的生长。另外，盐也可用于阻止微生物特别是肉毒梭菌的生长。在使用上述化学抑制剂时，必须经过有关部门批准，且使用的浓度也应在规定的剂量范围内，另外在食品的标签上应注明使用成分。

5.2.6　包装控制

包装不仅可以维持微生物控制的环境，增加食品控制的有效性，也可以使食品与外界的微生物隔绝，防止食品污染以达到控制微生物生长的目的。虽然这种控制是辅助性的，不能作为可控制微生物生长的单一方法，但通过采用真空包装、充气（氮气、二氧化碳和氧气）包装、控制气体包装、减氧包装等也可以大大增加食品的安全性。

5.2.7　非加热杀菌技术

随着人们对微生物控制研究的深入，各种新技术新方法不断地被应用到食品工业界。这些新技术在确保食品微生物安全的同时，也为消费者提供了稍需加工或不需加工的高质量食品。这些新技术主要包括辐照、高强度电子场、脉冲光、紫外线、高压加工和臭氧等消灭微生物的非加热方法。虽然这些新技术往往受到条件限制而不能广泛地应用于实际生产，但随着技术的改进和与传统方法的结合，这些新技术也能达到预期的控制结果。

小结

引起食品腐败变质的因素是多方面的，一般来说，食品发生腐败变质，与食品本身的性质、污染微生物的种类和数量以及食品所处的环境等因素有着密切的关系。

食品腐败变质的过程实质上是细菌、酵母菌和霉菌等微生物分解食品中蛋白质、糖类、脂肪等的生化过程。分解蛋白质的微生物主要是细菌，其次是霉菌与酵母。分解碳水化合物的微生物主要是酵母菌，其次为霉菌和细菌。能够分解脂肪的微生物主要是霉菌，其次是细菌和酵母菌。在外界环境条件中，温度、湿度和通气是影响食品的腐败变质主要的环境条件。

不同种类的食品引起其腐败变质的微生物的类群和环境条件都是不同的。在食品加工和保藏中应充分考虑引起腐败变质的各种因素，采取不同的方法或方法组合，杀死腐败微生物或抑制其在食品中的生长繁殖，从而达到延长食品货架期的目的。

思考题

1. 微生物引起食品变质必须具备哪些条件？
2. 简述分解食品中蛋白质、碳水化合物、脂肪的微生物的种类。

3. 污染食品的微生物来源及途径有哪些?

4. 如何控制微生物对食品的污染和由此而引起的腐败变质?

5. 简述鲜乳中发生腐败变质时微生物菌群的变化规律。

6. 引起畜禽、果蔬、水产品等发生腐败变质的微生物主要有哪些? 为什么?

7. 常见食品腐败变质的控制方法有哪些?

第6章 实用微生物技术

☞ **学习目标**

1. 了解微生物在食品生产中的应用技术。
2. 重点掌握微生物在发酵食品或者酿造食品生产中的作用及其生产特点。

微生物用于食品制造是人类利用微生物的最早、最重要的一个方面，在我国已有数千年的历史。人们在长期的实践中积累了丰富的经验，利用微生物制造了种类繁多、营养丰富、风味独特的食品。随着科学技术的进步，微生物在食品工业中的应用前景更加广阔。

食品制造中所涉及的微生物类群主要有细菌、酵母和霉菌等。

1. 发酵食品与微生物

许多传统的发酵食品生产是在自然环境中进行的，因此，涉及的微生物种类将会很多。这些微生物可以是同时出现，也可能是分批出现，在发酵食品的生产过程中起着很大的作用。发酵食品中存在的微生物可以根据其作用及对人类的影响人为的划分为四大类：

第一类和第二类微生物总称为有害微生物，分别是病原微生物和腐败微生物。它们是发酵工业的有害菌，阻碍着发酵过程的进行，并会引起发酵食品的变质、变味，是使食物腐败和引起食物中毒的根源，也是食品卫生检验的主要对象。在发酵食品生产过程中，我们必须尽量避免这两类微生物的污染，因为它们的存在会干扰正常的发酵过程，严重影响产品质量。

第三类是无效微生物，这类微生物的存在对人类既无害又无益。

第四类是有益微生物，是指对人类有益的微生物类群。如乳酸菌、酵母菌等。至于那些对发酵食品色、香、味、形的形成有贡献的所有微生物种群，我们则总称为发酵微生物。这类微生物是食品发酵的动力。在发酵食品生产中，我们就是利用这一类群微生物的代谢活动完成食品原料向发酵食品的转化，使发酵食品具有丰富营养价值，且赋予产品特有的香气、色泽和口感。

（1）与食品发酵有关的细菌。细菌在自然界分布甚广，特性各异，在这类菌中，有的是发酵工业的有益菌，有的是有害菌。这方面的内容在本书的前几章已经进行了介绍。如乳酸杆菌属（*Lactobacillus*）、醋酸杆菌属（*Acetobacter*）、芽孢杆菌属（*Bacillus*）等许多种为发酵工业常用菌种。

（2）与食品发酵有关的酵母菌。自然界中存在的酵母菌很多，已知有几百种，它是生产中应用较早和较为重要的一类微生物，主要用于面包发酵、酒精制造和酿酒。在酱油、腐乳等产品的生产过程中，有些酵母菌和乳酸菌协同作用，可使产品产生特有的香味。如最常见的是面包酵母，又称为压榨酵母、新鲜酵母、活性干酵母，是做面包时发酵用的酵母。面包酵母的主要特征是利用发酵糖类产生的大量二氧化碳和少量酒精、醛类及有机酸来提高面包的风味，发酵麦芽糖速度快，较耐盐和糖，储藏稳定，细胞含甘露聚糖，所以制成的酵母耐久性好。酿酒酵母、卡尔斯伯酵母、球拟酵母、面包酵母、汉逊氏酵母也是发酵生产中常用的酵母菌种。

（3）与食品发酵有关的霉菌。霉菌是真菌的一部分，在自然界中分布极广，已知的约有 5000 种以上，在发酵食品中经常应用的有毛霉属、根霉属、曲霉属、红曲霉属等的有关种。

2. 食品发酵工艺简介

我国的食品发酵工艺种类众多，就各类发酵食品来说，各厂家的配方和生产工艺都有所不同。我国的食品发酵目前多数沿袭传统工艺，在很大程度上依赖于一些专门知识和技能。现在对发酵工艺进行简单分类。

1）根据涉及的主要微生物种类进行分类

（1）单菌发酵。这种发酵形式只有一种微生物，如嗜酸乳杆菌乳、啤酒等食品。这种发酵在现代发酵工业中最为常见，但在传统发酵工业中并不多见。

（2）混合发酵。这种发酵是指采用 2 种或 2 种以上的微生物进行发酵的技术。这是传统发酵中最为常见的发酵方式，根据所用菌种被人们了解的程度可分为两类：

① 利用天然的微生物菌群进行混合发酵，如传统的酿酒、制醋、做酱和酱油以及干酪等，这些食品发酵虽然工艺上有了许多的改进，但仍然保持着原来的基本技术——采用天然的微生物菌群。这种混合发酵有多种微生物参与（在微生物之间还必须保持一种相对的生态平衡），其产物也是多种多样的，发酵过程也较难控制，在许多情况下还是依赖于实践经验。

② 利用已知的纯种进行混合发酵，如酸牛奶发酵、液态酿酒新工艺等，这类发酵方式是食品发酵的发展方向。随着我们对发酵微生物和发酵机理的深入研究，采用混合纯种发酵生产传统风味的发酵食品是可行的，只有到了这个程度，实现传统发酵食品生产的全面现代化才有可能，发酵食品的安全性才能得到保证。

2）根据基质物理状态进行分类

（1）液态发酵。发酵基质为流动状态，如啤酒发酵、果汁醋酸发酵等。

（2）半固态发酵。发酵基质为半流动状态，大的原料颗粒悬浮在液体中。黄酒发酵、酱油稀醪发酵等都属于半固态发酵。

（3）固态发酵。发酵基质呈不流动状态，基质中没有或几乎没有游离水。这是我国传统发酵常用的形式，如固态酱油发酵、米醋发酵、大曲酒等。印度尼西亚的丹贝发酵和日本的纳豆生产也都采用固态发酵法。

3. 发酵食品的形成过程

实际上，大多数发酵食品的发酵步骤可真正构成一个单元操作，其前后分别衔接其他的食品制造单元操作。各种发酵产品在生产工艺上都存在着某些共同点，比如在原料的选择、加工、制曲、发酵、后处理等方面都有相似之处，其过程见图 6-1。

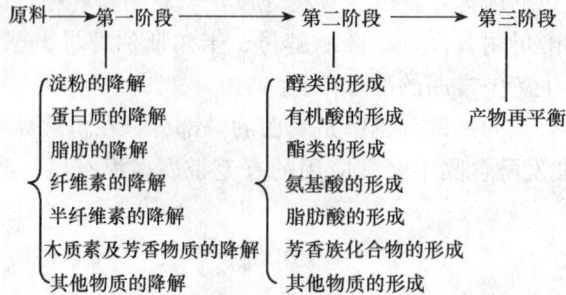

原料　→　第一阶段　　　　　　→　第二阶段　　→　第三阶段

第一阶段：
淀粉的降解
蛋白质的降解
脂肪的降解
纤维素的降解
半纤维素的降解
木质素及芳香物质的降解
其他物质的降解

第二阶段：
醇类的形成
有机酸的形成
酯类的形成
氨基酸的形成
脂肪酸的形成
芳香族化合物的形成
其他物质的形成

第三阶段：
产物再平衡

图 6-1　发酵食品的一般形成过程

以上三个阶段在不同的食品发酵中，通过对发酵工艺操作的不同控制，从而决定发酵的最终产物。

6.1　酿酒工业中的应用

酿酒是酵母菌在厌氧环境下，将糖类分解为酒精、水和二氧化碳。由于酿酒用的原料不同，所涉及的微生物和酿造过程也不同，进而所生成的酒的种类也不同。

6.1.1　啤酒

啤酒是以大麦芽、酒花、水为主要原料，经酒母发酵作用酿制而成的饱含二氧化碳的低酒精度饮料酒。现在国际上啤酒大部分均添加辅助原料。常用的辅助原料为：玉米、大米、大麦、小麦、淀粉、糖浆等。啤酒具有独特的苦味和香味，营养成分丰富，含有多种人体所需的氨基酸、维生素以及矿物质等，是一种营养价值极高的饮品。

1. 啤酒酵母

啤酒酵母在整个啤酒酿造过程中起着至关重要的作用。啤酒酵母在分类学上属于真菌，为子囊菌亚门、酵母属（Saccharomyces）。根据酵母在啤酒发酵液中的性状，可将它们分成两大类：上面啤酒酵母（Saccharomyces cerevisiae）和下面啤酒酵母（Saccharomyces carlsbergensis）。上面啤酒酵母和下面啤酒酵母，两者在细胞形态、对棉子糖发酵能力、凝聚性以及啤酒发酵温度等方面有明显差异。但当培养组分和培养条件改变时，两种酵母各自的特性也会发生变化。

上面啤酒酵母在发酵时，酵母细胞随 CO_2 浮在发酵液面上，发酵终了形成酵母泡盖，即使长时间放置，酵母也很少下沉。下面啤酒酵母在发酵时，酵母悬浮在发酵液内，在发酵终了时，酵母细胞很快凝聚成块并沉积在发酵罐底。按照凝聚力大小，把发酵终了细胞迅速凝聚的酵母，称为凝聚性酵母；而细胞不易凝聚的下面啤酒酵母，称为粉末性酵母。影响细胞凝聚力的因素，除了酵母细胞的细胞壁结构外，外界环境（例如麦芽汁成分、发酵液 pH、酵母排出到发酵液中的 CO_2 量等）也起着十分重要的作用。传统使用的上面酵母有啤酒酵母（*S. cerevisiae Hansen*）、萨士型啤酒酵母（*S. cerevisiae Hansen Rasse saaz*）等；传统的下面酵母则比较多，有弗罗倍尔酵母（*S. frohberg*）、萨士酵母（*S. saaz*）、卡尔斯伯酵母（*S. carlsbergensis*）、U 酵母（Rasse U）等。每个啤酒厂都有适合本厂使用的啤酒酵母。国内啤酒厂基本上都使用下面酵母。常用的菌株有青岛啤酒酵母、RasseU 和 Rasse776 号酵母等。不同的菌株，在形态和生理特性上不一样，在形成双乙酰高峰值和双乙酰还原速度上都有明显差别，造成啤酒风味各异。

　　2. 啤酒酵母的作用机理

在啤酒发酵过程中，酵母在厌氧环境中经过糖酵解途径（EMP）将葡萄糖降解成丙酮酸，然后脱羧生成乙醛，后者在乙醇脱氢酶催化下还原成乙醇。在整个啤酒发酵过程中，酵母利用葡萄糖除了产生乙醇和 CO_2 外，还生成乳酸、醋酸、柠檬酸、苹果酸和琥珀酸等有机酸，同时有机酸和低级醇进一步聚合成酯类物质；经过麦芽中所含的蛋白质降解酶将蛋白质降解成胨、肽后，酵母菌自身含有的氧化还原酶继续降低含氮化合物进一步转化成氨基酸和其他低分子物质。这些复杂的发酵产物决定了啤酒的风味、泡持性、色泽及稳定性等各项指标，使啤酒具有独特的风格。

　　3. 啤酒生产工艺

啤酒生产技术分为麦芽制造（制麦、麦芽汁的制备）和啤酒酿造两个大的阶段。

　　1）制麦

由原料大麦制成麦芽，习惯上称为制麦。制麦的目的在于使大麦发芽，产生多种水解酶，以便通过后续糖化使淀粉和蛋白质得以分解；绿麦芽烘干过程中还能产生必要的色、香和风味成分。制麦过程大体可分为清选分级、浸麦、发芽、干燥、除根等过程。

　　2）麦芽汁的制备

麦芽汁制备包括原辅料粉碎、糖化、麦芽汁过滤、麦芽汁煮沸和添加酒花、麦芽汁冷却等几个过程。

　　（1）糖化。糖化是利用麦芽中所含有的各种水解酶，在适宜的条件下将麦芽和辅助原料中的不溶性大分子物质（淀粉、蛋白质、半纤维素及其中间分解产物等）逐步分解为可溶性的低分子物质的分解过程。由此制备的浸出物溶液就是麦芽汁。

　　（2）麦芽汁过滤和洗糟。糖化工序结束后，应在最短的时间内将糖化醪中从原料溶出的物质与不溶性的麦糟分离，以得到澄清的麦芽汁，并获得良好的浸出物收得率。

　　（3）麦芽汁煮沸和添加酒花。麦芽汁过滤结束，应升温将麦芽汁煮沸，以钝化酶活力、杀灭微生物、使蛋白质变性和絮凝沉淀，起到稳定麦芽汁成分的作用，并蒸发掉多余水分。

淡色啤酒的麦芽汁（11～12°P）煮沸时间一般控制在 90min 左右，浓色啤酒的可适当延长一些；在加压 0.11～0.12MPa 条件下煮沸（温度高达 120℃）时间可缩短一半左右。煮沸强度是指在煮沸时每小时蒸发的水分相当于麦芽汁的百分数，煮沸强度控制在每小时 6%～8%以上，以每小时 8%～12%为佳。煮沸时麦芽汁的 pH 控制在 5.2～5.4 范围内较为适宜。

酒花的添加量依据酒花的质量（α-酸含量），消费者的嗜好、啤酒的品种、浓度等不同而异。目前我国的添加量为 0.8～1.3kg/m³ 麦芽汁，在南方地区的酒花用量较低，在 0.5～1.0kg/m³ 麦芽汁。添加方法也不尽相同。我国目前还是采用传统 3～4 次添加法为主。以三次法为例：第一次在煮沸 5～15min 后添加总量的 5%～10%；第二次在煮沸 30～40min 后添加总量的 55%～60%；第三次在煮沸终了前 10min 加入剩余的酒花，这最后一次添加的应是香型酒花或质量较好的酒花，以赋予啤酒较好的酒花香味。

酒花制品的添加方法：酒花粉、颗粒酒花、酒花浸膏与整酒花的添加方法基本相同。另外酒花油还可在下酒时添加。

麦芽汁经煮沸并达到要求浓度后，要及时分离酒花，除去热凝固物，同时应在较短的时间内把它冷却到要求的温度，并设法除去析出的冷凝固物。这一过程通常借助于旋涡沉淀槽和薄板冷却器等设备而实现。

（4）啤酒酿造。麦芽汁冷却后，应给麦芽汁通入无菌空气，以供给酵母繁殖所需要的氧气。通气后的麦芽汁溶解氧浓度应达 6～10mg/L，将酵母培养液和新麦芽汁同时添加到发酵罐（图 6-2）进行发酵。啤酒发酵总时间约需 21～28d。

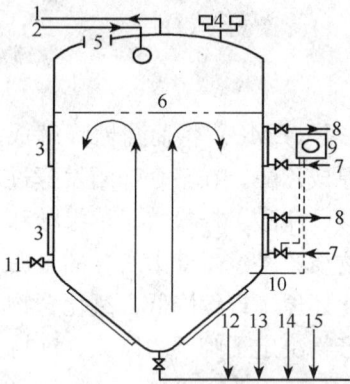

图 6-2　圆柱锥底发酵罐示意图

1. 二氧化碳排出；2. 洗涤器；3. 冷却夹套；4. 加压或真空装置；5. 人孔；6. 发酵液面；7. 冷冻剂进口；8. 冷冻剂出口；9. 温度控制记录器；10. 温度计；11. 取样口；12. 麦芽汁管路；13. 嫩啤酒管路；14. 酵母排出；15. 洗涤剂管路

3）啤酒酿造工艺（图 6-3）

```
辅料 → 粉碎 → 糊化          酒花                    酵母
麦芽 → 粉碎 → 糖化 → 过滤 → 煮沸 → 回旋沉淀 → 麦芽汁冷却 → 充氧 → 发酵 → 啤酒过滤
→ 包装 → 成品啤酒
```

图 6-3　啤酒酿造工艺图

6.1.2　白酒酿造

白酒是用谷物、薯类或糖分等为原料，经糖化发酵、蒸馏、陈酿和勾兑制成的酒精度大于 20%（体积分数）的一种蒸馏酒，它澄清透明，具有独特的芳香和风味。酒精度是指在 20℃时，100mL 饮料酒中含有乙醇（酒精）的毫升数，用%（体积分数）表示。我国白酒生产历史悠久，工艺独特，它与国外的白兰地、威士忌、伏特加、朗姆酒和金酒并列为世界六大蒸馏酒，许多名白酒在国际上享有盛誉。下面主要以大曲白酒为例进行介绍。

大曲白酒主要以高粱为原料、大曲为糖化发酵剂，经固态发酵、蒸馏、贮存（陈酿）和勾兑而制成。它是中国蒸馏酒的代表，产量约占白酒的 20%。我国的名优白酒绝大多数都是大曲白酒。

大曲是以小麦或大麦和豌豆等为原料，经破碎、加水拌料、压成砖块状的曲坯后，再在人工控制的温度和湿度下培养、风干而制成。根据制曲过程中控制曲坯最高温度的不同，可将大曲分为高温大曲、偏高温大曲和中温大曲三大类。高温大曲制曲最高品温达 60℃以上；偏高温大曲制曲最高品温为 50～60℃；中温大曲制曲最高品温 50℃以下。高温大曲主要用于生产酱香型大曲酒，如茅台酒（60～65℃）等。中温大曲主要用于生产清香型大曲酒，如汾酒（45～48℃）等。浓香型大曲酒以往大多采用中温或偏低的制曲温度，但从 20 世纪 60 年代中期开始，逐步采用偏高温制曲，将制曲最高品温提高到 55～60℃，以便增强大曲和曲酒的香味，如五粮液（58～60℃）、洋河大曲（50～60℃）、泸州老窖（55～60℃）和全兴大曲（60℃）；少数浓香型曲酒厂仍采用中温制曲，如古井贡酒（47～50℃）。

1）大曲中的主要微生物及其作用

大曲中的微生物非常复杂、种类繁多，并随制曲工艺不同而异。总的来说有霉菌、酵母菌和细菌三大类。

高温大曲中的主要微生物

（1）细菌。主要是一些耐热性的细菌，多数为芽孢杆菌属细菌如枯草芽孢杆菌、地衣芽孢杆菌、凝结芽孢杆菌等。此外，还有葡萄球菌（Staphylococcus）、微球菌等。

（2）霉菌。常见的有曲霉属、毛霉属、红曲霉属、地霉属（Geotrichum）、青霉属、拟青霉属（Paecilomyces）和犁头霉属等。

（3）酵母菌。酵母因不耐热故在高温大曲中相对来说数量和种类都比较少。主要有酵母属、汉逊酵母属、假丝酵母属等。

不同酒厂高温曲中的微生物种类和数量均有差异，并随制曲过程中的温度、水分和通气等条件的变化而变化。贵州省轻科所曾对茅台大曲样品进行了多次微生物分离，共得细菌 47 株，霉菌 29 株，酵母菌 19 株。

高温大曲因制曲品温较高，其中微生物主要为上述细菌和霉菌，因而成曲糖化力和发酵力较低，但液化力较高，蛋白质分解力较强，产酒较香。

2）中温大曲中的主要微生物

汾酒大曲是典型的中温曲。汾酒大曲中的主要微生物有以下几类。

（1）酵母菌。主要为酵母属、汉逊酵母属，还有假丝酵母属和拟内孢霉属等。酵母属菌主要起酒精发酵作用；汉逊酵母菌属的多数种能产生香味。

（2）霉菌。主要有根霉属、毛霉属、曲霉属（黄曲霉、米曲霉、黑曲霉等）、红曲霉属（Monascus）、犁头霉属和白地霉等。霉菌主要起分解蛋白质和糖化作用。

（3）细菌。主要有乳酸杆菌、乳链球菌、醋酸杆菌属（*Acetobacter*）、芽孢杆菌属以及产气杆菌属（*Aerobacter*）等。大曲中的细菌多具有分解蛋白质和产酸能力，有利于酯的形成。

中温大曲由于制曲最高品温在 50℃ 以下，故其中微生物的种类和数量要比高温曲的多，成曲糖化力和发酵力也较高，但液化力和蛋白质分解力较弱。

大曲中由于含有多种有益微生物及其所产生的多种酶类，是一种含有多菌种的混合粗酶制剂，所以在酿酒发酵过程中就能形成种类繁多的代谢产物，组成了各种风味成分，使白酒呈现特有风味。

3）大曲白酒的工艺

大曲白酒生产采用固态配醅发酵工艺，是一种典型的边糖化边发酵（俗称双边发酵）工艺，大曲既是糖化剂又是发酵剂，并采用固态蒸馏的工艺。下面简单介绍浓香型白酒的生产工艺流程。浓香型白酒生产工艺如图 6-4 所示。

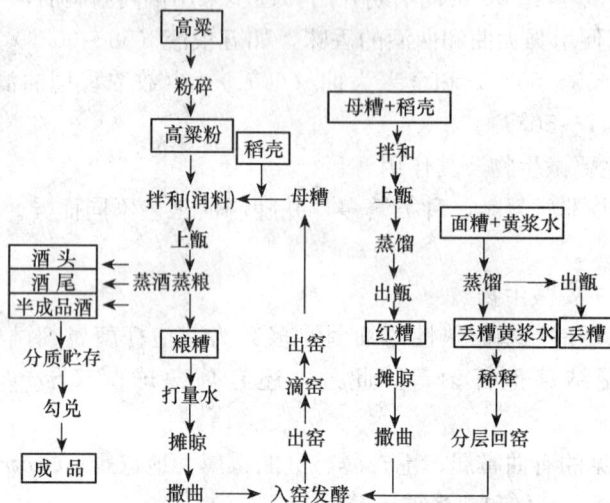

图 6-4　浓香型大曲酒生产工艺流程

蒸酒蒸粮是白酒生产过程中的重要工序。因为蒸酒蒸粮时掌握好蒸汽压力、流酒温度和速度，这对保证酒质很重要。拌料后约经 1h 的润湿作用，然后边进汽边装甑。装甑要求周边高、中间低，一般装甑时间约 40～50min。

6.1.3　葡萄酒酿造

根据国家标准（GB15037—2006），葡萄酒是以新鲜葡萄或葡萄汁为原料，经酵母发酵酿制而成的、酒精度不低于 7%（体积分数）的各类葡萄酒。葡萄酒的酒性完全受到土壤、气候以及酿酒技巧等因素的影响，但是酒的风味完全取决于酿酒葡萄的品种和发酵菌种。

按酒的色泽，葡萄酒分为红葡萄酒、白葡萄酒、桃红葡萄酒三大类，但在市场上很难看到桃红葡萄酒。根据葡萄酒的含糖量，分为干葡萄酒、半干葡萄酒、半甜葡萄酒和甜葡萄酒。按酒的二氧化碳的压力来分，葡萄酒包括无气葡萄酒、起泡葡萄酒等。

1. 葡萄酒发酵的主要微生物

葡萄酒发酵中最主要的微生物是酵母菌［葡萄酒酵母（*Saccharomyces ellipsoi-deus*）］在微生物分类学上为子囊菌纲、酵母属、啤酒酵母种，也称为酿酒酵母），乳酸菌在发酵中也起一定的作用。此外，发酵液中还可能存在一些杂菌和有害微生物。葡萄酒的发酵可在不添加外源纯粹培养酵母的情况下，由天然存在的酵母进行自然发酵而成，也可添加优良的纯粹培养酵母进行葡萄酒发酵。现在，葡萄酒发酵很多直接使用活性干酵母等。

1）天然酵母

葡萄酒发酵中的天然酵母主要来源于葡萄本身。在加工中，酵母被带到破碎除梗机、果汁分离机、压榨机、发酵罐、贮酒容器，输送管道等设备中，并扩散到葡萄酒厂各处。

2）纯粹培养酵母

为了确保正常顺利的发酵，获得质量上乘且稳定一致的葡萄酒产品，往往选择优良葡萄酒酵母菌种培养成酒母添加到发酵醪液中进行发酵。另外，为了分解苹果酸、消除残糖、产生香气、生产特种葡萄酒等目的，也可采用有特殊性能的酵母添加到发酵液中进行发酵。

3）活性干酵母

活性干酵母是由专业化工厂采用现代高科技生物技术和设备生产的一种商品化的发酵剂。它是具有强壮生命活力的压榨酵母，经干燥脱水后制得的适用于以糖蜜或淀粉质原料发酵，有产酒精能力的干菌体。具有发酵速度快，出酒率高，适用范围广，含水分低，保存期长的特点。现在已经广泛应用于酿酒行业。

2. 红葡萄酒生产工艺

红葡萄酒是指以红色或紫红色葡萄为原料，采用皮肉混合发酵方法，使酒溶有葡萄的色素，经氧化而呈红色或暗红色的一种葡萄酒。酿制红葡萄酒一般采用红皮白肉或皮肉皆红的葡萄品种。我国的红葡萄酒主要以干红葡萄酒为原酒，然后按标准调配成半干、半甜、甜型红葡萄酒。其生产工艺见图 6-5。

3. 白葡萄酒生产工艺要点

白葡萄酒选用白葡萄或红皮白肉葡萄为原料，经果汁分离、果汁澄清、控温发酵、贮存陈酿及后加工处理而成。按含糖量的多少，白葡萄酒可分为干白、半干白、半甜白、甜白葡萄酒。白葡萄酒酿造工艺特点：先压榨进行皮汁分离和果汁澄清，控温（低温）发酵，密闭发酵防止氧化，其余工艺与红葡萄酒基本一样。

红葡萄 → 分选

破碎、除梗 → 梗

二氧化硫 → 葡萄浆

发酵 ← 酒母

压榨 → 皮渣

调整成分

后发酵

添桶

第一次换桶

干红葡萄原酒

陈酿

第二次换桶 → 酒脚 → 蒸馏

均衡调配

澄清处理

包装杀菌（除菌）

皮渣白兰地

干红葡萄酒

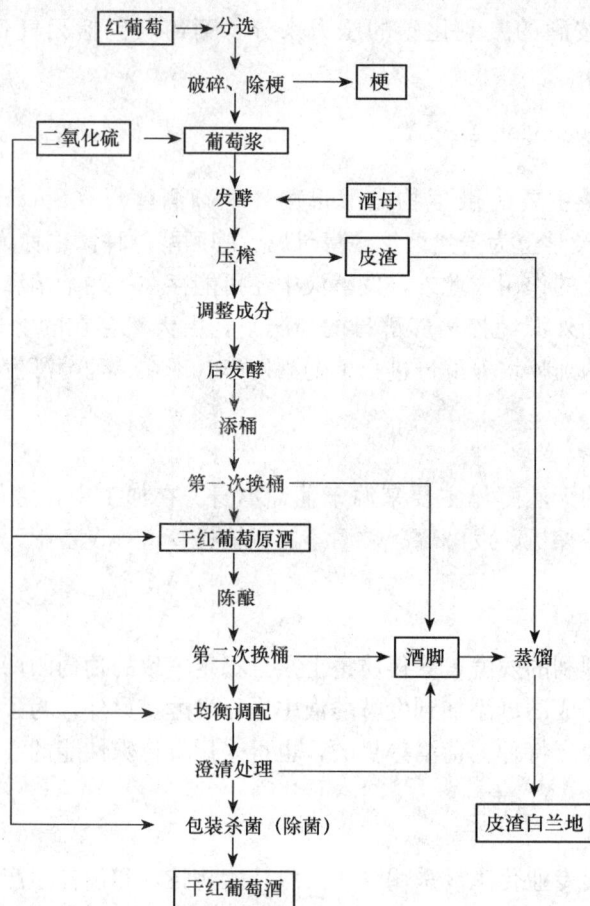

图 6-5　红葡萄酒生产工艺流程图

6.2　发酵调味品的生产

6.2.1　酱油酿造

酿造酱油是以大豆或脱脂大豆、小麦或麸皮为原料，经微生物发酵制成的具有特殊色、香、味的液体调味品。它是以蛋白质原料和淀粉质原料为主经米曲霉等多种微生物共同发酵酿制而成。酱油中含有多种调味成分，有酱油的特殊香味、食盐的咸味、氨基酸钠盐的鲜味、糖及其他醇甜物质的甜味、有机酸的酸味、酪氨酸等爽适的苦味，还有天然的红褐色色素，可谓咸、酸、鲜、甜、苦五味调和，色香俱备的调味佳品。

1. 酱油生产菌种

酱油生产中所用的微生物主要有三种：曲霉、酵母菌和乳酸菌。

（1）曲霉。酱油生产的曲霉品种很多，主要有米曲霉（*Aspergillus oryzae*）、酱油曲霉（*Aspergillus Sojae*）、黑曲霉 As3.350（*Aspergillus niger* As3.350）、宇佐美曲

霉 As3.758（*Aspergillus usamii*）等。

（2）酵母菌。从酱醅中分离出的酵母菌有 7 个属 23 个种，如鲁氏酵母（*Saccharomyces rouxii*）、酱油结合酵母（*Zygosaccharomyces Sojae*）、酱醪结合酵母（*Zygosaccharo mycos major*）、易变球拟酵母（*Torulopsis Versatilis*）等。

（3）乳酸菌。在酱油生产中（主要指高盐稀态发酵工艺），乳酸菌参与米曲霉和酵母菌的共同发酵作用，才产生了酱油的各种风味成分。代表性的菌有嗜盐片球菌（*Pediococcuus halophilus*）、酱油微球菌（*Tetracoccus sojae*）、植物乳杆菌（*Lactobacillus plantanum*）。

2. 各菌种的作用机理

1）米曲霉

原料中的蛋白质经过米曲霉所分泌的蛋白酶作用，逐渐分解成胨（proteose）、胨（peptone）、多肽（polypeptide）和氨基酸。米曲霉中外肽酶活力高于其他曲霉，故有利于氨基酸的生成，其中的谷氨酰胺酶分解谷氨酰胺，生成氨基酸。

原料中的淀粉质经米曲霉分泌的淀粉酶的糖化作用，水解成糊精和葡萄糖。米曲霉的淀粉酶主要有 α-淀粉酶，分解淀粉的 α-1,4-葡萄糖糖苷键生成糊精、麦芽糖和少量葡萄糖；糖化酶，分解淀粉-1,4、1,6-葡萄糖苷键，能把淀粉分解成单个的葡萄糖分子。产物中除葡萄糖外，还有果糖和五碳糖。果糖主要来源于豆粕（豆饼）糖的水解，五碳糖来源于麸皮中的多缩戊糖。这些糖对酱油的色、香、味、体起重要作用，酱油色泽是糖与氨基酸结合而成。糖化作用完全，酱油的甜味好，体态浓厚，无盐固形物高。米曲霉分泌的解脂酶，可使油脂水解生成脂肪酸和甘油。这些有机酸是酱油的重要呈味物质，也是香气的重要成分。

2）乳酸菌的作用机理

酱油中含有多种脂肪酸，其中最重要的有乳酸、醋酸、琥珀酸、葡萄糖醛酸等。乳酸是乳酸菌利用葡萄糖发酵而来。乳酸菌还可利用五碳糖（阿拉伯糖和木糖）发酵生成乳酸和醋酸。

3）酵母的作用

酒精发酵主要是酵母作用的结果，成曲下池后，其繁殖情况取决于发酵温度，10℃时，酵母菌仅繁殖不发酵；30℃左右最适宜繁殖和发酵；40℃以上酵母菌自行消化。所以，应该在中、低温度下发酵，使酵母菌分解糖生成酒精和二氧化碳。所生成的酒精，一部分被氧化为有机酸类，一部分挥发散失，一部分与氨基酸及有机酸等化合生成酯，还有微量残存在酱醅中，这与酱油香气形成有极大关系。高温速酿的酱油之所以缺少酱油香气，就是因为发酵温度高、时间短、酒精发酵微弱。如果在固态低盐后熟发酵中接入鲁氏酵母和蒙奇球拟酵母，则产生酒精、异戊醇、异丁醇和各种有机酸，从而可显著改善酱油的香气。可见，发酵期间适当的酵母菌繁殖和酒精发酵是十分需要的。

3. 酱油生产工艺流程

酱油的生产工艺流程见图 6-6。

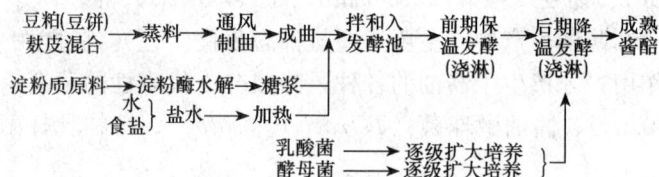

图 6-6　酱油生产工艺流程

6.2.2　食醋酿造

食醋，古称酢，是世界上最古老、最普及的调味品，几乎每个国家和地区都生产食醋。中国人酿醋约有 3000 多年的历史，我国的传统特色食醋很多，如山西老陈醋、镇江香醋、北京熏醋、四川保宁麸醋、上海米醋、四门贡醋等著名食醋。我国传统食醋的酿造工艺在选料和操作方面各具特色，但与国外制醋工艺相比有如下共同特点：以谷物类农副产品为主料（如高粱、糯米、麸皮等），以大曲或药曲为发酵剂，大多采用边糖化边发酵的（"双边发酵"）固态自然发酵工艺，发酵周期长，酸味浓厚，酯香浓郁，并采用陈酿或熏醅方法强化了食醋的色香味体。其主要成分除醋酸外，还含有各种氨基酸、有机酸、糖类、维生素、醇和酯等营养成分和风味物质，具有独特的色、香、味、体，不仅是调味佳品，经常食用对健康也很有帮助。

1. 食醋酿造中的微生物及作用

食醋生产离不开微生物的作用，用于食醋生产的微生物主要有曲霉菌、酵母菌、醋酸菌及乳酸菌等。

1）曲霉菌

曲霉菌有丰富的淀粉酶、糖化酶、蛋白酶等酶系，因此常用曲霉菌制糖化曲。糖化曲是水解淀粉质原料的糖化剂，其主要作用是将制醋原料中淀粉水解为糊精；蛋白质被水解为肽、氨基酸，有利于下一步酵母菌的酒精发酵以及之后的醋酸发酵。

曲霉菌种类很多，主要有黑曲霉、米曲霉、红曲霉、黄曲霉等，其中黑曲霉应用最为广泛。它们在食醋生产中主要作用是糖化，其中黑曲霉的糖化能力较强。

2）酵母菌

酵母菌在食醋酿造过程中主要是将葡萄糖分解为酒精、CO_2 及其他成分，为醋酸发酵创造条件。因此，要求酵母菌有强的酒化酶系，耐酒精能力强，耐酸，耐高温，繁殖速度快，具有较强的繁殖能力，生产性能稳定，变异性小，抗杂菌能力强，并能产生一定香气。

生产上选择酵母菌种时，一般根据不同原料来选择。常用菌种有使用淀粉原料的南阳五号（1300）、AS2.399（德国 12 号啤酒酵母）或 K 字酵母。产酯酵母常用异常汉逊酵母 AS2.300。

　　3）醋酸菌

　　醋酸菌是能把酒精氧化为醋酸的一类细菌的总称。醋酸菌会产生醋酸菌氧化酶，在醋酸菌氧化酶的作用下酒精会生成醋酸的生产过程如图 6-7 所示。因此要求醋酸菌耐酒精，氧化酒精能力强，分解醋酸产生 CO_2 和 H_2O 的能力弱。

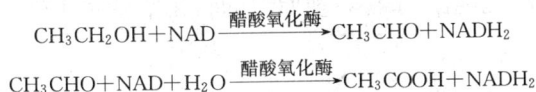

$$CH_3CH_2OH+NAD \xrightarrow{\text{醋酸氧化酶}} CH_3CHO+NADH_2$$

$$CH_3CHO+NAD+H_2O \xrightarrow{\text{醋酸氧化酶}} CH_3COOH+NADH_2$$

图 6-7　醋酸生产过程

　　（1）恶臭醋酸杆菌（*A. rancens* As1.41）。此菌株是我国食醋生产中的主要菌株，该菌株可转化蔗糖及有产葡萄糖酸能力，能氧化醋酸为 CO_2 和 H_2O，能同化铵盐，耐食盐浓度为 $1\%\sim1.5\%$。

　　（2）奥尔兰醋酸杆菌属。葡萄酒醋酸杆菌属是法国奥尔兰地区由葡萄酒生产醋酸的主要菌株。它能产生少量酯，生酸为 2.9%，有较强的耐酸能力。

　　（3）产醋酸杆菌是德国哈斯雷醋厂使用的菌株，为速酿醋酸菌。此菌株能产生大量的乙酸乙酯，赋予食醋和葡萄酒的芳香。但该菌株产酸量较低；可氧化醋酸为 CO_2 和 H_2O，最适生长温度为 $33℃$。

　　2. 食醋的生产工艺

　　食醋的酿造工艺方法很多，主要有固态发酵法、酶法液化通风回流法、液态深层发酵法等。下面主要介绍固态发酵法生产食醋。

　　1）固态发酵法

　　采用固态发酵工艺酿制的食醋色香味体俱佳，通常色泽深艳，呈琥珀色或红棕色；具有浓郁的醇香和酯香；酸味柔和，回甜醇厚；体浓澄清；总酸、不挥发酸、还原糖等主要理化指标优异；含有多种氨基酸所具有的缓冲调和作用、菌体自溶后产生的各种风味物质的作用，使产品醋酸含量虽高，却无尖锐刺激感，而给人以柔和、醇厚、绵长、协调的舒适感。目前国内知名品牌的食醋多采用此种工艺酿制而得。如山西老陈醋，其生产工艺如图 6-8 所示。

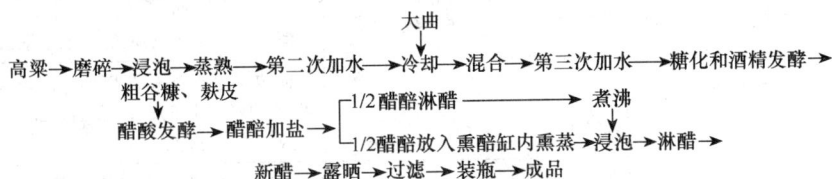

图 6-8　山西老陈醋的制作工艺

　　固态发酵可使糖化、酒化、醋化三种发酵得以同步进行，缓和了淀粉、乙醇对酵母菌、醋酸菌的干扰，促进了有益微生物的生长，提高了其发酵性能。各类微生物并存，多种酶系共同发酵过程中，霉菌、酵母菌、醋酸菌并存，液化型淀粉酶、糖化型淀粉酶、纤维素酶、果胶酶、酒化酶、醋化酶等多种酶系共酵，为糖化、酒化、醋化的顺利反应，为食醋色、香、味、体的协调生成奠定了良好的基础。

2）酶法液化通风回流制醋

酶制剂的发展使食醋的酿造方法有了很大的改进，酶法液化通风回流制醋的产生，运用了细菌 α-淀粉酶对原料处理、液化，提高了原料利用率；以通风回流代替了倒醅，消除了繁重的劳动，改善了生产条件，使原料的转化率显著地提高。

6.2.3　豆腐乳酿造

豆腐乳是一类以霉菌为主要菌种的大豆发酵食品，是我国著名的具民族特色的发酵调味品之一，它起源于民间，植根于民间，并以其独特的工艺、细腻的品质、丰富的营养、鲜香可口的风味而深受广大群众的喜爱。

酿造腐乳主要是利用大豆蛋白质。大豆中的主要成分是蛋白质，其含量为 36%～40%。同时还含有脂肪 18%，另外还含有硫胺素、核黄素、烟酸、维生素 A 等多种维生素及钙、磷、铁等矿物质。以大豆为原料酿制腐乳的过程主要是蛋白质变化的过程，这种变化过程是非常复杂的。

酿造腐乳主要是靠物理化学和生物化学变化来完成的。物理化学过程主要是浸豆、磨豆、滤浆、煮浆、上榨、压榨、划块成型等。生物化学过程主要是白坯接种毛霉菌培养成为毛坯，称前期培菌（发酵），在此期间分泌各种酶系，主要是蛋白酶。然后腌制并配入各种辅料（红曲、面曲、酒酿等）进行后期发酵。按其生产工序可分为制豆腐坯（又称白坯）、前期培菌（发酵）及后期发酵三个阶段。下面主要介绍后面两个与微生物有关的阶段。

1. 豆腐乳的生物化学变化过程

1）前期培菌（发酵）阶段

前期培菌（发酵）阶段，毛霉生长变化大致分为孢子发芽生长阶段、菌丝生长旺盛阶段和菌丝产酶阶段。这三个阶段的生长变化过程如表 6-1 所示。

表 6-1　毛霉生长变化过程

名　称	培养最适品温/℃	培养时间/h	生长变化过程
孢子发芽生长阶段	18～22	8～20	孢子开始发芽，品温自然上升，14h 能见白坯表面长出白茫茫的一批短细菌丝
菌丝生长旺盛阶段	28～30	24～32	此时进入生长繁殖旺盛期，菌丝大量丛生，白色菌丝已长满白坯表面，品温上升，产生大量的发酵热
菌丝产酶阶段	26～28	40～48	毛霉进入成熟阶段，是酶系分泌的高峰期阶段

在前期菌丝生长阶段，豆腐坯中的蛋白质已经开始被蛋白酶水解为水溶性蛋白。经过前期培菌（发酵）后，豆腐坯中的水溶性蛋白由原来的 3.61% 达到 55.54%。前期发酵的作用归纳起来有两点：一是使豆腐坯表层有一层菌膜包住，成为腐乳形状。其次是

在毛霉培养过程中分泌大量的蛋白酶，以利于蛋白质分解成各种氨基酸。在蛋白质水解过程中，需要多种酶系，主要有内肽酶和外肽酶的协调作用。

2）后期发酵阶段

后期发酵阶段包括毛坯腌制及添加料酒等辅料，让毛坯陈酿成熟。在后发酵之前，将毛坯加盐腌制，腌制时间为6～8d，毛坯变为咸坯，咸坯含盐量控制在16％以上。腌制的目的是：使毛坯内渗透盐分，析出水分，坯身收缩，坯体变硬。经腌制，咸坯的水分由白坯的73％下降为56％左右。咸坯入瓶（坛）后，加入以酒为主要的配料。加酒的目的是：酒精能抑制微生物的繁殖，防止霉变；其次是酒精对蛋白酶有抑制作用，使蛋白酶作用缓慢，促进其他生化反应；生成腐乳的香气；酒精能合成酯类等芳香物质，形成腐乳独特的风味。

微生物中的脂肪酶将腐乳坯中的脂肪水解为甘油及脂肪酸，甘油可被细菌进一步转化为各种有机酸。

2. 微生物在腐乳特殊的色、香、味、体形成方面的作用

1）色

按发酵时添加的配料不同，腐乳大致可分为白腐乳和红腐乳两种，前者不添加红曲，成品呈黄白色或金黄色，或者添加红曲，使成品染上红色。

红腐乳的红色仅是一种覆盖在腐乳表面的红色素，汁液的红色也是红色素的悬浮液。这种红色素是由红曲霉所产生。

2）香

腐乳发酵虽然主要是靠毛霉（或根霉）的蛋白酶作用（红腐乳在发酵时还需要加入面曲及红曲，这时还有米曲霉和红曲霉的蛋白酶及淀粉酶参加作用），但生产各个环节都是在开放式的环境下进行的，因此难免染上杂菌。据报道，从腐乳中分离出来的微生物除毛霉（或根霉）及米曲霉、红曲霉（后者来自红腐乳的配料面曲及红曲）之外，还有青霉（*Penicilium*）、交链孢霉（*Alternaria*）、支孢霉（*Cladosporium*）、酵母菌、芽孢杆菌（*Bacillus*）、杆菌（*Bacterium*）、链球菌（*Streptococcus*）、小球菌（*Micrococcus*）、棒杆菌（*Corynebacterium*）等。由于各种微生物的协调作用，使代谢产生的各种有机酸和酒精形成各种酯类，构成腐乳的特殊香气。

3）味

大豆中的蛋白质由成千上万个氨基酸组成。蛋白质在毛霉（或根霉）及其他细菌的蛋白酶作用下，水解为各种氨基酸。

腐乳中的氨基酸态氮含量为0.5g/100g以上，腐乳的鲜味来源是氨基酸，但不是所有的氨基酸都有鲜味。在腐乳的后发酵过程中所用的卤汤以甜酒酿卤为主，同时还加入适量面曲等，这样腐乳成熟后糖分一般在5％，使腐乳含有适当的甜味。同时在腌制过程中，加入一定量的食盐，赋予腐乳适量的咸味。

4）体

腐乳外层的被膜是由毛霉（或根霉）的菌丝体构成的，质地嫩滑，可以防止杂菌污染。豆腐坯经发酵后变得柔软，是由于微生物的蛋白酶作用于大豆蛋白质，破坏了其空间结构，并使其降解为相对分子质量较小的蛋白质分子，以及一部分降解为陈、肽乃至

氨基酸等水溶性物质而造成的。如果腐乳的口感粗糙，则说明毛霉（或根霉）的蛋白酶活力低下，大豆蛋白质降解程度差。

3. 腐乳生产工艺

腐乳为我国民族特色发酵食品之一，深受广大人民的喜爱，特别是一些老品牌如北京"王致和"腐乳、青岛腐乳、上海"鼎丰"精致玫瑰腐乳等。下面以"王致和"腐乳为例简单介绍腐乳的生产工艺（图6-9）。

原料→筛选→浸泡→磨豆→虚浆→煮浆→点浆→蹲脑→上榨→划块→豆腐坯→降温→接种→
入室发酵（长毛阶段）→搓毛→腌制→咸坯→装瓶→灌汤→后期陈酿→清理→贴标→装箱→成品

图6-9　北京"王致和"腐乳生产工艺

6.3　发酵乳制品生产

发酵乳制品是一个综合性名称，它包括经由乳酸菌为主的微生物发酵而制成的各种乳品。如酸奶、酸牛乳酒、发酵酪乳、干酪、斯堪的纳维亚酸奶油等的统称。乳及奶油等原料添加发酵剂后，在发酵过程中部分乳糖会转化成乳酸、二氧化碳、醋酸、丁二酮、乙醛和其他一些物质，从而使产品具有特殊滋味和香味。下面以酸奶为例进行介绍。

酸奶是以新鲜的牛乳为原料，经过巴氏杀菌后再向牛乳中添加发酵剂，经发酵后，再冷却灌装的一种牛乳制品。

1. 发酵剂的组成及作用关系

在生产中，不同的产品使用不同的发酵剂。发酵剂可以是单一种细菌，也可以由几种菌组成。普通酸奶通常是由保加利亚乳杆菌（*Lactobacillus bulgaricus*）和嗜热链球菌（*Streptococcus thermophilus*）组成。一些特殊活性酸奶可以是嗜酸乳杆菌（*Lactobacillus acidophilus*）、双歧杆菌（*Bifidobacteria*）单菌，也可以由两种或三种菌组成，如嗜酸乳杆菌加双歧杆和嗜热链球菌三菌组成（称为ABT）。组合菌种发酵剂往往是配合使用的菌株互相能提供营养或生长因子，或能使产品风味更好。这种组合是通过长期筛选而得到的。在发酵剂中，菌的数量比例直接影响发酵过程和最后产品的色、香、味、体。因此，发酵剂制备中应严格掌握。现在，许多酸奶发酵都是直投式的冻干菌粉，使用非常方便。

在酸奶发酵剂中，调整保加利亚乳杆菌和嗜热链球菌的比例，可增加球菌对杆菌的比例。酸奶在发酵过程中，首先快速生长的是嗜热链球菌，当乳的pH从6.5下降到5.5时，保加利亚乳杆菌的生长开始加快，而嗜热链球菌的生长逐渐减慢；当乳的pH下降到5.0时，保加利亚乳杆菌控制了酸奶的发酵；当乳的pH下降到4.6左右时，酪蛋白开始凝聚，乳开始凝结。而当酸奶在冷藏过程中，占优势的保加利亚乳杆菌继续发酵乳糖产酸，使酸奶的pH可下降到3.5。所以增加发酵剂中球菌对杆菌的比例，可使酸奶后发酵减弱。研究表明，球菌与杆菌之间的比例在 1.5：1 时，所产生的酸奶质量是最优的。

2. 酸奶的工艺

全脂加糖凝固型酸奶生产工艺如图 6-10 所示。

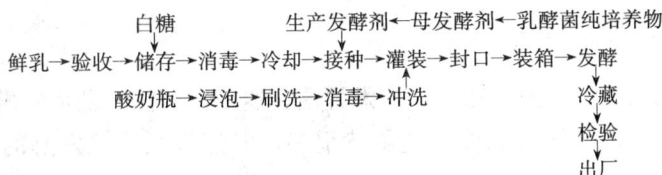

```
                      白糖            生产发酵剂←母发酵剂←乳酵菌纯培养物
鲜乳→验收→储存→消毒→冷却→接种→灌装→封口→装箱→发酵
酸奶瓶→浸泡→刷洗→消毒→冲洗                          冷藏
                                                    检验
                                                    出厂
```

图 6-10　全脂加糖凝固型酸奶生产工艺

6.4　面包生产

面包是一种把面粉加水和其他辅助原料等调匀，发酵后烤制而成的食品。从远古时代的人们用石头烘烤面坯到如今采用高科技工艺生产的面包，经历了数千年的历史，不仅是古代劳动人民智慧的体现，更是人类科技文明发展的象征。面包制品不仅品种丰富、数量繁多，而且还以其越来越新的材料、越来越精致的制作工艺赢得了广大消费者的青睐。在欧美一些发达国家，人们的主食中有 2/3 以上是以面包为主，在国内也逐渐成为人们饮食结构的主食之一。

6.4.1　面包酵母及作用

酵母在应用于酿酒时主要是运用酵母将糖转化成酒精，而应用于面包生产时，则着重于它发酵时产生的二氧化碳气体使面团发起。由于着重领域不同，所以在酵母的选育上侧重点也各不相同。

酵母菌是制作面包必不可少的生物疏松剂，其主要作用是将可发酵的碳水化合物转化为二氧化碳和酒精，转化所产生的二氧化碳气体使面团发起，生产出柔软膨松的面包，并产生香气和优良风味。酵母质量和活性的好坏对面包生产有着重要影响。生产上应用的酵母主要有鲜酵母（压榨酵母）、活性干酵母及快速活性干酵母。

（1）压榨酵母。采用酿酒酵母生产的含水分 70%～73% 的块状产品。在 4℃ 可保藏 1 个月左右，在 0℃ 能保藏 2～3 个月。发面时，其用量为面粉量的 1%～2%，发面温度为 28～30℃，发面时间随酵母用量、发面温度和面团含糖量等因素而异，一般为 1～3h。

（2）活性干酵母。采用酿酒酵母生产的含水分 8% 左右、颗粒状、具有发面能力的干酵母产品。发酵效果与压榨酵母相近。产品用真空或充惰性气体（如氮气或二氧化碳）的铝箔袋或金属罐包装，货架寿命为半年到 1 年。与压榨酵母相比，它具有保藏期长、不需低温保藏、运输和使用方便等优点。

（3）快速活性干酵母。一种新型的具有快速高效发酵力的细小颗粒状（直径小于 1mm）产品。水分含量为 4%～6%。与活性干酵母相同，采用真空或充惰气体保藏，货架寿命为1年以上。与活性干酵母相比，颗粒较小，发酵力高，使用时不需先水化而可直接与面粉混合加水制成面团发酵，在短时间内发酵完毕即可焙烤成食品。该产品在20世纪70年代才在市场上出现，深受消费者的欢迎。

目前，我国市场上的活性干酵母有中外合资企业生产的安琪牌等产品，另外还有进口法国、荷兰、德国的产品。

6.4.2　面包的生产工艺

面包生产工艺有一次发酵法、二次发酵法、速成发酵法、液体发酵法、连续搅拌法和冷冻面团法等。现代面包制作工艺虽然很多，但都是在传统发酵的基础上发展起来的。经长期实践证明，二次发酵法在效率、产出率、品质等方面均较好，因此目前基本采用二次发酵法，国内外大同小异。

1）一次发酵法

一次发酵法也称直接法，其基本作法是将所有的面包原料，一次混合调制成面团，进入发酵制作程序的方法。其工艺流程如图6-11所示。

调制面团→发酵→分割搓圆→中间醒发→整形→入盘（听）→最后醒发→烘烤→冷却→包装

图6-11　面包一次发酵工艺流程

一次发酵法的特点是生产周期短，所需设备和劳力少，产品有良好的咀嚼感，有较粗糙的蜂窝状结构，但风味较差。该工艺对时间相当敏感，大批量生产时较难操作，生产灵活性差。

2）二次发酵法

二次发酵法也称为中种法，是美国19世纪20年代开发成功的面包制作法。首先将面粉的一部分（55%～100%）、全部或者大部分的酵母、酵母营养物等品质改良剂、麦芽粉等酶制剂、全部或部分的起酥油和全部或大部分的水先调制成"中种面团"发酵，然后再加入其余原辅材料，进行主面团调粉，再进行发酵、成形等加工工序。其工艺流程如图6-12所示。

调制种子面团→发酵→调制主面团→延续发酵→分割搓圆→以后工序同一次发酵法

图6-12　面包二次发酵工艺流程

二次发酵法应用较多，其特点是生产出的面包体积大、柔软，且具有细微的海绵状结构，风味良好、生产容易调整，但周期长操作工序多。

3）快速发酵法

快速发酵法是指发酵时间很短或根本无发酵的一种面包加工方法，也称不发酵法，整个生产周期只需2～3h。其工艺流程如图6-13所示。

调制面团→静置（或不静置）→压片→分割搓圆→以后工序同一次发酵法

图6-13　快速发酵工艺流程

6.5　谷氨酸生产

谷氨酸学名 α-氨基戊二酸，它在糖代谢及蛋白代谢过程中占据重要的位置。其单钠盐（α-氨基戊二酸一钠）是常用调味品。目前谷氨酸的生产大都以玉米、大米、木薯等粮食为原料，用发酵法制取，原有的水解提取法和合成法已停用。

6.5.1　谷氨酸发酵菌种

目前国内各谷氨酸厂所使用谷氨酸产生菌主要有：天津短杆菌（*Brevibacteriaceae Tianjianense*）T6-13 及其诱变株 FM8209、FM-415、CMTC6282、TG863、TG866、S9114、D85 等菌株；钝齿棒杆菌（*Corynebacterrum crenatum*）AS 1.542 及其诱变株 B9、B9-17-36 等菌株；北京棒杆菌（*Corynebacterium Pekinense*）AS 1.299 及其诱变株 7338、D110、WTH-1 等菌株；现在多数厂家生产上常用的菌株是 T6-13、FM-415、S9114、CMTC6282 等。

6.5.2　L-谷氨酸发酵机理

糖经过酵解途径（EMP）和单磷酸己糖途径（HMP）生成丙酮酸。一方面，丙酮酸氧化脱羧生成乙酰 CoA；另一方面，经 CO_2 固定作用生成草酰乙酸；两者合成柠檬酸进入三羧酸循环（TCA 循环），由三羧酸循环的中间产物 α-酮-戊二酸，在谷氨酸脱氢酶的催化下，还原氨基化合成谷氨酸。

6.5.3　L-谷氨酸发酵生产工艺

1. L-谷氨酸发酵生产工艺

L-谷氨酸发酵工艺流程如图 6-14 所示。

2. L-谷氨酸钠的提取

谷氨酸提取有等电点法、离子交换法、金属盐沉淀法、盐酸盐法和电渗析法，以及将上述方法结合使用的方法。国内多采用的是等电点——离子交换法。谷氨酸的等电点为 3.22，这时它的溶解度最小，所以将发酵液用盐酸调节到 pH3.22，谷氨酸就可结晶析出。晶核形成

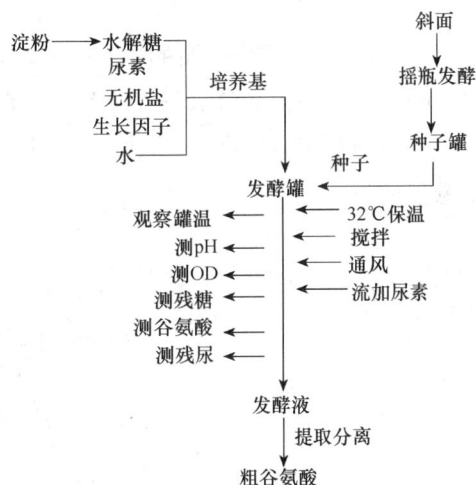

图 6-14　L-谷氨酸发酵生产工艺图

的温度一般为 $25\sim30℃$，为促进结晶，需加入 α 型晶种育晶 2h。等电点搅拌之后静置沉降，再用离心法分离得到谷氨酸结晶。等电点法提取了发酵液中的大部分谷氨酸，剩余的谷氨酸可用离子交换法，进一步进行分离提纯和浓缩回收。谷氨酸是两性电解质，故与阳性或阴性树脂均能交换。当溶液 pH 低于 3.2 时，谷氨酸带正电，能与阳离子树脂交换。目前国内多用国产 732 型强酸性阳离子交换树脂来提取谷氨酸，然后在 65℃

左右，用 6‰NaOH 溶液洗脱，pH3～7 的洗脱液作为高流分（谷氨酸含量高），将高流分直接用等电点法提取谷氨酸。

6.6　柠檬酸生产

柠檬酸是生物体内主要的代谢产物之一，在植物如柠檬、柑橘、菠萝等果实和动物的骨骼、肌肉、血液中都含有柠檬酸。

柠檬酸最早是从柑橘中提取的，后来发展为发酵法制取柠檬酸，我国采用以薯干粉为原料，黑曲霉深层发酵柠檬酸，具有原料丰富，工艺简单，不需添加营养盐，产率高，是中国独特的先进工艺。

6.6.1　柠檬酸发酵微生物

在自然界中能够积累和分泌柠檬酸的微生物有很多，包括黑曲霉、温氏曲霉、梨形毛霉、淡黄青霉、橘青霉、拟青霉、棒曲霉、泡盛曲霉、芬曲霉、丁烯二酸曲霉、斋藤曲霉、绿色木霉等。目前采用糖质原料生产柠檬酸的菌株均为黑曲霉，有黑曲霉 N-558、r-144、川柠 19-l、G2B8、D353、5016、3008，近年来又有 T419、C0817 等菌种。这些菌种不但能利用淀粉，而且还对蛋白质、纤维素、果胶物质等均有一定分解能力，同时它的产酸能力也较高，在生产上比应用其他微生物有更多优点，故常是生产上使用的菌种。

6.6.2　柠檬酸发酵机理

糖质原料生成柠檬酸的生化过程中，由糖变成丙酮酸的过程与酒精发酵相同，亦即通过 EMP 途径（磷酸戊糖途径）进行酵解，然后丙酮酸进一步氧化脱羧生成乙酰辅酶 A，乙酰辅酶 A 和丙酮酸羧化所生成的草酰乙酸缩合成为柠檬酸并进入三羧酸循环途径（图 6-15）。

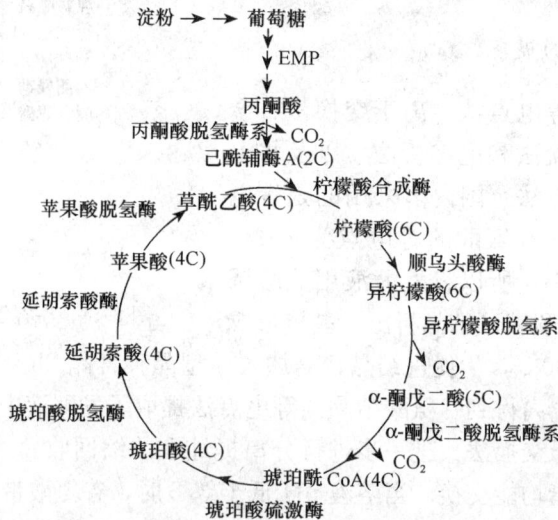

图 6-15　柠檬酸发酵原理

柠檬酸是代谢过程中的中间产物。在发酵过程中，当微生物的乌头酸水合酶和异柠檬酸脱氢酶活性很低，而柠檬酸合成酶活性很高时，才有利于柠檬酸的大量积累。

6.6.3　柠檬酸发酵工艺

柠檬酸发酵可为分固体发酵和液体发酵两大类。液体法又分浅盘发酵法和液体深层发酵法。目前世界各国多采用液体深层发酵法进行生产。

以下是我国以薯干粉为原料的柠檬酸深层发酵工艺流程如图 6-16 所示。

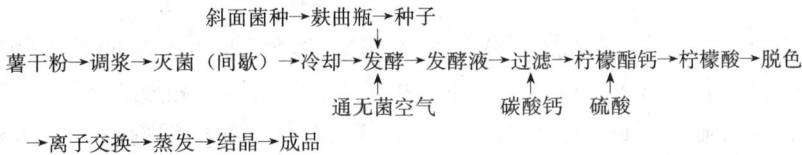

```
                      斜面菌种→麸曲瓶→种子
                                    ↓
薯干粉→调浆→灭菌（间歇）→冷却→发酵→发酵液→过滤→柠檬酯钙→柠檬酸→脱色
                          ↑          ↑      ↑
                      通无菌空气    碳酸钙   硫酸

→离子交换→蒸发→结晶→成品
```

图 6-16　以薯干粉为原料的柠檬酸深层发酵工艺流程图

1）种子的扩大培养

（1）斜面菌种的活化。将保藏菌种接种至麦芽汁琼脂培养基上，33～35℃培养 4～5d，至斜面长满孢子即可。

（2）麸曲的制备。将活化后的斜面种子接种至三角瓶中（40g/1000mL，含水量 60%～65%），34℃培养，培养 1d 后要翻曲一次。

（3）种子的放大。将蒸煮糊化后的浓度为 12%～15% 薯干粉浆液泵入种子罐中，按照一定的比例接种麸曲，34℃通风培养 16～24h，即可作为发酵用种子。

2）柠檬酸的发酵生产

培养基投料浓度是原料的淀粉含量而定，一般为含总糖 13%～15%。50～100m³ 的发酵罐，搅拌转速 90～110r/min，35℃的条件下通风搅拌发酵 4d，当产酸不再上升，残糖降至 0.2% 以下时，结束发酵。

3）发酵柠檬酸产物的提取

在柠檬酸发酵液中，除了主要产物外，还含有其他代谢产物和一些杂质，如草酸、葡萄糖酸、蛋白质、胶体物质等，成分十分复杂，必须通过物理和化学方法将柠檬酸提取出来。大多数工厂仍是采用碳酸钙中和及硫酸酸解的工艺提取柠檬酸。除此之外，还有采用萃取法、电渗析法和离子交换法提取柠檬酸的。

6.7　酶制剂生产

酶可在常温、常压和中性或接近中性的条件下反应，催化效率高，在食品加工中能防止食品中的色、香、味和营养成分受到破坏。酶本身为蛋白质，无毒，无臭，可以安全地用于食品加工。酶来源广泛，一切动植物和微生物都是酶的生产者，故酶制剂容易获得。由于这些特点，酶在食品工业中的用途十分广泛，现在已经运用到味精、啤酒、白酒、黄酒、柠檬酸、乳酸、低聚糖等产品的生产。

酶制剂的生产方法大概可以分为两种：一是从动物、植物组织或汁液中提取分离酶；二是采用微生物发酵生产酶。与动植物相比，从微生物获取酶有许多优越性：微生物种类繁多、生长迅速，几乎所有动植物酶都可从微生物中获得；微生物容易变异，通过菌种改良可大大提高酶的产量；微生物的生长可以完全在人为控制条件下进行，不受气候因素的影响；微生物培养基的原料来源广泛，许多微生物可利用农副产品、石油、天然气等作为基质生长繁殖。由于以上优点，目前微生物发酵法生产酶制剂占据了主导地位。

6.7.1　酶制剂中的微生物

工业生产的酶制剂 80% 是由微生物来制造的，工业生产酶的微生物主要有细菌（主要是芽孢杆菌）、真菌（曲霉、青霉、担子菌、酵母等）和放线菌等。

用于食品行业的酶制剂则特别需要考虑其安全性。在美国食品用酶需要得到 FDA 的批准，已经同意使用于酶制剂生产的微生物只限于黑曲霉、米曲霉、酵母、枯草杆菌以及放线菌等 20 多种。

6.7.2　酶制剂发酵生产方法

利用微生物生产酶制剂的发酵方法可分为固体发酵法和液体发酵法两种。

1）固体发酵法

固体发酵法也叫麸曲培养法，根据其所需的设备和通气方法的不同又可分为浅盘法、转桶法和通气法。固体发酵法以麸皮为主要材料，将其加水拌成半固态物料作为培养基，供微生物生长繁殖和产酶用。除麸皮之外，还可以用山芋渣、米糠、瘪谷、玉米粉、山芋粉、豆粕等。麸皮的优点是富含碳源、氮源、无机盐和微生物生长因子；质地疏松适度，通气性好；比表面积大，有利于微生物生长繁殖。固体发酵法的优点是设备投资少，容易上马，环境污染小，比较适合霉菌酶的生产。不过，现在固体发酵法在酶制剂生产方面的应用正在逐渐减少。

2）液体发酵法

液体发酵是利用液态培养基培养微生物和产酶。它又可分为液体表面发酵法和液体深层发酵法。液体表面发酵法的特点是培养液层很薄，仅 1~2cm。无须搅拌，低耗能。但是杂菌感染难以控制和占用场地太大，目前已极少采用。液体深层发酵法是目前发酵工业中普遍采用的一种方法，它广泛用于酶制剂、抗生素、有机酸、氨基酸、核酸、维生素等的生产。其主要设备是发酵罐，酶制剂生产中所用的发酵罐的体积一般为 $10\sim50m^3$。培养基的灭菌、冷却、发酵可在同一发酵罐中进行。液体深层发酵法的优点是设备占地面积小，自动化程度高；缺点是能耗大，设备投资大，而且要求严格管理以防止杂菌污染，因而技术要求高。

下面以果胶酶为例介绍酶制剂的生产工艺：

果胶酶是分解果胶质的一类复合酶，包含有多种组分。果胶质的本体形态为原果胶，是一种不溶于水的物质，在未成熟的水果中含量较多，而随着水果的成熟，它就转变成水溶性的果胶质。因此，果胶质广泛存在于高等植物中，它是植物细胞胞间层和初生壁的重要组分，它在植物细胞中起"黏合"的作用，一旦植物中的果胶质分解，便会引起细胞的离散。

（1）固体培养黑曲霉生产果胶酶。固体培养基组成为：甜菜渣：麸皮：硫酸铵＝25％～50％：74％～49％：1％，混合后，加水制成含水分 60％的培养基，接种种曲量为 0.05％，曲层厚 4cm，35～37℃培养至 40h 后，降温（26～28℃）培养至 48h 左右，产酶达到高峰。培养结束后，用水抽提，向抽提液中加入乙醇（乙醇浓度达 80％左右）沉淀果胶酶，干燥粉碎即得成品，收率可达 80％～88％。现在工业用果胶酶多数为液体酶，使用方便。

（2）液体深层培养黑曲霉 CP-85211 生产果胶酶。种子斜面培养基为土豆葡萄糖斜面培养基（土豆 20％、葡萄糖 2％、琼脂 2％、pH6.4）。

液体种子培养：培养基为麸皮 2％、苹果渣 1％、硫酸铵 2％，pH4.7～4.8，28～30℃，通风（12h 前 0.3VVm，12h 后 1.2VVm）培养 36～44h。

发酵培养：培养基与种子培养基相同，28～30℃，通风（24h 前 0.8VVm，24h 后 1.2VVm）培养 55h，发酵酶活可达 600U/mL。

发酵液提取：发酵液压滤除渣，超滤浓缩 10 倍左右，加入酒精沉淀酶，经干燥粉碎即得成品，总收率为 55％左右。

6.8 食用菌生产

6.8.1 平菇

平菇是世界四大食用菌之一，总产量仅屈居双胞蘑菇之后，列为第二。平菇（*Pleurotus ostreatus*）属于担子菌亚门（*Basidiomycotina*）、层菌纲（*Hynomycetes*）、伞菌目（*Agaricales*）、侧耳科（*Pleurotaceae*）、侧耳属（*Pleurotus*）真菌。侧耳属的子实体菌盖多偏生于菌柄的一侧，菌褶延生至菌柄，形似耳状而得名。侧耳属是一个大家族，共有 30 多种，有很多名优品种，除平菇外，还有阿魏菇、鲍鱼菇、杏鲍菇、凤尾菇、榆黄蘑、真姬菇等。人们通常所说的平菇泛指侧耳属中许多品种，俗名冻菇、北风菇等。其中较著名的为糙皮侧耳、美味侧耳、紫孢侧耳、金顶侧耳等，普遍栽培的大多为糙皮侧耳。

1. 平菇的形态结构

平菇的形态结构可分为菌丝体（营养器官）和子实体（繁殖器官）两大部分。

1）菌丝体

菌丝体是平菇的营养器官，可不断从培养基中吸收养料，供菇体生长发育。菌丝体呈洁白色、绒毛状，浓密、粗壮、爬壁力强，是多细胞分支、分隔的丝状体、有锁状联合（图 6-17）。

2）子实体

子实体是平菇的繁殖器官，即平菇的食用部分。子实体丛生、叠生，也有单生。菌盖直径 5～21cm，扁球形或扁平形，成熟后依品种不同，中部逐渐下陷，呈扇形、漏斗状或贝壳状（图 6-18）。菌肉白色、柔软。菌褶长短不等，在菌柄上部呈脉状直纹延生。菌柄侧生或偏生，白色，中实，长短因种而异，一般柄长 1～5cm，粗 0.5～2cm。子实体生理成熟时可从菌褶部位散发孢子，孢子圆形、卵圆形或圆柱形，无色，光滑。孢子印多白色。

图 6-17　平菇的菌丝体形态　　　　　图 6-18　平菇的子实体形态

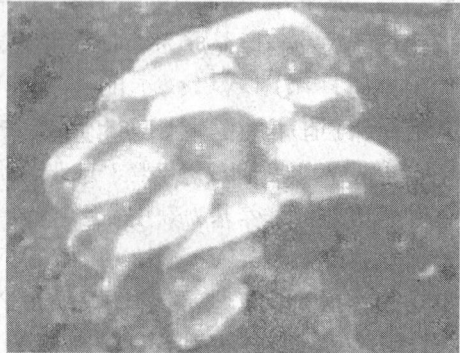

2. 平菇的生长过程

平菇属于双因子控制四极性异宗结合的食用菌。它们的生活史是由担孢子萌发形成单核菌丝体，经质配形成双核菌丝，最后形成原基，再形成子实体。

1) 菌丝体的生长

平菇菌丝体生长是通过菌丝尖端生长点不断向前延伸实现的。双核菌丝通过锁状联合方式生长发育，菌丝增长速度很快，一部分菌丝可伸展到空气中变成气生菌丝，到一定季节或发育阶段气生菌丝进一步扭结转化成子实体。菌丝的其余部分仍旧在基质内维持其营养体的形态和功能。

2) 子实体的发育

子实体发育一般可分为原基期、桑葚期、珊瑚期、成形期四个时期。

（1）原基期。当菌丝长满培养料后，在适宜的温度、湿度、新鲜空气和光照等条件下，菌丝扭结成团，并出现黄色水珠，分化形成子实体原基，即呈瘤状突起，这一时期称为原基期。

（2）桑葚期。子实体原基进一步分化，瘤状突起，表现出小米粒似的一堆白色或蓝色、灰色菌蕾，形似桑葚，称为桑葚期。

（3）珊瑚期。桑葚期经 1～2d，这些粒状菌蕾逐渐伸长，向上方及四周呈放射状生长，表现为基部粗、上部细，参差不齐的短杆状，形如珊瑚，称为珊瑚期。

（4）成形期。珊瑚期经 2～3d 形成原始菌盖，菌盖迅速生长，在菌盖下方逐渐分化出菌褶。由成形期发育成子实体大约需 3～7d。平菇子实体的发育和温度关系密切。在前期菇柄生长快，后期生长慢，直至停止生长。菌盖前期生长慢，后期生长迅速。整个生长发育进程，应科学管理，控制菌柄生长，促进菌盖发育，使菌盖厚，质最好。

6.8.2　黑木耳

黑木耳（*Auricula auricula*）又称木耳及光木耳等，它的别名很多，如云耳、黑菜、木蛾等。黑木耳属于担子菌亚门、层菌纲、木耳目、木耳科、木耳属。它是一种黑色、胶质、味美的食用菌。

黑木耳胶体有极大的吸附力，具有润肺和清洗肠胃的作用，是纺织工人、矿工和理发职工良好的保健食品。

黑木耳是由菌丝体和子实体两大部分组成。菌丝体无色透明，由许多纤细的横膈膜和分枝的绒毛菌丝组成，是分解和吸收养分的营养器官。子实体即食用部分，是产生并弹射孢子的繁殖器官（图 6-17）。

新鲜的子实体是胶质状、图 6-19 黑木耳子实体半透明的、深褐色、有弹性。初生时粒状或杯状，逐渐变为叶状或耳状，许多耳片连在一起呈菊花状。直径一般为 4～10cm，最大的 12cm 左右。干燥后的子实体强烈收缩为角质，硬而脆。子实体的背面凸起，暗青灰色，有密生的短绒毛，不产生担孢子；腹面向下凹，表面平滑或有脉络状皱纹，呈深褐色，这一面产生担孢子，此面是由四个细胞的圆筒形担子紧密地排列在一起的栅状结构，担子的每个细胞长出一个小梗，小梗伸长并穿于胶质膜之外，在顶端各产生一个肾

图 6-19　黑木耳子实体

形的担孢子。许多担孢子聚集在一起呈白粉状。所以，当黑木耳子实体干燥收边时，担孢子就像一层白霜黏附在凹入的腹面。

黑木耳属于异宗结合二极性的菌类，子实体成熟时弹射出大量的担孢子，它在适宜的环境中萌发，可直接形成菌丝，也可产生芽管，先形成分生孢子，分生孢子萌发，再逐渐形成有分支和横膈的管状绒毛菌丝。这种由担孢子萌发生成的菌丝，是单核不孕的初生菌丝，又称单核菌丝。两个单核菌丝，经异宗结合后，形成双核菌丝。双核菌丝通过锁状联合方式，进一步生长发育，生出大量分支菌丝，向基质中延伸生长，吸收其水分和养分，逐渐进入生理成熟的结实阶段。在基质表面产生胶质的子实体原基，在水分和养分供应充足情况下，原基细胞迅速分裂繁殖，菌丝量不断增加，进而密结转化成子实体，子实体成熟又弹射出担孢子，这样从担孢子萌发，经过菌丝阶段的生长发育形成子实体，再由成熟的子实体产生新一代的担孢子，这就是黑木耳的生活史。

6.8.3　猴头菇

猴头菌是食用菌类的珍品之一，古代贡品之一，形成名菜"猴头燕窝"。猴头菌不仅仅是一种菜，还具有营养、食疗、保健功能，它所含有的猴头素对消化道有很好的保健作用，可预防和治疗胃溃疡、十二指肠溃疡等消化道疾病，有滋补强身作用。近来研

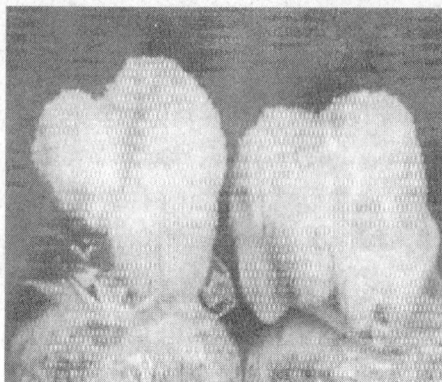

图 6-20　猴头菌的形态

究表明猴头素还具有抗肿瘤作用。

猴头菌由菌丝体和子实体组成。菌丝体是由猴头菌的孢子萌发而来，菌丝直径为 10～20μm，壁薄有膈膜，多分支，丝状。菌丝体的重要作用是吸收营养物质。子实体圆而厚，肉质，新鲜时白色，块状，直径 5～10cm，干后淡黄色或黄褐色，基部狭窄，上部膨大，布满针状肉刺，肉刺上着生子实层。肉刺较发达，有的长达 3cm，下垂，初期白色，后黄褐色，整个子实体像猴子的头（图 6-20），故称猴头菌。孢子着生在子实层中的担子上，称为担孢子，球形或近球形，无色透明，直径 4.6～7.2μm，孢子印白色。

猴头菌的生长过程是经过担孢子、菌丝体、子实体、担孢子几个发育阶段。孢子萌发后伸长形成菌丝体，单核，单倍体，又称一次菌丝；一次菌丝较细，不同性的一次菌丝接触，细胞质相融合，形成双核菌丝，又叫二次菌丝；二次菌丝在培养基中长到生理成熟后，遇到适宜的环境就密集、特化，扭结成子实体。子实体中的菌丝称三次菌丝。这种菌丝呈假组织状，以后子实体上逐渐长出肉刺，在肉刺上形成担子，担子中的两个细胞核进行核配，成为双倍体，很快进行减数分裂，形成了 4 个单倍体的细胞核，然后 4 个单倍体的细胞核进入担子小梗的尖端，形成担孢子，一个子实体上产生数亿个担孢子。这样就形成了猴头菌从担孢子到担孢子的生活循环。

小结

通过本章学习，培养学生掌握利用有益微生物来生产食品的技术。本章主要介绍了微生物在食品生产中的应用技术，包括酿酒、发酵调味品、发酵乳制品、面包、谷氨酸、柠檬酸、酶制剂以及食用菌生产等，重点介绍生产食品使用的各种微生物的特性以及其作用机理，并简单地介绍了各种发酵食品的定义和主要生产工艺。

思考题

1. 简述微生物在食品制造方面的作用。
2. 简述啤酒酵母的分类及作用。
3. 说明大曲中的主要微生物及其作用。
4. 为什么说食醋生产是多种微生物参与的结果？常用的菌种有哪些？
5. 酵母菌在面包制造过程中起哪些作用？
6. 简述微生物在腐乳特殊的色、香、味、体形成方面的作用。
7. 简述酸奶的发酵剂组成及相互间的作用关系。

8. 白葡萄酒与红葡萄酒生产工艺的差别有哪些?

9. 谷氨酸、柠檬酸在食品中的作用有哪些?

10. 说明微生物酶制剂在食品加工制造中的应用情况。

11. 简述黑木耳的生长过程。

第7章　食品微生物实验技术

7.1　微生物实验常规技术

7.1.1　实验1：玻璃器皿的洗涤、包扎和干热灭菌

1. 目的要求

（1）了解实验室常用玻璃器皿的种类及各自的用途。

（2）掌握各种器皿的洗涤和包扎方法。

（3）掌握干热灭菌的原理和方法。

微生物实验室的玻璃器皿在实验之前必须洗涤清洁，且通常要灭菌后才可使用，否则会直接影响实验的结果。

本内容主要介绍各类玻璃器皿的洗涤、包扎和干热灭菌。

2. 实验室常用玻璃器皿的种类

1）试管

微生物实验室所用的玻璃试管，根据其大小和用途不同，有下列三种型号：

（1）大试管（约 18mm×180mm），可装倒平板用的培养基，也可作制备斜面用（需要大量菌体时用）和装液体培养基用于微生物的振荡培养。

（2）中试管［约（13～15）mm×（100～150）mm］，装液体培养基培养细菌或做斜面用，也可用于细菌、霉菌、病毒等的稀释和血清学试验。

（3）小试管［约（10～12）mm×100mm］，一般用于糖发酵或血清学试验，和其他需要节省材料的试验。

2）杜氏小管

观察细菌在糖发酵培养基内是否产气时，在小试管内倒置一小套管（约 6mm×36mm）（图 7-1）。此小套管即杜氏小管，又称发酵小倒管。

3）小塑料离心管

如图 7-1 所示，有 1.5mL 和 0.5mL 二种型号，主要用于小量菌体的离心、DNA（或 RNA）分子的检测、提取等。

4）玻璃吸管

微生物学实验室通常使用 1mL、2mL、5mL、10mL 的刻度玻璃吸管。有时需要使用不计量的毛细吸管（又称滴管）来吸取动物的体液、离心上清液以及滴加少量抗原、抗体等。

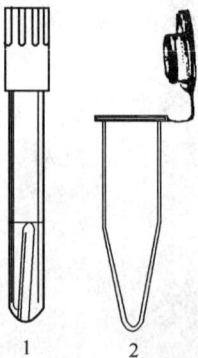

图 7-1　德汉氏小管 1 和小塑料离心管 2

　　5）培养皿

　　培养皿又称平皿，由一底一盖组成一套，常用的培养皿皿底直径 90mm，高 15mm，皿底皿盖均为玻璃制成，需要使培养基表面干燥时，可使用陶器皿盖来吸收水分。在培养皿内倒入适量固体培养基制成平板，可用于分离、纯化、鉴定菌种，活菌计数以及测定抗生素、噬菌体的效价等。

　　6）三角瓶与烧杯

　　三角瓶有 100mL、250mL、500mL 和 1000mL 等不同的规格，常用来装无菌水、培养基和振荡培养微生物等。常用的烧杯有 50mL、100mL、250mL、500mL 和 1000mL 等，用来配制培养基与各种溶液等。

　　7）载玻片与盖玻片

　　普通载玻片大小为 75mm×25mm，用于微生物涂片、染色、形态观察等。盖玻片为 18mm×18mm。

　　如果在较厚的玻片中央制一圆形的凹窝，就形成了凹玻片。可作悬滴观察活细菌以及微室培养用。

　　8）滴瓶

　　滴瓶可用来装各种染色液、生理盐水等。

　　9）玻璃涂布棒

　　用涂布法在琼脂平板上分离单个菌落时需使用玻璃涂布棒。它是将玻璃棒弯曲或将玻璃棒一端烧红后压扁制成的。

　　3. 玻璃器皿的洗涤

　　根据实验目的、器皿的种类、所装的物品、洗涤剂的种类和玷污程度等的不同，洗涤方法也有所不同。

　　1）洗涤液的配制

　　（1）浓配方：

　　重铬酸钾（工业用）　　　50g；

　　浓 H_2SO_4（工业用）　　　1000mL。

　　配法：1000mL 工业用浓 H_2SO_4 在文火上加热，然后加入 50g 重铬酸钾溶解即成。

　　（2）稀配方：

　　重铬酸钾（工业用）　　　50g；

　　自来水　　　　　　　　　850mL；

　　浓 H_2SO_4（工业用）　　　100mL。

　　配法：将重铬酸钾溶解在自来水中，慢慢加入浓硫酸，边加边搅拌，配好后，贮存于广口玻璃瓶内，盖紧塞子备用。应用此液时，器皿必须干燥，同时切忌把大量还原物质带入。洗涤液可应用多次，直至溶液变为绿色时，才算失效。

　　2）新购置玻璃器皿的洗涤

　　新购置的玻璃器皿一般含较多游离碱，应在 2% 的盐酸或洗涤液内先浸泡数小时，浸泡后用自来水冲洗干净。洗净后的试管倒置于试管筐内，三角瓶倒置于洗涤架上，培养皿的皿底和皿盖分开，依次压着皿边排列倒扣在桌上。晾干或在 70～80℃ 干燥箱内烘干备用。

3) 使用过的玻璃器皿的洗涤方法

（1）试管、培养皿、三角瓶、烧杯的洗涤。可用瓶刷或海绵沾上肥皂或洗衣粉或去污粉等洗涤剂刷洗，然后用自来水冲洗干净。洗涤后，若内壁的水均匀分布成一薄层，表示油垢完全洗净，若还挂有水珠，则需用洗涤液浸泡数小时，然后再用自来水冲洗。

含有凡士林或石蜡等的玻璃器皿，必须先除去油污，可在 5% 苏打液内煮 2 次，再用热的肥皂水洗刷。装有固体培养基的器皿应先将其刮去，然后洗涤。带菌的器皿在洗涤前先浸在 2% 煤酚皂溶液或 0.25% 新洁尔灭消毒液内 24h 或煮沸 0.5h，再用上法洗涤。带致病菌的培养物应先高压灭菌，然后倒去培养物，再进行洗涤。

洗衣粉和去污粉较难冲洗干净而常在器壁上附有一层微小粒子，故要用水多次充分冲洗，或可用稀盐酸摇洗一次，再用水冲洗。若需精确配制化学药品，或做科研用的精确实验，要求自来水冲洗干净后，再用蒸馏水淋洗 3 次，烘干备用。

（2）玻璃吸管的洗涤。吸过菌液的吸管（滴管的橡皮头应先拔去）应立即投入 2% 煤酚皂溶液或 0.25% 新洁尔灭消毒液内，浸泡 24h 后方可取出冲洗。吸过血液、血清、糖溶液或染料溶液的吸管应立即投入自来水中，免得干燥后难以冲洗干净，待实验完毕，再集中冲洗。若吸管顶部塞有棉花，则冲洗前先将吸管尖端与装在水龙头上的橡皮管连接，用水将棉花冲出，然后再装入吸管自动洗涤器内冲洗，没有吸管自动洗涤器的实验室可用冲出棉花的方法多冲洗片刻。必要时再用蒸馏水淋洗。

吸管的内壁如果有油垢，同样应先在洗涤液内浸泡数小时，然后再冲洗。

洗净后，搪瓷盘中晾干或 100℃ 烘箱内烘干。

（3）载玻片与盖玻片的洗涤。玻片上如滴有香柏油，要先用纸擦去或浸在二甲苯内摇晃几次以溶解油垢，再在肥皂水中煮沸 5～10min，用软布擦拭后，立即用自来水冲洗，然后在稀洗涤液中浸泡 0.5～2h，自来水冲去洗涤液，最后用蒸馏水淋洗数次，待干后浸于 95% 乙醇中保存备用。使用时在火焰上烧去乙醇。

检查过活菌的玻片应先在 2% 煤酚皂溶液或 0.25% 新洁尔灭溶液中浸泡 24h，然后按上述洗涤，保存。

4. 玻璃器皿的包扎

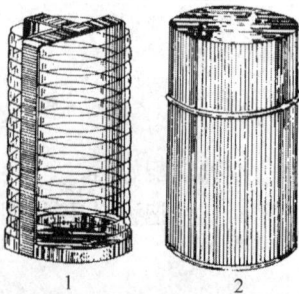

图 7-2　装培养皿的金属筒
1. 内部框架；2. 带盖外筒

1) 培养皿的包扎

培养皿常用牛皮纸或旧报纸包紧，一般以 5～8 套培养皿包成一包。包好后干热或湿热灭菌。或者不用纸包扎，直接放入特制的金属（不锈钢或铁皮）筒内（图 7-2），加盖干热灭菌。

2) 吸管的包扎

在干燥吸管的上端约 0.5cm 处，塞入一小段约 1～1.5cm 长的棉花（勿用脱脂棉），目的是避免将外界或嘴中杂菌吹入管内，或不慎将菌液吸出管外。棉花松紧要合适，若过紧，吹吸液体太费力；过松，吹气时棉花则会下滑。

挑取 4~5cm 宽的长纸条，将吸管尖端斜放在纸条的一端，与纸约呈 30°角，折叠纸条包住尖端，左手握住吸管身，右手将吸管压紧，在桌面上向前搓转，以螺旋式包扎。上端多余的纸条打一小结（图 7-3 1~8）。包好的多支吸管可再用一张大报纸包成一捆灭菌。

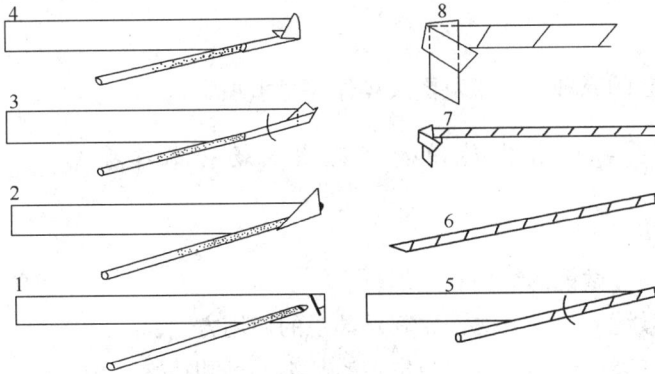

图 7-3　单支吸管的包扎方法

干热灭菌时，吸管可不用报纸包扎，直接放入不锈钢筒内，只须尖断朝筒底。

3）试管和三角瓶的包扎

试管塞上棉花塞，三角瓶塞上棉花塞或"通气式"纱布塞（用八层纱布代替棉花制成的塞子），目的是提供通气条件和防止杂菌污染，外用牛皮纸或两层旧报纸与细线扎好。试管可以多支扎成一捆灭菌。

5. 干热灭菌

干热灭菌又称热空气灭菌，是利用高温使微生物细胞内的蛋白质凝固变性的原理。细胞中蛋白质凝固与含水量有关。含水量越大，凝固越快；反之含水量越小，凝固越慢。因此干热灭菌所需的温度和时间要高于湿热灭菌。干热灭菌可以在恒温的电烘箱中进行，一般在 160~170℃，持续 1~2h，即可达到灭菌目的。它适用于各种耐热的玻璃空器皿（如培养皿、试管、吸管等）、金属用具（如牛津杯、手术刀等）和某些其他物品（如石蜡油）的灭菌。但带有胶皮、塑料的物品、液体及固体培养基不能用干热灭菌。

干热灭菌的具体步骤：

1）装料

将待灭菌的物品包扎好放入电烘箱内，关好箱门。注意物品不能摆得太挤，以免影响热空气流通；用纸包扎的物品不能接触电烘箱内壁，以免着火。

2）恒温

接通电源，设定温度在 160~170℃之间。打开电烘箱排气孔，排除箱内湿空气；当温度升至 100℃时，关闭排气孔。继续升温至 160~170℃，维持 1~2h。灭菌物品用纸包扎或带有棉塞时温度不能超过 170℃。

3）降温

达到规定的时间后，切断电源，自然降温。

4）取料

待电烘箱内温度降到 60℃ 以下，打开箱门，取出灭菌物品。箱内温度未降到 70℃ 以前，切勿打开箱门，以免骤然降温导致玻璃器皿破裂。

6. 思考题

简述干热灭菌的原理，适用范围及操作注意事项。

7.1.2　实验2：普通显微镜的使用及微生物标本片观察

1. 目的要求

（1）熟悉普通显微镜的结构和原理。

（2）掌握显微镜的使用方法，尤其是油镜的使用方法。

（3）观察各种染色标本，认识微生物的基本形态和特殊结构。

2. 基本原理

显微镜包括普通光学显微镜、相差显微镜、暗视野显微镜、荧光显微镜和电子显微镜等。微生物个体微小，难于用肉眼观察形态结构，只有借助显微镜，才能对其进行研究和利用。普通光学显微镜是一种精密的光学仪器，是观察微生物最常用的工具。

细菌等原核细胞型微生物个体微小，一般需要使用油镜观察其形态结构。而油镜头晶片极小，投入光线少，从载玻片透过光线，又被空气折射（空气折光率 1.00、玻璃折光率为 1.52），更不易射入镜头内，致使光线较弱物像不清。当在镜头和载玻片之间滴加香柏油后，由于香柏油折光率为 1.515，与玻璃相近，可消除光线通过玻璃与物镜间空气时发生的折射现象，避免光线损失，使亮度和清晰度都得到了提高，几乎可以看清所有细菌。

3. 实验材料及仪器

（1）标本及试剂：微生物标本片、香柏油、二甲苯。

（2）仪器及其他用具：普通光学显微镜、擦镜纸等。

4. 实验步骤

1）普通光学显微镜的构造及使用方法

（1）普通光学显微镜的构造。普通光学显微镜由机械部分和光学部分组成。

① 显微镜的机械部分。包括镜座、镜臂、镜筒、转换器、载物台、推动器、粗调节器（粗调螺旋）和细调节器（微调螺旋）等部件（图 7-4）。

a. 镜座：镜座是显微镜的基本支架，在显微镜的底部，呈马蹄形、长方形、三角形等。

b. 镜臂：镜臂是连接镜座和镜筒之间的部分，呈圆弧形，作为移动显微镜时的握持部分。

　　c. 镜筒：镜筒上接接目镜，下接转换器，形成接目镜与接物镜间的暗室。从镜筒的上缘到物镜转换器螺旋口之间的距离称为机械筒长。因为物镜的放大率是对一定的镜筒长度而言的。镜筒长度变化，不仅放大率随之变化，而且成像质量也受到影响。因此，使用显微镜时，不能任意改变镜筒长度。国际上将显微镜的标准筒长定为 160mm，此数字标在物镜的外壳上。

　　d. 物镜转换器：由两个金属圆盘叠合而成，可安装 3~4 个物镜。转动转换器，可以按需要将其中任何一个物镜和镜筒接通，与镜筒上面的目镜构成一个放大系统。

　　e. 载物台和推动器：载物台中央有一孔，为光线通路。在台上装有弹簧标本夹和推动器，旋转推动器的螺旋，可使推动器做横向或纵向的推动。推动器上刻有刻度标尺，构成精密的平面坐标系。如需要重复观察已检查标本的某一物像时，可在第一次检查时记下纵横标尺的数值，下次按数值移动推动器，就可以找到原来标本的位置。

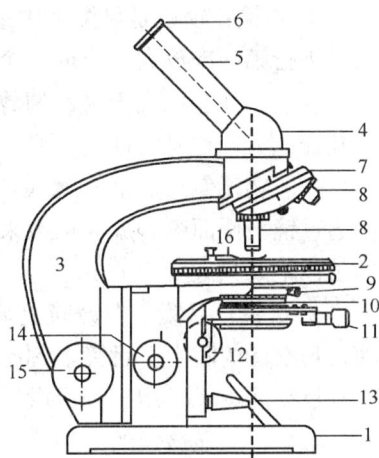

图 7-4　普通光学显微镜的构造

1. 镜座；2. 载物台；3. 镜臂；
4. 棱镜套；5. 镜筒；6. 接目镜；
7. 转换器；8. 接物镜；9. 聚光器；
10. 虹彩光圈；11. 光圈固定器；
12. 聚光器升降螺旋；13. 反光镜；
14. 细调节器；15. 粗调节器；
16. 标本夹

　　f. 调焦螺旋：位于镜筒的两旁，分为粗调节器和细调节器，粗调节器在上，细调节器在下。粗调节器用于粗放调节物镜和标本的距离。用粗调节器只能粗放地调节焦距，难于观察到清晰的物像，细调节器用于进一步调节焦距。

　　g. 聚光器升降螺旋：装在载物台下方，可使聚光器升降，用于调节反光镜反射出来的光线。

　　② 显微镜的光学系统由反光镜、聚光器、物镜、目镜、虹彩光圈等组成，光学系统使标本物像放大，形成倒立的放大物像。

　　a. 反光镜：位于镜座上，由一平面和另一凹面的镜子组成，可以将投射在它上面的光线反射到聚光器透镜的中央，照明标本。对于光线较强的天然光源，一般宜用平面镜，对光线较弱的天然光源或人工光源，则宜用凹面镜。电光源显微镜镜座上装有光源，并有电流调节螺旋，可通过调节电流大小来调节光照强度。

　　b. 聚光器：聚光器在载物台下面，位于反光镜上方，由一组透镜组成，作用是将反光镜反射来的光线聚为一组强的光锥于载玻片上，以得到最强的照明，使物像获得明亮清晰的效果。聚光器可根据光线的需要，上下调整。一般用低倍镜时降低聚光器，用油镜时升至最高处。

　　c. 虹彩光圈：可以放大和缩小，影响成像的分辨力和反差，若将虹彩光圈开放过大，超过物镜的数值孔径时，便产生光斑；若收缩虹彩光圈过小，虽反差增大，但分辨力下降。因此，在观察时一般应将虹彩光圈调节开启到视场周缘的外切处，使不在视场内的物体得不到任何光线的照明，以避免散射光的干扰。

　　d. 物镜：物镜是显微镜中最重要的部分，安装在转换器的螺口上。作用是将被检物像进行第一次放大，形成一个倒立的实像。物镜成像的质量对分辨力有着决定性的影响。物镜的性能取决于物镜的数值孔径，每个物镜的数值孔径都标在物镜的外壳上，数值孔径越大，物镜的性能越好。

　　一般物镜包括低倍物镜（4×、10×）和高倍物镜（40×）和油镜（100×）。使用时通过镜头侧面刻有放大倍数来辨认，一般放大倍数越高的物镜，工作距离越小，油镜的工作距离只有 0.19mm。

　　e. 目镜：目镜装在镜筒上端，作用是把物镜放大了的实像再放大一次，并把物像映入观察者的眼中。目镜上刻有表示放大倍数的标志，如 5×、10×、16×。目镜中可安置目镜测微尺，用于测量微生物的大小。

　　（2）普通显微镜的使用。

　　① 取镜。从镜箱中取镜时，一手握镜臂，一手托镜座，保持镜体直立，以防反光镜及目镜脱落被摔坏，将显微镜放置于平稳的实验台上。端正坐姿，镜检时两眼同时睁开，单目显微镜一般用左眼观察，用右眼帮助绘图或做记录。双目显微镜用双眼观察。

　　② 使低倍镜与镜筒呈一直线，调节反光镜，让光线均匀照射在反光镜上，电光源显微镜打开照明光源，并使整个视野都有均匀的照明。调节亮度然后升降聚光器，开启虹彩光圈，将光线调至合适的亮度。

　　③ 将要观察的标本放在载物台上，调节待检部位位于物镜正下方。

　　④ 观察从低倍镜开始，低倍镜下视野范围大，易找到待观察的物像。用粗调节器下降镜筒，使物镜接近盖玻片。为了防止物镜压在标本玻片上而受到损伤，可在侧面观察，然后从目镜中观察视野，旋动粗调节器，使镜筒徐徐上升，直至出现物像，再用细调节器调至物像清晰为止。

　　⑤ 使用推动器移动标本，认真观察标本各部分，寻找要观察的目标。

　　⑥ 转动转换器，用高倍镜观察。显微镜、载玻片和盖玻片都符合标准时，可做等高转换，即显微镜的所有物镜一般是共焦点的。但一般情况下，转换物镜时，也要从侧面观察，避免镜头与玻片相撞。然后用细调节器稍加调节，就可获得清晰的图像。转动转换器时，不要用手指直接扳动物镜镜头（图 7-5）。

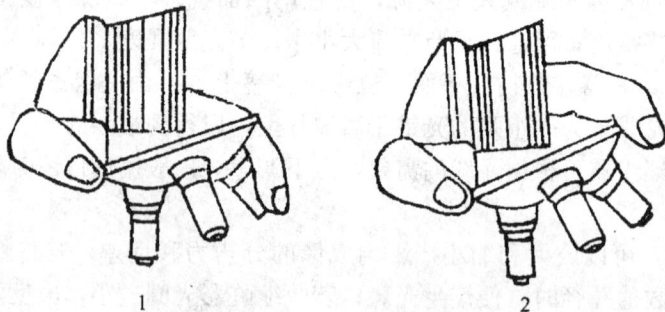

图 7-5　转动转换器
1. 不正确；2. 正确

⑦ 升高镜筒，将油镜转到光路轴上来。在载玻片目标物上滴加一滴香柏油。从侧面注视，下降镜筒，使油镜前端浸入香柏油。调节光照，然后一边观察一边用细调节器缓缓升高镜筒，直至视野中出现清晰的物像。

⑧ 观察完毕，应及时把镜头上的香柏油擦去。擦拭时先用擦镜纸擦 1～2 次，然后用二甲苯润湿擦镜纸，再擦 1 次，最后再用干净的擦镜纸擦 2 次。用柔软的绸布擦拭显微镜的机械部分。

将物镜镜头转呈八字形，下降镜筒和集光器。将显微镜放回镜箱。将显微镜置干燥通风处，并避免阳光直射，避免和挥发性化学试剂放在一起。

2）微生物标本片的观察

观察青霉、曲霉、酵母菌、放线菌、大肠杆菌等常见微生物标本片，认识微生物的基本形态和特殊结构。

3）显微镜用毕后的处理

（1）以粗调节器调开油镜，移去标本片。

（2）用擦镜纸擦去油镜上的香柏油。如油过黏、过干，可以擦镜纸沾少许二甲苯擦镜，然后立即用干擦镜纸擦去残留二甲苯，以免镜头脱胶。

（3）加少许二甲苯于滴过油的标本上，以毛边纸向一个方向轻轻拖拉，除去标本上的油。一次不行可重复，但不可来回擦抹，以免擦掉标本。

（4）将显微镜各部分还原：聚光器下降，反光镜垂直于镜座，物镜镜头离开通光孔上方转呈八字形。放入镜箱。

5. 结果报告

分别绘出低倍镜、高倍镜和油镜下观察到的青霉、曲霉、酵母菌、放线菌、大肠杆菌等的形态，包括在三种情况下视野中的变化。同时注明物镜放大倍数和总放大率。

6. 思考题

（1）用油镜观察时应注意哪些问题？在载玻片和镜头之间加滴什么油？起什么作用？

（2）试列表比较低倍镜、高倍镜及油镜各方面的差异。为什么在使用高倍镜及油镜之前要先用低倍镜进行观察？

（3）根据你的实验体会，谈谈应如何根据所观察微生物的大小，选择不同的物镜进行有效的观察。

7.1.3　实验 3：细菌的简单染色法和革兰氏染色法

1. 目的要求

（1）学习微生物涂片、染色的基本技术，掌握细菌的简单染色法和革兰氏染色法。

（2）认识细菌的个体形态和菌落特征。

（3）掌握显微镜（油镜）的使用方法和无菌操作技术。

2. 基本原理

细菌的菌体很小，活细胞含水量在 80%～90%，因此对光的吸收和反射与水溶液相差不大，所以观察其细胞结构必须染色。根据实验目的不同，可分为简单染色法、鉴别染色法和特殊染色法等，本实验只介绍前两种。

1）一般染色法的基本原理

微生物染色的染料主要有碱性染料、酸性染料和中性染料三大类。碱性染料的离子带正电荷，能和带负电荷的物质结合。细菌蛋白质等电点较低，大约在 pI2～5 之间，通常情况下带负电荷，常采用碱性染料使其着色，如美蓝、结晶紫、碱性复红或孔雀绿等。而酸性染料的离子带负电荷，能与带正电荷的物质结合。当细菌生长繁殖时使培养基的 pH 降低，所带的正电荷增加，易被酸性染料着色，如伊红、酸性复红、刚果红等。中性染料是酸性染料和碱性染料的结合物，亦称复合染料，如伊红美蓝、伊红天青等。

影响染色的其他因素，除了菌体细胞的构造和膜的通透性外，还与培养基的组成、菌龄、染色液中的电解质含量、pH、温度和药物的作用有关。

简单染色法是只用一种染料使细菌着色以显示其形态的方法，难以辨别细胞的构造。

2）革兰氏染色法的基本原理

革兰氏染色法是细菌学中很重要的鉴别染色法，通过此方法，可将细菌分为革兰氏阳性（G^+）细菌和革兰氏阴性（G^-）细菌两大类。

研究表明，G^+细菌和 G^-细菌的细胞壁结构和成分不同。G^+细菌细胞壁的肽聚糖层较厚，交联度高，类脂含量少，经乙醇处理后使之脱水，而使肽聚糖层的孔径缩小，通透性降低，结晶紫与碘的复合物保留在细胞内而不被脱色，因此细菌呈现结晶紫的紫色。而 G^-细菌细胞壁中的肽聚糖层较薄，交联度低，类脂含量高，脱色剂处理后溶解了类脂物质，细胞壁孔径增大，增加了细胞壁的通透性，使初染的结晶紫和碘的复合物易于渗出，细菌被脱色，番红复染后呈现红色。

3. 实验材料及仪器

（1）菌种：培养 12～16h 的苏云金芽孢杆菌或枯草杆菌，培养 24h 的大肠杆菌。

（2）染色液和试剂：石炭酸复红染液 ［附录 3 中 1.1)］、吕氏碱性美蓝染色液 ［附录 3 中 1.2)］、革兰氏染色液（附录 3 中 2)、二甲苯、香柏油。

（3）仪器或其他用具：显微镜、酒精灯、擦镜纸、载玻片、接种环、蒸馏水（或生理盐水）。

4. 实验步骤

1）简单染色法

（1）涂片。取干净载玻片一块，将其在火焰上微微加热，除去油脂，冷却，在中央部位滴加一小滴蒸馏水（或生理盐水），按无菌操作法（图 7-6），用接种环从斜面上挑取少量菌体与水混匀，涂成均匀的薄层。注意取菌不要太多，涂布面积直径约 1.5cm 为宜。

（2）干燥。让涂片在室温中自然晾干或者在酒精灯火焰上方用小火烘干。

（3）固定。手执玻片一端，让有菌膜的一面朝上，通过微火 3～4 次固定（用手指接触涂片反面，以不烫手为宜，否则会改变甚至破坏细胞的形态）。

固定的目的是杀死活菌，使菌体蛋白质凝固，以固定细胞的形态，使之牢固附着在载片上。

（4）染色。将涂片放在搁架上，滴加染色液一滴，铺满涂菌部分，染色 1～2min。

（5）冲洗。倾去染液，斜置载片，用水轻轻冲去多余染液，直至流水变清为止。注意水流不得直接冲在涂菌处，以免将菌体冲掉。

（6）吸干。将洗过的涂片放在空气中晾干或用吸水纸吸干。

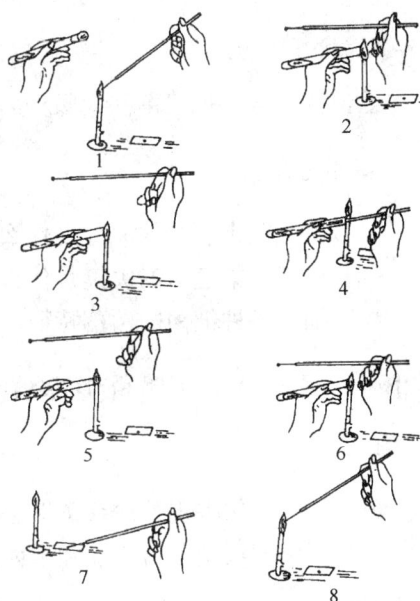

图 7-6　无菌操作过程

1～8. 无菌操作步骤

（7）镜检。先用低倍镜，把要观察的部位放在视野里，找到目的物后，在涂片上加香柏油一滴，换上油镜头，将油镜头浸入油滴中仔细调焦观察细菌的形状和排列方式。

2）革兰氏染色

（1）制片。取斜面培养物如前法涂片、干燥、固定。

（2）初染。加适量结晶紫染色液（以刚好将菌膜覆盖为宜）染色 1min，水洗。

（3）媒染。用革兰氏碘液冲去残水，并用碘液覆盖 1min，水洗。

（4）脱色。将玻片倾斜在水池边，连续滴加 95％乙醇脱色，直至流出的乙醇液无色（约 30s），立即水洗。

（5）复染。滴加沙黄或复红，复染 1～2min，水洗。

（6）吸干。将染好的涂片放空气中晾干或者用吸水纸吸干。

（7）镜检。镜检时先用低倍镜，再用高倍镜，最后用油镜观察，注意菌体呈现的颜色。菌体被染成蓝紫色的是革兰氏阳性细菌，被染成红色的是革兰氏阴性细菌。

注意：①革兰氏染色成败的关键是乙醇脱色。如脱色过度，则阳性细菌被误染成阴性细菌，如脱色不足，则阴性细菌被误染成阳性细菌。脱色时间一般为 30s 左右。

② 染色过程中不可使染色液干涸。

③ 选用幼龄的细菌。G^+ 细菌培养 12～16h，$E. coli$ 培养 24h。若菌龄太长，常使革兰氏阳性细菌转呈阴性反应。

3）观察细菌的菌落

观察大肠杆菌、枯草芽孢杆菌或苏云金芽孢杆菌等细菌平板菌落，注意菌落形状、大小、颜色、光泽、透明度、边缘状况等。

5. 结果报告

绘出苏云金芽孢杆菌和大肠杆菌的形态图，并注明两菌的革兰氏染色的反应性。

6. 思考题

（1）革兰氏染色法的原理是什么？
（2）革兰氏染色法的关键是什么？
（3）描述各种细菌的菌落特征。

7.1.4 实验4：放线菌形态的观察

1. 目的要求

（1）学习并掌握观察放线菌形态的基本方法。
（2）了解放线菌菌落特征和个体形态特征。

2. 基本原理

放线菌是指一类呈丝状分支、不分隔的单细胞革兰氏阳性菌。常见的放线菌大多能形成菌丝体，紧贴培养基表面或插入培养基内生长的叫基内菌丝，伸向空气中的叫气生菌丝，由气生菌丝进一步分化产生孢子丝及孢子。有的放线菌只产生基内菌丝而无气生菌丝，在显微镜下直接观察时，气生菌丝较暗而基内菌丝较透明，孢子丝有直、波曲、螺旋形或轮生等各种形态。孢子有球形、椭圆形、杆状和柱状等。它们的形态构造都是放线菌分类鉴定的重要依据。

（1）玻璃纸法。玻璃纸是一种透明的半透膜，将灭菌的玻璃纸覆盖在琼脂平板表面，然后将放线菌接种于玻璃纸上，经培养，放线菌在玻璃纸上生长形成菌苔。观察时，揭下玻璃纸，固定在载玻片上直接镜检。这种方法既能保持放线菌的自然生长状态，也便于观察不同生长期的形态特征。

（2）插片法。将放线菌接种在琼脂平板上，插上灭菌盖玻片后培养，使放线菌菌丝沿着培养基表面与盖玻片的交接处生长而附着在盖玻上。观察时，轻轻取出盖玻片，置于载玻片上直接镜检。这种方法可观察到放线菌自然生长状态下的特征，而且便于观察不同生长期的形态。

（3）印片法。放线菌的孢子丝形状和孢子排列情况是放线菌分类的重要依据，为了不打乱孢子的排列情况，常用印片法进行制片观察。

3. 实验材料及仪器

（1）菌种：培养5～7d的细黄链霉菌（即"5406"抗生菌 *Streptomyces microflavus*）或青色链霉菌（*S. glaucus*）或弗氏链霉菌（*S. fradiae*）的斜面菌种。
（2）培养基：灭菌的高氏1号琼脂培养基（附录2中4）。
（3）仪器及其他用具：无菌平皿、玻璃纸、9mL无菌水试管若干支、酒精灯、火柴、接种环、接种铲、镊子、玻璃涂布棒、1mL 无菌吸管、剪刀、载玻片、石炭酸复红染色液［附录 3 中 1.1)］、显微镜。

　　4. 实验步骤

　　1) 玻璃纸法

　　(1) 玻璃纸的选择与灭菌。选择能够允许营养物质透过的玻璃纸。也可收集商品包装用的玻璃纸，加水煮沸，然后用冷水冲洗。经此处理后的玻璃纸若变硬，则不可用。将玻璃纸剪成培养皿大小，经水浸湿后，放入培养皿中，121℃ 高压蒸汽灭菌 30min。

　　(2) 孢子悬液的制备。将放线菌斜面菌种制成 10^{-3} 的孢子悬液。

　　(3) 倒平板。将高氏 1 号琼脂培养基熔化后倒入无菌培养皿内，每皿约 15mL。

　　(4) 铺玻璃纸。待培养基凝固后，在无菌操作下用镊子将无菌玻璃纸紧贴在琼脂平板上，玻璃纸和琼脂平板之间不能留气泡，即制成玻璃纸琼脂平板培养基。

　　(5) 接种。分别用 1mL 无菌吸管取 0.2mL 链霉菌孢子悬液滴加在玻璃纸琼脂平板培养基上，并用无菌玻璃涂布棒涂匀。

　　(6) 培养。将已接种的玻璃纸琼脂平板倒置于 28～30℃ 下培养。

　　(7) 镜检。当培养至 3d、5d、7d 时，从温室中取出平皿，在无菌环境下打开培养皿，用无菌镊子将玻璃纸与培养基分离，用无菌剪刀取小片置于载玻片上用显微镜观察，先低倍镜，再高倍镜。也可将培养皿直接置于显微镜下观察。

　　2) 插片法

　　(1) 孢子悬液的制备。同玻璃纸法。

　　(2) 倒平板。同玻璃纸法。

　　(3) 接种。同玻璃纸法。

　　(4) 插片。以无菌操作用镊子将灭过菌的盖玻片以约 45°角插入琼脂中，插片数量可根据需要而定。

　　(5) 培养。将插片平板倒置 28～30℃ 下培养，培养时间根据观察的目的而定，通常 3～5d。

　　(6) 镜检。用镊子小心拔出盖玻片，擦去背面培养物，然后将有菌的一面朝上放在载玻片上，直接镜检。先低倍镜，再高倍镜。如果用 0.1％美蓝对培养后的盖玻片进行染色后观察，效果会更好。

　　3) 印片法

　　(1) 制片。取干净载玻片一块，用接种铲将平板上的放线菌菌苔连同培养基切下一小块，放在载玻片上。另取一洁净载玻片在火焰上微热后，对准菌苔的气生菌丝轻轻按压，使培养物（气生菌丝、孢子丝或孢子）"印"在后一载玻片中央，然后将载玻片垂直拿起。注意不要使培养体在玻片上滑动，否则会打乱孢子丝的自然形态。

　　(2) 固定。将印有放线菌的涂面朝上，通过酒精灯火焰 2～3 次加热固定。

　　(3) 染色。用石炭酸复红染色 1min，水洗。

　　(4) 晾干。不能用吸水纸吸干。

（5）镜检。先低倍镜，再高倍镜，最后用油镜观察孢子丝、孢子的形态及孢子的排列情况。

5. 结果报告

（1）绘出链霉菌自然生长的个体形态图。

（2）绘出所观察链霉菌的孢子丝和孢子的形态图。

6. 思考题

（1）为什么在培养基上放了玻璃纸后，放线菌仍能生长？

（2）印片法成败关键在哪里？

（3）比较不同放线菌形态特征的异同点。

7.1.5　实验5：酵母菌的形态观察及死活细胞的染色鉴别

1. 目的要求

（1）观察酵母菌的个体形态及出芽繁殖方式，掌握鉴别酵母菌死活细胞的染色方法。

（2）掌握酵母菌的菌落特征。

2. 基本原理

酵母菌是不运动的单细胞真核微生物，细胞核与细胞质有明显的分化，其大小通常比细菌大 10 倍左右。细胞呈圆形、卵圆形、腊肠形，有些酵母菌能形成假菌丝。大多数酵母以出芽方式进行无性繁殖，少数进行分裂繁殖。本实验通过美蓝染色液水浸片和水-碘液水浸片来观察酵母的形态和出芽繁殖方式。

美蓝染色液是一种弱氧化剂，它的氧化型呈蓝色，还原型无色。用美蓝对酵母的活细胞进行染色时，由于细胞的新陈代谢作用，能使美蓝还原。因此，酵母活细胞是无色的，而死细胞或代谢作用微弱的衰老细胞则呈蓝色或淡蓝色。

3. 实验材料及仪器

（1）菌种：酿酒酵母（*Saccharomyces cerevisiae*）斜面菌种。

（2）染色液和试剂：吕氏碱性美蓝染色液［附录 3 中 1.2)］、革兰氏碘液［附录 3 中 2.2)］

（3）仪器及其他用具：接种环、载玻片、盖玻片、镊子、显微镜等。

4. 实验步骤

1）美蓝染色液浸片的观察

（1）制片。在洁净载玻片中央加 1 滴吕氏碱性美蓝染色液，然后按无菌操作用接种环挑取少量酵母菌放在染色液中，混合均匀，染色 3～5min。

（2）加盖玻片。先将盖玻片一端与菌液接触，然后慢慢将盖玻片放下使其盖在菌液上。盖玻片不宜平放，以免产生气泡影响观察。

（3）镜检。先低倍镜，后高倍镜，观察酵母的形态、构造、内含物和出芽情况，并根据颜色来区别死活细胞。

2）水-碘液浸片的观察

在载玻片中央加一小滴革兰氏染色用碘液，然后在其上加三小滴水，取少许酵母菌放入水-碘液中混匀，盖上盖玻片后镜检。

3）菌落特征和菌苔特征的观察

用划线分离的方法接种酵母在平板上，28～30℃培养3d，观察菌落表面干燥或湿润、隆起形状、边缘整齐度、大小、颜色等，并用接种环挑菌，注意与培养基结合是否紧密。取斜面的菌种观察菌苔特征。

5. 结果报告

绘图说明所观察的酵母菌的形态特征。

6. 思考题

（1）酵母菌和细菌在形态大小、细胞结构上有何区别？
（2）在同一平板上有细菌和酵母菌两种菌落，你如何识别？
（3）如何鉴别死活酵母菌？

7.1.6　实验6：霉菌形态的观察

1. 目的要求

（1）学习并掌握观察霉菌形态的基本方法。
（2）识别霉菌菌落的特征。
（3）了解毛霉、根霉、曲霉和青霉的形态特征。

2. 基本原理

霉菌的菌丝体分为基内菌丝和气生菌丝，气生菌丝生长到一定阶段分化出繁殖丝，由繁殖丝产生孢子。霉菌菌丝体及孢子的形态特征是识别不同种类霉菌的重要依据。霉菌菌丝和孢子的大小通常比放线菌大得多，因此用低倍镜即可观察。

霉菌菌丝较粗大，细胞易收缩变形，且孢子容易飞散，所以制标本时不将菌体置于水中，常用乳酸石炭酸棉蓝染色液。此染色液制成的霉菌标本片的特点是：细胞不变形；具有杀菌防腐作用，且不易干燥，能保持较长时间；能防止孢子飞散；溶液本身呈蓝色，能增强反差，具有较好的染色效果。

利用培养在玻璃纸上的霉菌作为观察材料，可以得到清晰、完整、保持不同生长阶段自然状态的霉菌形态；也可以直接挑取生长在平板中的霉菌菌体制水浸片观察。

3. 实验材料及仪器

（1）菌种：用马铃薯葡萄糖琼脂平板培养 2～5d 的黑曲霉（*Aspergillus niger*）、橘青霉（*Penicillium citrinum*）、黑根霉（*Rhizopus nigricans*）、总状毛霉（*Mucor racemosus*）。

（2）染色液和试剂：乳酸石炭酸棉蓝染色液（附录 3 中 3）、50％乙醇（体积分数）、马铃薯葡萄糖琼脂（PDA）（附录 2 中 1）

（3）仪器及其他用具：剪刀、镊子、载玻片、盖玻片、接种针、显微镜、蒸馏水。

4. 实验步骤

1）霉菌菌落特征观察

观察 PDA 平板上的霉菌菌落，描述其菌落特征，注意菌落形态大小，菌丝高矮、生长紧密度、孢子颜色和菌落表面等情况，比较与细菌、放线菌、酵母菌菌落特征的异同。

2）直接制水浸片观察法

（1）制片。在一洁净载玻片上滴加一滴乳酸石炭酸棉蓝染色液，用接种针挑取霉菌菌落边缘处的幼嫩菌丝，先置于 50％的乙醇中浸润，再用蒸馏水将浸过的菌丝洗一下，以洗去脱落的孢子，然后放入载玻片上的染色液中，小心地用接种针将菌丝分散开来。挑菌和制片时要细心，尽可能保持霉菌的自然生长状态。盖上盖玻片，勿产生气泡，且不要移动盖玻片，以免搞乱菌丝。

（2）镜检。先用低倍镜，必要时转换高倍镜观察。

3）玻璃纸透析培养观察法

（1）玻璃纸灭菌。将玻璃纸剪成培养皿大小，经水浸湿后，放入平皿内，121℃高压蒸汽灭菌 30min。

（2）菌种培养。按无菌操作法，倒 PDA 平板，凝固后用灭菌的镊子夹取无菌玻璃纸紧紧贴附于平板上，再用接种环沾取少许霉菌孢子，在玻璃纸上方轻轻抖落于纸上。然后将平板置 28～30℃下培养 2～5d。

（3）制片。剪取经玻璃纸透析法培养 2～5d 后长有菌丝和孢子的玻璃纸一小块，先放在 50％乙醇中浸一下，然后正面向上贴附于干净载玻片上，滴加 1～2 滴乳酸石炭酸棉蓝染色液，小心盖上盖玻片。

（4）镜检。先用低倍镜观察，必要时再换高倍镜。注意观察菌丝有无膈膜，有无假根、足细胞等特殊形态的菌丝。注意其无性繁殖器官的形状和构造，孢子着生的方式和孢子的形态、大小等。

5. 结果报告

绘出四种霉菌的个体形态图，并注明各部位名称。

6. 思考题

（1）上述四种霉菌在形态结构上有何异同？

（2）细菌、放线菌、酵母菌和霉菌的个体形态特征和菌落特征的主要区别是什么？

7.1.7　实验 7：微生物细胞大小的测定

1. 目的要求

（1）学习接目测微计的校正方法。
（2）学习使用显微镜测微尺测定微生物细胞大小。

2. 基本原理

微生物细胞的大小是微生物基本的形态特征，也是分类鉴定的依据之一。微生物大小的测定，可在显微镜下，借助于测微尺这种特殊的测量工具进行，测微尺包括目镜测微尺和镜台测微尺。

目镜测微尺（图 7-7）是一块可放入目镜内的圆形小玻片，中央有精确的等分刻度，有等分为 50 小格和 100 小格两种。镜台测微尺（图 7-8）是中央部分刻有精确等分线的载玻片，一般是将 1mm 等分为 100 格，每格长 0.01mm。

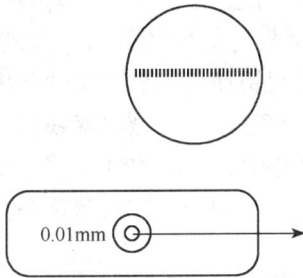

图 7-7　目镜测微尺　　　　图 7-8　镜台测微尺及
　　　　　　　　　　　　　　　其中央部分放大

镜台测微尺并不直接用来测量细胞的大小，而是用于校正目镜测微尺每格的相对长度。测量时，需将其放在目镜中的隔板上，用以测量经显微镜放大后的细胞物像。由于不同显微镜或不同的目镜和物镜组合放大倍数不同，目镜测微尺每小格所代表的实际长度也不一样。因此，用目镜测微尺测量微生物大小时，必须先用镜台测微尺进行校正，以求出该显微镜在一定放大倍数的目镜和物镜下，目镜测微尺每小格所代表的相对长度(图 7-9)。然后根据微生物细胞相当于目镜测微尺的格数，即可计算出细胞的实际大小。

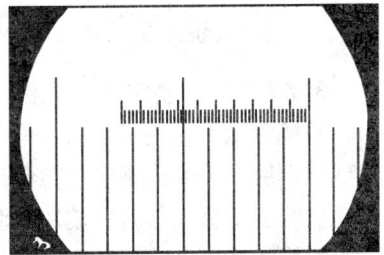

图 7-9　目镜测微尺校正图

球菌测直径来表示其大小，杆菌、螺旋菌测长和宽的来表示其大小。

3. 实验材料及仪器

（1）菌种：金黄色葡萄球菌和大肠杆菌的染色标本片、酿酒酵母 24h 马铃薯斜面培养物。

（2）仪器及其他用具：目镜测微尺、镜台测微尺、载玻片、盖玻片、显微镜等。

4. 实验步骤

1）装目镜测微尺

取出接目镜，把目镜上的透镜旋下，将目镜测微尺刻度朝下放在目镜镜筒内的隔板上，然后旋上目镜透镜，再将目镜插入镜筒内（图 7-10）。

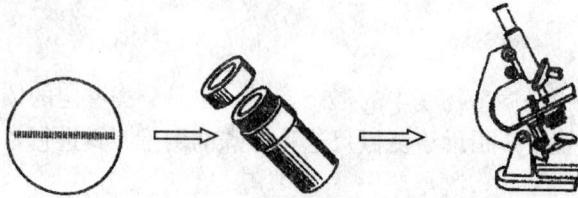

图 7-10　目镜测微尺的安装

2）校正目镜测微尺

（1）放镜台微尺。将镜台测微尺刻度面朝上放在显微镜的载物台上。

（2）校正。先用低倍镜观察，将镜台测微尺有刻度的部分移至视野中央，调节焦距，当清晰地看到镜台测微尺的刻度后，转动目镜使目镜测微尺的刻度与镜台测微尺的刻度平行。利用推动器移动镜台测微尺，使两尺在某一区域内两线完全重合，然后分别读出两重合线之间镜台测微尺和目镜微尺所占的格数。

用同样的方法换成高倍镜和油镜进行校正，分别测出在高倍镜和油镜下，两重合线之间两尺分别所占的格数。

观察时光线不宜过强，否则难以找到镜台测微尺的刻度；换高倍镜和油镜校正时，必须小心，防止接物镜压坏镜台测微尺和损坏镜头。

（3）计算。由于已知镜台测微尺每格长 0.01mm，根据下列公式即可分别计算出在不同放大倍数下，目镜测微尺每格所代表的长度。

$$目镜测微尺每格长度（\mu m）=\frac{两重合线间镜台测微尺格数\times10}{两重合线间目镜测微尺格数}$$

3）菌体大小测定

目镜测微尺校正完毕后，取下镜台测微尺，换上细菌染色制片。先用低倍镜和高倍镜找到标本后，换油镜测定金黄色葡萄球菌的直径和大肠杆菌的宽度和长度。测定时，通过转动目镜测微尺和移动载玻片，测出细菌直径或宽和长所占目镜测微尺的格数。最后将所测得的格数乘以目镜测微尺（用油镜时）每格所代表的长度，即为该菌的实际大小。

测定酵母菌时，先将酵母培养物制成水浸片，然后用高倍镜测出宽和长各占目镜测微尺的格数，最后，将测得的格数乘上目镜测微尺（用高倍镜时）每格所代表的长度，即为酵母菌的实际大小。

4）测定完毕

取出目镜测微尺后，将目镜放回镜筒，再将目镜测微尺和镜台测微尺分别用擦镜纸擦拭干净，放回盒内保存。

5. 结果报告

将测定结果填入表 7-1～表 7-3。

表 7-1　目镜测微尺校正结果

物　镜	目镜测微尺格数	镜台测微尺格数	目镜测微尺校正值/μm
10×			
40×			
100×			

表 7-2　大肠杆菌大小测定记录

大肠杆菌	1	2	3	4	5	平　均　值
长/μm						
宽/μm						

表 7-3　酵母菌大小测定记录

酵　母　菌	1	2	3	4	5	平　均　值
长/μm						
宽/μm						

6. 思考题

(1) 目镜测微尺使用前为什么要进行校正，如何进行校正？

(2) 为什么随着显微镜放大倍数的改变，目镜测微计每格相对的长度也会改变？能找出种变化的规律吗？

(3) 根据测量结果，为什么同种酵母菌的菌体大小不完全相同？

7.1.8　实验 8：酵母细胞的计数及发芽率的测定

1. 目的要求

(1) 了解血球计数板的构造、原理和使用方法。

(2) 掌握应用血球计数板测定酵母菌数目和发芽率的方法。

2. 基本原理

用血球计数板在显微镜下直接计数是一种常用的微生物计数方法。血球计数板是一块特制的载玻片，其上由四条槽构成三个平台；中间较宽的平台又被一短槽隔成两半，每一边的平台上各自刻有一个方格网，每个方格网共分为九个大格，中间的大方格即为计数室。血细胞计数板构造（图 7-11）。计数室的刻度一般有两种规格，一种是一个大方格分成 25 个中方格，而每个中方格又分成 16 个小方格；另一种是一个大方格分成 16 个中方格，而每个中方格又分成 25 个小方格，但无论是哪一种规格的计数板，每一个大方格中的小方格都是 400 个。每一个大方格边长为 1mm，则每一个大方格的面积为 $1mm^2$，盖上盖玻片后，盖玻片与载玻片之间的高度为 0.1mm，所以计数室的容积为 $0.1mm^3$。

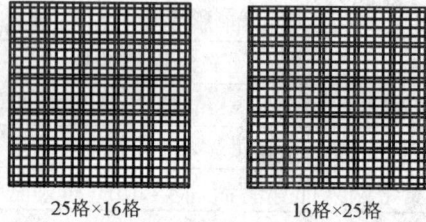

25格×16格　　16格×25格

图 7-11　血细胞计数板构造

计数时，如果使用 16 格×25 格的计数板，要按对角线方位对左上、左下、右上、右下上述四个中方格进行计数（即计数 100 个小方格中的酵母细胞数）；如果使用 25 格×16 格规格的计数板，则除了计数上述四个中方格外，还要计数中央的一个中方格，即计数 80 个小方格中的酵母细胞数。可分别按下述公式计算出酵母细胞数。

16 格×25 格的血球计数板计算公式：

$$1mL 酵母细胞数 = \frac{100 格内酵母细胞数}{100} \times 400 \times 10^4 \times 稀释倍数$$

25 格×16 格的血球计数板计算公式：

$$1mL 酵母细胞数 = \frac{80 格内酵母细胞数}{100} \times 400 \times 10^4 \times 稀释倍数$$

3. 实验材料及仪器

（1）菌种：酿酒酵母。

（2）仪器及其他用具：血细胞计数平板、显微镜、盖玻片、吹风机、无菌毛细管、接种环。

4. 实验步骤

1）酵母菌细胞数的测定

（1）菌悬液制备。以无菌生理盐水将酿酒酵母制成浓度适当的菌悬液。

（2）镜检计数室。在加样前，先对计数板的计数室进行镜检。若有污物，则需清洗，吹干后才能进行计数。

（3）加样品。将清洁干燥的血细胞计数板盖上盖玻片，再用无菌的毛细滴管将摇匀的酿酒酵母菌悬液由盖玻片边缘滴一小滴，让菌液沿缝隙靠毛细渗透作用自动进入计数室，用吸水纸吸去多余水液。样品要均匀充满计数室，不可有气泡。

（4）显微镜计数。加样后静止 5min，然后将血细胞计数板置于显微镜载物台上，先用低倍镜找到计数室所在位置，然后换成高倍镜进行计数。

如菌体位于中方格的双线上，计数时则数上线不数下线，数左线不数右线，以减少误差；如遇酵母出芽，芽体大小达到母细胞的一半时，即作为两个菌体计数。计数一个样品要从两个计数室中计得的平均数值来计算样品的含菌量。

（5）清洗血细胞计数板。使用完毕后，将血细胞计数板在水龙头上用水冲洗干净，切勿用硬物洗刷，洗完后自行晾干或用吹风机吹干。镜检，观察每小格内是否残留菌体或其他沉淀物。若不干净，则必须重复洗涤至干净为止。

2）酵母菌出芽率的测定

（1）方法步骤基本同上：观察酵母菌出芽率并计数时，如遇到菌体大小超过细胞本身 50% 时，不作芽体计数而作酵母细胞计数。

（2）计算

$$酵母菌出芽率 = \frac{芽体数}{总酵母细胞数} \times 100\%$$

5. 结果报告

1）酵母菌细胞数的测定

将酵母菌细胞数填入表 7-4。

表 7-4　酵母菌细胞数

酵母菌	各中格中菌数					中格中总菌数	稀 释 倍 数	二室平均数	菌数/（个/mL）
	1	2	3	4	5				
第一室									
第二室									

2）酵母菌出芽率的测定

将酵母菌出芽率的测定值填入表 7-5。

表 7-5　酵母菌出芽率

酵母菌	总酵母菌数	芽体数	出芽率/%	平均数
第一室				
第二室				

6. 思考题

根据你的体会，说明用血细胞计数板计数的误差主要来自哪些方面？应如何尽量减少误差、力求准确？

7.1.9　实验9：培养基的配制与灭菌

1. 目的要求

（1）掌握培养基配制的原理和方法。
（2）掌握培养基的灭菌操作。

2. 基本原理

培养基是由人工配成的，适合微生物生长繁殖或累积代谢产物需要的混合营养基质。

　　各类微生物对营养的要求不尽相同，因而培养基的种类繁多。培养细菌常用牛肉膏蛋白胨培养基，培养放线菌常用淀粉培养基，培养霉菌常用查（察）氏培养基或马铃薯培养基，培养酵母菌常用麦芽汁培养基。另外还有固体、液体、加富、选择、鉴别等培养基。

　　培养基中的营养物质有碳源、氮源、无机盐、生长因子及水等几大类。琼脂只是固体培养基中的支持物，一般不为微生物所利用。它在96℃以上熔化成液体，而在45℃左右开始凝固成固体。在配制培养基时，根据各类微生物对营养物质的需求，选用不同营养物质，按一定比例配制出适合不同种类微生物生长发育所需要的培养基。

　　培养基除了满足微生物所必需营养物质外，还要求有一定的酸碱度和渗透压。霉菌和酵母菌的pH偏酸；细菌、放线菌的pH为微碱性。所以配制培养基时，都要将培养基的pH调到一定的范围。

　　3. 实验材料及仪器

　　(1) 培养基及试剂：牛肉膏蛋白胨培养基（附录2中2）、高氏1号培养基（附录2中4）、1mol/L NaOH（附录3中10）、1mol/L HCl（附录3中11）。

　　(2) 仪器及其他用具：灭菌锅、台秤、纱布、pH试纸（5.5～9.0）、棉花、牛皮纸、石棉网、线、标签、夹子、牛角匙、铁架、试管、250mL三角瓶、培养皿、烧杯（或搪瓷量杯）、量筒、漏斗、玻棒、滴管、吸管等。

　　4. 实验步骤

　　(1) 称量。根据配方要求，准确称取本实验中各种药品所需要的量，备用。

　　(2) 溶解。先在铝锅或其他容器中盛所需水量（蒸馏水或自来水，视实验要求而定），然后按照培养基配方，称取各种成分。一些不易称量的成分，需用刻度吸管从浓度较大的母液中取出所需要的量，依次加入溶解。为避免生成沉淀造成营养损失，加入的顺序，一般是先加缓冲化合物，溶解后加入主要元素，然后再加微量元素，最后加入维生素、生长素等，淀粉类要先用适量温水调成糊状再兑入其他已溶解的成分中。配制固体培养基时，先将配好的溶液煮沸再加入适量的琼脂，继续加热至完全溶化。加热过程必须不断搅拌、防止糊底或溢出，加热过程蒸发的水分应在最后补足。如需使培养基清亮透明，可将溶好的培养基用纱布或脱脂棉趁热过滤。

　　(3) 调节pH。用滴管逐滴加入1mol/L的NaOH或1mol/L的HCl，边搅动，边用精密的pH试纸测其pH，直到符合要求时为止。

　　(4) 过滤。需要过滤时应趁热用多层纱布过滤（一般4层即可），一般情况下，这一步可以省去，但有时以利条件的控制和结果的观察需要过滤。

　　(5) 分装。取玻璃漏斗一个，装在铁架上。漏斗下用乳胶管与玻璃管相接，胶管上加一弹簧夹。趁热将培养基放入玻璃漏斗内分装，以免琼脂冷凝。分装时，用左手拿住空试管，并将漏斗下的玻璃管嘴插入试管内，以右手拇指及食指开放弹簧夹，中指及无名指夹住玻璃管嘴，使培养基直接流入管内，注意不得玷污上段管壁和管口，以免浸湿棉塞引起杂菌污染。

　　装入试管的培养基量，视试管大小及需要而定，一般液体分装高度以试管高度的 1/4 左右为宜。固体分装量为试管高度的 1/5，半固体一般以试管高度的 1/3 为宜，灭菌后垂直待凝；装入三角瓶中的量以烧瓶总体积的一半为限度。

　　培养基的分装装置如见图 7-12。

　　（6）塞棉塞。培养基分装好以后，在试管口或烧瓶口上加上一只棉塞。棉塞的作用一方

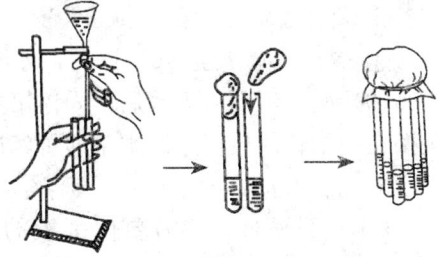

图 7-12　培养基分装、塞棉塞、包扎装置图

面阻止外界微生物进入培养基内，防止由此而引起的污染；另一方面保证有良好的通气性能，使培养在里面的微生物能够从外界源源不断地获得新鲜无菌空气。因此棉塞质量的好坏对实验的结果有着很大的影响。棉塞的外形应像一只蘑菇，大小、松紧都应适当。做棉塞的棉花要选用纤维较长的棉花。最好不要用脱脂棉塞，因为它容易吸水变湿，造成污染，价格也较普通棉花贵。加塞时，棉塞的总长度的 3/5 应在口内，2/5 在口外。目前，有条件的实验室已使用塑料试管帽、金属试管帽、硅胶泡沫塞代替棉塞。

　　（7）包扎。加好棉塞以后，试管用棉绳扎成捆，外包一层牛皮纸，防止灭菌时冷凝水的沾湿和灭菌后的灰尘侵入，然后再用棉绳扎好。最后还要挂上标签，注明培养基的名称、配制日期和姓名、组别。三角烧瓶口外面（不论是棉塞还是通气塞）也要挂上标签，包上一层牛皮纸，然后用棉绳以活结（使用时容易解开）或橡皮筋扎牢。如果试管上用的是试管帽，外面就不必再包上一层牛皮纸，直接挂上标签，用棉绳或橡皮筋扎牢即可。

　　（8）灭菌。培养基配好以后，应立即灭菌。一般实验室使用的高压蒸汽灭菌锅，有手提式、立式、卧式等各种类型，基本使用方法大致相同，手提式灭菌锅使用方法如下：

　　① 打开锅盖，向锅内加入适量的水。

　　② 将待灭菌的物品放入灭菌锅的内锅内。但不要放得太挤，否则影响蒸汽流通。

　　③ 盖好锅盖，采用对角形式均匀拧紧盖上的螺旋，勿使漏气。打开放气阀，开始加热。

　　④ 锅内产生蒸汽后，放气阀即有热气排出，待空气排尽，再关闭放气阀，冷空气未排尽，压力虽然升高而温度达不到要求。

　　⑤ 待压力上升到 0.1MPa 温度达到 121℃ 时，控制热源，保持恒温 20min。此时必须注意勿使压力继续上升或降低。

　　⑥ 停止加热，待压力徐徐下降至零时，将打开放气阀，排出残留蒸汽，打开锅盖，取出灭菌物品。压力未降到要求时，切勿打开放气阀，否则锅内突然减压，培养基和其他液体会从容器内喷出或沾湿棉塞，使用时容易污染杂菌。

　　⑦ 将锅内剩余的水倒出，使锅内保持干燥，并做好各项安全检查后才能离去。

　　在灭菌时，应注意以下几点：

　　① 要根据不同的培养基，选择不同的灭菌方法，尽量达到最佳的要求（即灭菌最

彻底而营养破坏最少，灭菌方法又最简单方便的要求）。

② 加压之前，冷空气一定要完全排尽，以提高灭菌效果。

③ 要注意恒温灭菌。

④ 等自然减压至"0"以后，才能打开灭菌锅盖。

（9）搁置斜面。灭菌后，固体培养基如需制成斜面，应在未凝固前将试管有塞的一头搁在一根长的玻棒上或木条即可，搁置的斜度要适当，斜面长度一般以不超过试管总长度的 1/2 为宜。

（10）倒平板。将需要倒平板的培养基，于水浴锅中冷却到 45～50℃，立刻倒平板。

（11）灭菌后的培养基空白培养。将灭菌后的培养基放入 37℃ 恒温箱中保温 1～2d，检查有无杂菌生长，看灭菌是否彻底。

5. 结果报告

（1）记录各种不同物品所所有的灭菌的方法及灭菌条件（温度、压力等）。

（2）检查培养基灭菌是否彻底。

6. 思考题

（1）灭菌时，塞试管的棉塞是否可用橡皮塞代替？为什么？

（2）如何检查你所配制的培养基是无菌的？

（3）加压蒸汽灭菌为什么要把冷空气排尽？用该法灭菌，应在什么时候才可打开灭菌锅盖？为什么？

7.1.10　实验 10：微生物接种技术

接种是微生物学实验中一项最基本的操作，无论是移植、分离、鉴定以及形态生理研究，都必须进行接种培养。接种的关键在于严格进行无菌操作，操作不慎，染上杂菌，就会导致实验失败甚至菌种丢失。因此，在微生物实验中必须随时随地牢记"无菌操作"。

1. 目的要求

（1）掌握常用的菌种移接方法。

（2）掌握无菌操作技术。

2. 实验仪器材料及仪器

（1）菌种：大肠杆菌、金黄色葡萄球菌、霉菌。

（2）培养基：牛肉膏蛋白胨液体培养基、牛肉膏蛋白胨半固体培养基（试管直立柱）、牛肉膏蛋白胨固体斜面培养基、牛肉膏蛋白胨固体平板培养基（附录 2 中 2）、察氏琼脂培养基（附录 2 中 3）。

（3）仪器及其他用具：接种室、接种箱或超净工作台、接种针、针架、酒精灯、铅笔、标签、火柴、灭菌培养基、无菌水及有关消毒药品等。

3. 实验步骤

（1）消毒。接种室（箱）在使用前应进行清洁消毒。一般用紫外线灯（30W）照射0.5h，或用福尔马林（每立方米用 6～10mL 并加 10%～20% 的高锰酸钾）密闭熏蒸24h，或用 2% 的来苏儿或 5% 石炭酸进行喷雾消毒。

接种人员亦先用肥皂或 2% 来苏儿洗手，擦干后再用 70%～75% 酒精擦拭双手，菌种管及一切接种用具都应进行表面消毒，待接的试管上应贴好标签，注明菌种名称、接种日期和接种人姓名等。

（2）接种。

① 固体斜面接种：具体操作如图 7-13（a～h）所示。接种前用 75% 酒精擦手，待酒精蒸发后点燃酒精灯，将菌种和斜面培养基两支试管握左手中，使中指位于两试管之间，管内斜面向上，两试管口平齐并处于接近水平位置。也可将试管放在左手掌中央，用手指托住试管。用右手将棉塞拧转松动以利接种时拔出。再将接种针垂直地放在火焰上灼烧至端部发红，其他可能进入试管的部分亦应通过火焰灼烧，以彻底灭菌。用右手的小指无名指及掌心在火焰旁同时拔出两支试管的棉塞，并使管口在火焰上转动灼烧可能存在的杂菌。将烧过的接种针伸入菌种管内，先接触管内斜面上端的培养基或管壁，令其冷却以免烫死菌种，然后轻轻接触菌体取出少许，注意不要使端部带菌部分碰到管壁或通过火焰。迅速将接种针上的菌种伸入待接培养基管内，在培养基斜面上由下而上轻轻划线，不能将培养基表面划破，也不要把菌种沾到管壁上。然后抽出接种针，将管口灭菌，并在火焰旁将棉塞塞上。塞棉塞时不要用试管去迎棉塞，以免试管在移动时吸入不洁空气。接种完毕，要将接种针灭菌才能放回原处，以免污染环境，放下接种针后，再及时将棉塞进一步塞好，放入温箱培养。

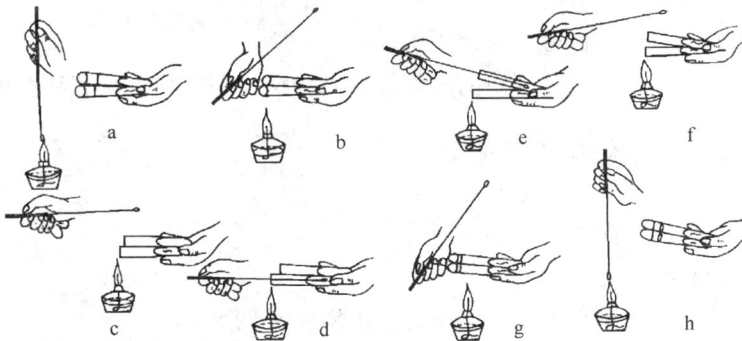

图 7-13　固体斜面接种法示意图

② 液体接种。依上述无菌操作，在固体斜面上加 1mL 至数毫升无菌水，用接种针把斜面上的菌体或孢子洗下混匀制成菌悬液，再用灭菌滴管或移液管吸取一定量的菌悬液（按需用灵活掌握）接入液体培养基中，塞好棉塞即可培养。用过的滴管或移液管不能随便放在工作台上，而要放在专用管架或其他容器内，以免污染环境，工作完毕，及时灭菌清洗。

③ 固体菌种扩大接种法。其操作要求与上述相同。接种时可先制菌悬液，或直接用特制的接种铲铲取数粒菌种块或菌苔接入固体培养基中，必要时可在其中穿插数次，或将固体培养基拍打摇匀即可。

④ 穿刺接种法。用接种针蘸取少许菌种，速伸入深层培养基试管中，从培养基的中心直刺下去，直到接近管底，但不得穿通培养基，然后将针沿穿刺线的原路慢慢退出。穿刺时切勿搅动以免碰破周围培养基，使接种线整齐，便于观察菌种沿穿刺线生长的特征。

（3）培养。将接种好的试管或锥形瓶，按菌种生长的最适合温度放在已调好温度的恒温箱或培养室里培养。试管最好排放直，以防培养过程中冷凝水溢至斜面上，将菌苔冲散。如需平放时，也应将管口一头垫高，并使斜面朝下。用培养皿培养的，应将培养皿倒置，皿底在上。

培养过程中应注意观察温湿度变化，特别是固体培养，由于料温升高易造成环境升温，同时水分蒸发，湿度降低，应根据菌种生长要求及时调节管理，保证微生物正常生长繁殖。

（4）培养特征观察。培养结束后，由于微生物种类和生理特性的不同，因而个体在固体培养基或液体培养基上的生长情况各有特点通过培养结果观察，加深对微生物各类型特征的认识，亦可检查无菌操作的质量。

4. 结果报告

分别记录并描绘平板划线、斜面和半固体接种的微生物生长情况和培养特征。

5. 思考题

（1）常用的消毒试剂有哪几种？
（2）试述如何在接种过程中做到无菌操作？
（3）以斜面上的菌种接种到新的斜面培养基为例说明操作方法和注意事项。

7.1.11　实验 11：微生物的分离、纯化

1. 目的要求

（1）了解分离与纯化微生物的基本原理。
（2）掌握常用的分离与纯化微生物的基本操作。

2. 基本原理

自然界中的微生物是杂居混生的，从混杂微生物群体中获得只含有某一种或某一株微生物的过程称为微生物的分离与纯化。分离、纯化工作一般可从两个方面同时着手，一方面是限制培养条件，使培养条件具有一定的选择性，有利于所需菌的生长，而不利于其他菌的生长，由此可以富集所需的微生物，减少其他微生物的干扰；另一方面，通过各种稀释方法（系列稀释、平板稀释、平板划线），使微生物细胞得到高度分散，在

固体培养基表面形成由单个细胞或孢子发展起来的菌落，而获得纯培养。

　　3. 实验材料及仪器

　　(1) 培养基：牛肉膏蛋白胨培养基 (附录 2 中 2)、高氏 1 号培养基 (附录 2 中 4)、马丁氏琼脂培养基 (附录 2 中 5)、察氏琼脂培养基 (附录 2 中 3)。

　　(2) 溶液和试剂：10%苯酚、盛 9mL 无菌水的试管、盛 90mL 无菌水并带有玻珠的三角瓶、链霉素和土样。

　　(3) 仪器及其他用具：无菌吸管、无菌玻璃涂棒、接种环、无菌培养皿、显微镜、血细胞计算板。

　　4. 操作步骤

　　1) 稀释涂布平板法

　　(1) 倒平板。将牛肉膏蛋白胨琼脂培养基、高氏 1 号琼脂培养基、马丁氏琼脂培养基分别加热融化待冷至 55～60℃时，高氏 1 号琼脂培养基中加入 10%苯酚数滴，马丁氏琼脂培养基中加入链霉素溶液 (终浓度为 30μg/mL)，混合均匀后分别倒平板，每种培养基倒 3 个平板。

　　倒平板的方法：右手持盛培养基的试管或三角瓶置火焰旁边，用左手将试管塞或瓶塞轻轻地拔出，试管或瓶口保持对着火焰；然后左手拿培养皿并将皿盖在火焰附近打开一缝，迅速倒入培养基约 15mL，加盖后轻轻摇动培养皿，使培养基均匀分布在培养皿底部，然后平置于桌面上，待凝后即为平板。

　　(2) 制备土壤稀释液。称取土样 10g，放入盛 90mL 无菌水并带有玻璃珠的三角烧瓶中，振摇约 20min，使土样与水充分混合，将细胞分散。用一支 1mL 无菌吸管从中吸取 1mL 土壤悬液加入盛有 9mL 无菌水的大试管中充分混匀，然后用无菌吸管从此试管中吸取 1mL (无菌操作见图 7-14) 加入另一盛有 9mL 无菌水的试管中，混合均匀，以此类推制成 10^{-1}、10^{-2}、10^{-3}、10^{-4}、10^{-5}、10^{-6} 不同稀释度的土壤溶液，如图 7-14A 所示 (注意：操作时管尖不能接触液面，每一个稀释度换一支试管)。

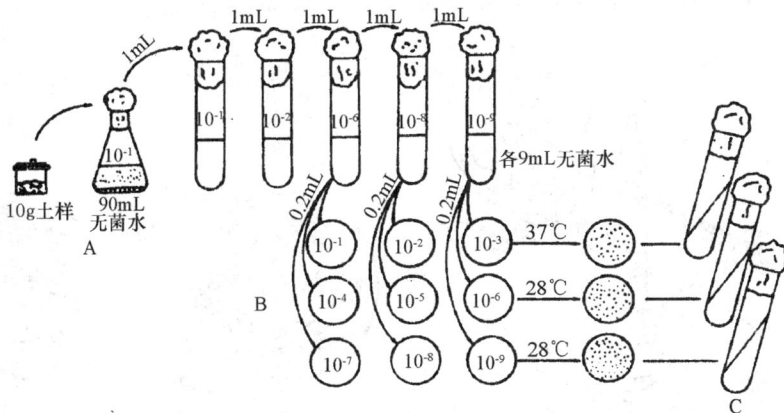

图 7-14　从土壤中分离微生物的操作过程

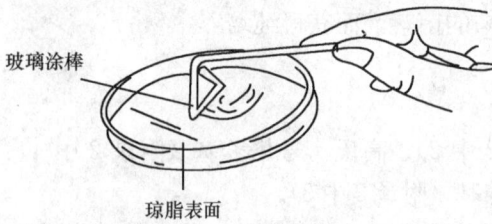

图 7-15　平板涂布操作图

（3）涂布。将上述每种培养基的 3 个平板底面分别用记号笔写上 10^{-4}、10^{-5} 和 10^{-6} 3 种稀释度，然后用无菌吸管分别由 10^{-4}、10^{-5} 和 10^{-6} 管土壤稀释液中各吸取 0.1mL 或 0.2mL，小心地滴在对应平板培养基表面中央位置（图 7-14，B）。用无菌玻璃涂棒按图 7-15 所示，右手拿无菌涂棒平放在平板培养基表面上，将菌悬液先沿同心圆方向轻轻地向外扩展，使之分布均匀。室温下静置 5～10min，使菌液浸入培养基。

（4）培养。将高氏 1 号培养基平板和马丁氏琼脂培养基平板倒置于 28℃温室中培养 3～5d，牛肉膏蛋白胨平板倒置于 37℃温室中培养 2～3d。

（5）挑取菌落。将培养后长出的单个菌落分别挑取少许细胞接种到上述 3 种培养基斜面上（图 7-14C），分别置于 28℃和 37℃温室培养。若发现有杂菌，需再一次进行分离、纯化，直到获得纯培养。

2）平板划线分离法

（1）倒平板。按稀释涂布法倒平板，并用记号笔标明培养基名称、土样编号和实验日期。

（2）在近火焰处，左手拿皿底。右手拿接种环，挑取上述 10^{-1} 的土壤悬液一环在平板上迅速划线（注意勿将培养基划破），划线时，接种环与培养基表面的夹角为 20°～30°（图 7-16）。划线的方法很多，但无论采用哪种方法，其目的都是通过划线将样品在平板上进行稀释，使之形成单个菌落。常用的方法有：第一，用接种环以无菌操作挑取土壤悬液一环，先在平板培养基的一边做第一次平行划线 3 条或 4 条，再转动培养皿约 70°角，并将接种环上剩余物烧掉，待冷却后通过第一次划线部分做第二次平行划线，再用同样的方法通过第二次划线部分做第三次划线和通过第三次平行划线部分做第四次平行划线（图 7-17，A1～4）。划线完毕后，盖上培养皿盖，倒置于温室培养。第二，将挑取有样品的接种环在平板培养基上做连续划线（图 7-17，B1～3）。划线完毕后，盖上培养皿盖，倒置于温室培养。

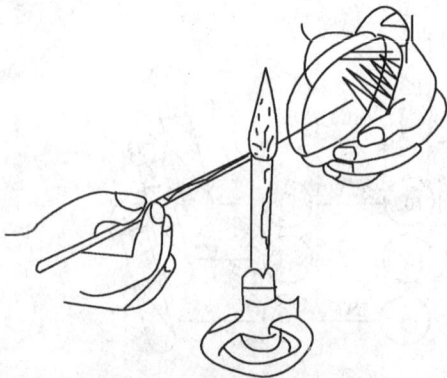

图 7-16　平板划线操作图

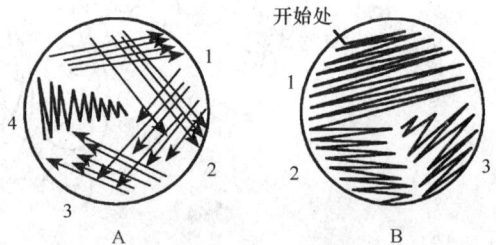

图 7-17　划线方法

（3）挑菌落。同稀释涂布平板法，一直到分离的微生物认为纯化为止。

5. 结果报告

所做涂布平板法和划线平板法是否较好地得到了单菌落？如果不是，请分析其原因并重做。

在 3 中不同的平板上你分离得到哪些类群的微生物？简述它们的菌落特征。

6. 思考题

（1）简述你所分离到的微生物的菌落形态，你能说出它们所属的类群吗？
（2）比较两种划线方式的异同。
（3）培养时，将平皿倒置有什么好处？

7.1.12　实验 12：细菌的生理生化试验

1. 目的要求

（1）了解细菌鉴定中常用的生理生化试验反应的原理。
（2）掌握细菌生理生化试验的方法。

2. 基本原理

由于各类微生物体内的酶系统不同，新陈代谢的类型不同，不同细菌分解、利用糖类、脂肪类和蛋白类物质的能力不同，所以其发酵的类型和产物也不相同。即使在分子生物学技术和手段不断发展的今天，细菌的生理生化反应在菌株的分类鉴定中仍有很大作用。

3. 实验材料及仪器

（1）菌种：大肠埃希氏菌（*Escherichia coli*）、产气肠杆菌（*Enterobacter aerogenes*）、普通变形杆菌（*Protreus vulgaris*）各 1 支。
（2）培养基：糖发酵培养基（葡萄糖、蔗糖、乳糖）（附录 2 中 6）、缓冲葡萄糖蛋白胨水液体培养基（附录 2 中 7）、蛋白胨水培养基（附录 2 中 8）、西蒙氏柠檬酸盐培养基（附录 2 中 9）、苯丙氨酸培养基（附录 2 中 10）、硫酸亚铁琼脂（附录 2 中 11）。
（3）试剂：甲基红试剂［（附录 2 中 7.（3）］、肌酸、40％NaOH（附录 3 中 4）、吲哚检验试剂也称靛基质试剂［附录 2 中 8.（3）］、乙醚、10％$FeCl_3$水溶液（附录 3 中 5）。
（4）仪器及其他用具：试骨架、蜡笔、标签、烧杯、石棉铁丝网。

4. 实验步骤

1）糖发酵试验
糖发酵试验是最常用的生化反应，绝大多数微生物都能利用糖类，但不同微生物对不同糖类的利用是有选择的，并且分解能力也不同，有些微生物能使糖分解产酸产气，有的只能产酸而不产气。在糖发酵培养基中加入溴麝香草酚蓝作为酸碱指示剂。其 pH 指示范围为 6.0～7.6，碱性条件下显蓝色，酸性条件下转变成黄色。酸和气的产生与否，可由试管中指示剂颜色的变化和杜氏小管内气泡的有无来判断。

（1）试管标记取分别装有葡萄糖、蔗糖和乳糖发酵培养液试管各 4 支，每种糖发酵试管中均分别标记大肠埃希氏菌、产气肠杆菌、普通变形杆菌和空白对照。

（2）从琼脂斜面上挑取小量培养物或菌种，接种于不同的糖发酵培养基中，于 37℃培养 48h 或 72h 后观察结果。

（3）与对照管比较，若接种培养液保持原有颜色，其反应结果为阴性，记作"－"；如培养液呈黄色，反应结果为阳性，记作"＋"。培养液中的杜氏小管内有气泡为阳性反应，记作"＋"；如杜氏小管内没有气泡为阴性反应，记作"－"。

2）乙酰甲基甲醇试验（V-P 试验）

某些细菌在糖代谢过程中，利用葡萄糖，产生丙酮酸。丙酮酸又可进行缩合，脱羧而变成乙酰甲基甲醇，该物质在碱性条件下能被空气中的氧气氧化成二乙酰。二乙酰能与蛋白胨中精氨酸的胍基起作用，生成红色化合物，即为 V-P 试验阳性。如果培养基小胍基太少，可加少量肌酸或肌酸酐等含胍基化合物，使反应更为明显。如果加入 α-萘酚，可加速这个反应。

（1）取 4 管缓冲葡萄糖蛋白胨水培养基，编号。除 1 管作为空白对照外，其余 3 管各接 1 支菌种。接种后，37℃培养 24～48h。

（2）取部分培养液约 2mL 和 40％NaOH 在空试管中等量相混，然后加入少量肌酸（用接种环挑一环约 0.5～1mg）。加入后猛烈振荡，以保持良好通气。经 15～30min 后进行观察，出现红色者为 V-P 试验阳性反应。（剩余的含菌培养液不要丢弃，可供甲基红试验用）

3）甲基红试验（MR 试验）

某些细菌在糖代谢过程中，分解葡萄糖产酸，使培养基的 pH 下降到 4.4 以下。这时如果往培养基中滴加指示剂甲基红，如变为红色，为阳性反应。

于 V-P 试验留下的培养液中，各加入 2～3 滴甲基红指示剂，注意沿管壁加入，仔细观察培养液上层，若培养液上层变成红色，即为阳性反应；若仍呈黄色，则为阴性反应，分别用"＋"或"－"表示。（注意：甲基红指示剂不可加得太多，以免影响实验结果）。

4）吲哚产生试验

有些细菌含有色氨酸酶，能分解培养基内蛋白胨中的色氨酸产生吲哚。吲哚本身没有颜色，但加入对二甲基氨基苯甲醛，与吲哚发生化学反应，会形成红色的玫瑰吲哚。

（1）取 4 支蛋白胨水培养基，编号，除 1 支作为空白对照外，其余 3 支各接 1 支菌种。接种后，于 37℃培养 24～48h。

（2）先往培养液中加入数滴乙醚，用力摇荡，使吲哚溶于乙醚中。静置分层，上层为乙醚层，这时沿管壁慢慢加入数滴吲哚检验试剂（吲哚检验试剂一旦加入，试管不可摇动），如有吲哚存在，乙醚层会呈现玫瑰红色，为阳性反应。反之为阴性反应。分别用"＋"或"－"表示。

5）柠檬酸盐利用试验

有些细菌可以利用柠檬酸盐作为唯一碳源，有些则不能，因此能否利用柠檬酸盐，成为细菌鉴定，特别是肠道菌各属鉴定的一项重要生化指标。由于细菌不断地利用柠檬酸并生成碳酸盐，使培养基的 pH 由中性变为碱性，培养基中的指示剂由绿变蓝（指示剂溴麝香草酚蓝的变色范围：pH<6 时呈黄色；pH6.0～7.6 时为绿色；pH>7.6 时为蓝色）。

（1）取 4 支西蒙氏柠檬酸盐斜面，编号。除 1 支作为空白对照外，其余 3 支各接 1 支菌种，接种方法是在斜面上进行划线接种，并于 37℃培养 24～48h。

（2）如培养基变蓝者，表示该菌能利用柠檬酸盐作为碳源，为阳性反应，记作"＋"。如培养基仍为绿色则为阴性，记作"－"。

上述的吲哚（indol）试验、MR 试验、V-P 试验和柠檬酸盐（citrate）试验常缩写为"IMViC"，主要用于鉴别大肠埃希氏菌和产气肠杆菌。

6）苯丙氨酸脱氨酶试验

某些细菌具有苯丙氨酸脱氨酶，能使苯丙氨酸氧化脱氨形成苯丙酮酸，苯丙酮酸遇到 $FeCl_3$ 呈蓝绿色。

（1）取 4 支苯丙氨酸斜面，编号。除 1 支作为空白对照外，其余 3 支各接 1 支菌种。接种方法是在斜面上进行划线接种，并于 37℃培养 24～48h。

（2）取出培养物，滴数滴 $FeCl_3$ 试剂到生长菌的斜面上。当斜面与试剂接触的界面上和出现蓝绿色者为阳性反应，记作"＋"。

7）硫化氢试验

有些细菌能分解含 S 的有机物（如甲硫氨酸、胱氨酸、半胱氨酸等）产生 H_2S。H_2S 遇上培养基中铅盐或铁盐，就会形成黑色硫化铅或黑色硫化铁沉淀。

（1）取 4 支硫酸亚铁琼脂直立柱培养基，编号。除 1 支作为空白对照外，其余 3 支各接 1 支菌种。接种方法是沿管壁进行穿刺接种，并于 37℃培养 24～48h。

（2）观察穿刺线周围是否有黑色出现。出现黑色者表明该菌能产生 H_2S，为阳性反应，记作"＋"。如无黑色出现则表明不产生 H_2S，为阴性反应，记作"－"。

5. 结果报告

将实验结果填入表 7-6。"＋"表示表 7-6 实验结果阳性反应，"－"表示阴性反应。

表 7-6　实验结果记录表

测试项目	糖发酵试验			IMViC				苯丙氨酸脱氨酶试验	硫化氢试验
	葡萄糖	蔗糖	乳糖	V-P	MR	吲哚	柠檬酸盐		
大肠埃希氏菌									
产气肠杆菌									
普通变形杆菌									
空白对照									

6. 注意事项

(1) 要认真做好标记，切实对号入座。

(2) 每项实验一定要有空白作为对照，而且实验条件要完全和供试菌一样。

(3) 要注意每项实验的接种方法，观察时间和反应条件。

7. 思考题

(1) 要对一个未知菌进行分类鉴定，通常要做哪几方面的工作？

(2) 在本实验中，每一项生理生化反应的原理是什么？

(3) 为什么在做每项生理生化反应时都要有空白作为对照？

(4) 为什么在做 MR 试验时甲基红指示剂不可加得太多？

7. 1. 13　实验 13：微生物菌种保藏

1. 实验目的

(1) 了解菌种保藏的基本原理。

(2) 掌握几种菌种保藏的方法。

2. 基本原理

菌种是一种重要的生物资源，菌种保藏是重要的微生物基础工作。菌种保藏就是利用一切条件使菌种不死、不衰、不变，以便于研究与应用。

菌种保藏的方法很多。其原理却大同小异，不外乎为优良菌株创造一个适合长期休眠的环境，即干燥、低温、缺乏氧气和养料等。使微生物的代谢活动处于最低的状态，但又不至于死亡，从而达到保藏的目的。依据不同的菌种或不同的需求，应该选用不同的保藏方法。一般情况下，较常用的方法有斜面保藏、半固体穿刺、石蜡油封存和沙土管保藏法等，另外还有冷冻干燥保藏法，这种方法可克服简单保藏方法的不足。利用有利于菌种保藏的一切因素，使微生物始终处于低温、干燥、缺氧的条件下，因而它是迄今为止最有效的菌种保藏法之一。

3. 实验材料及仪器

(1) 菌种：待保藏的细菌、酵母、放线菌和霉菌。

(2) 培养基：牛肉膏蛋白胨斜面和半固体直立柱（培养细菌）（附录 2 中 2）、麦芽汁琼脂斜面和半固体直立柱（培养酵母）（附录 2 中 32）、高氏 1 号琼脂斜面（培养放线菌）（附录 2 中 4）、马铃薯蔗糖斜面培养基（用蔗糖代替葡萄糖有利于孢子的形成，用于培养丝状真菌）（附录 2 中 1）。

(3) 仪器及其他用具：冰箱、干燥器、真空泵、真空压力表、喷灯、L 形五通管、40 目与 100 目筛子试管、接种环、接种针、无菌滴管、长颈滴管、移液管、油纸、无菌液体石蜡（附录 3 中 7）、河沙、瘦黄土或红土、脱脂牛乳、无菌水、冰块等。

4. 操作步骤、应用范围及优缺点

1）斜面低温保藏法

（1）标记。将标注了菌种和菌株名称及接种日期的标签贴于试管斜面的正上方。

（2）将菌种接种在适宜的固体斜面培养基上，将细菌置 37℃恒温箱中培养 18～24h，酵母菌置 28～30℃恒温箱中培养 36～60h，放线菌和丝状真菌置 28℃恒温箱中培养 4～7d，待菌充分生长后，棉塞部分用油纸包扎好，移至 4℃的冰箱中保藏。

保藏时间依微生物的种类而有不同，霉菌、放线菌及有芽孢的细菌保存 2～4 个月，移种一次。酵母菌 2 个月，细菌最好每月移种一次。

此法为实验室和工厂菌种室常用的保藏法，优点是操作简单，使用方便，不需要特殊设备，缺点是容易变异。

2）半固体穿刺保藏法（适用于细菌和酵母）

（1）标记。将标注了菌种和菌株名称及接种日期的标签贴于试管斜面的正上方。

（2）用接种针从待保藏的斜面上挑取菌种，直接刺入直立柱中央并至试管底部，然后又沿原线拉出。各菌种培养方法同斜面低温保藏法，待菌充分生长后，用浸有石蜡的无菌软木塞或橡皮塞代替棉塞并塞紧，置 4℃的冰箱中保藏，一般课保藏半年至 1 年。

3）液体石蜡保藏法

（1）将需要保藏的菌种，在最适宜的斜面培养基中培养，得到健壮的菌体或孢子。

（2）用灭菌吸管吸取已灭菌的液体石蜡，注入已长好的斜面上，其用量以高出斜面顶端 1cm 为准，使菌种与空气隔绝。

（3）将试管直立，置低温或室温下保存（有的微生物在室温下比冰箱中保存的时间还要长）。

液体石蜡可防止因培养基的水分蒸发而引起的菌种死亡，液体石蜡可阻止氧气进入，使好气菌不能继续生长，从而延长了菌种保藏的时间。此法实用而效果很好。霉菌、放线菌、芽孢菌可保藏 2 年以上不死，酵母菌可保藏 1～2 年，一般无芽孢细菌也可保存 1 年左右，此法的优点是制作简单，不需特殊设备，且不需经常移种，缺点是保存时必须直立放置，所占位置较大，同时也不便携带。

4）沙土保藏法

（1）取河沙加入 10％稀盐酸，加热煮沸 30min，以去除其中的有机质。

（2）倒去酸水，用自来水冲洗至中性。

（3）烘干，用 40 目筛子过筛，以去掉粗颗粒，备用。

（4）另取非耕作层的瘦黄土或红土（不含腐殖质），加自来水浸泡洗涤数次，直至中性。

（5）烘干，碾碎，通过 100 目筛过筛，以去除粗颗粒。

（6）按 1 份黄土、3 份沙的比例（或根据需要而用其他比例，甚至有全部用沙或全部用沙或全部用土）掺合均匀，装入小试管（10mm×100mm），每管装 1g 左右，塞上棉塞，进行灭菌、烘干。

（7）抽样进行无菌检查。每 10 支沙土管抽 1 支，用无菌接种环挑少许沙土于牛肉膏蛋白胨或麦芽汁培养基中，在适合温度下培养一段时间，确证无菌生长后方可使用。若仍有杂菌，则需全部重新灭菌，再做无菌试验，若证明无菌，即可备用。

（8）选择培养成熟的（一般指孢子层生长丰满的，营养细胞用此法效果不好）优良菌种，以无菌水洗下，制成孢子悬液。

（9）于每支沙土管中加入约 0.5mL（一般以刚刚使沙土润湿为宜）孢子悬液，以接种针拌匀。

（10）放入真空干燥内，用真空泵抽干水分，抽干时间越短越好，务使在 12h 内抽干。

（11）每 10 支抽取 1 支，用接种环取出少数沙粒，接种于斜面培养基上，进行培养，观察生长情况和有无杂菌生长，如出现杂菌或菌落数很少，则说明制作的沙土管有问题，尚须进一步抽样检查。

（12）若经检查没有问题，则存放冰箱或室内干燥处，每半年检查一次活力和杂菌情况。此法多用于能产生孢子的微生物如霉菌、放线菌、因此在抗菌素工业生产中应用最广，效果亦好，可保存 2 年左右。但应用于营养细胞效果不佳。

5）冷冻干燥保藏法

冷冻干燥保藏法的内容包括两部分，即首先在极低温度下（−70℃左右）快速冷冻，然后在极低温度下真空干燥。这样可使细胞的结构与成分保持原来的状态。

（1）以无菌的脱脂牛奶（作为保护剂，使蛋白质不致变性）将微生物制成细胞悬液，加入长颈球形底的小玻璃管内，此管又称安瓿瓶。

（2）将安瓿瓶放在低温下冷冻：冷冻剂为干冰（固体 CO_2）酒精液或干冰丙酮液，温度可达−70℃，将安瓿瓶插入冷冻剂，只需冷冻 4~2min。

（3）准备冷冻槽，槽内放碎冰块与食盐，混合均匀，可冷至−15℃。

（4）将安瓿瓶放入冷冻槽中的干燥瓶内。

（5）抽气：一般若在 30min 内能达到 0.7mmHg（1mmHg=0.133kPa）真空度时，则干燥物不致溶化，以后再继续抽气，几小时内，肉眼可观察到被干燥物已趋干燥，一般抽到真空度 0.2mmHg，保持压力 6~8h 即可。

（6）封口：抽真空干燥后，取出安瓿瓶，接在封口用的玻璃管上，可用 L 形五通管继续抽气，约 10min（即可达到 0.2mmHg），以在真空状态下封口。以煤气喷灯的细火焰在安瓿瓶中央进行封口。

（7）封口以后，贴上胶布标签，保存于冰箱或室温暗处。

此法为菌种保藏方法中最有效的方法，对一般生活力强的微生物及其孢子以及无芽孢菌都适用，即使对一些很难保存的致病菌，如脑膜炎球菌与淋球菌等亦能保存。但设备和操作都比较复杂，适用于菌种长期保存。

5. 思考题

（1）经常使用的细菌菌种，应用哪种方法保藏既好又简便？

（2）为防止菌种管棉塞受潮和长杂菌，可采取哪些措施？

（3）产孢子的微生物一般用哪种方法保藏？

7.2 食品微生物学卫生检验技术

7.2.1 实验 14：食品中菌落总数的测定

1. 目的要求

（1）了解菌落总数测定在对被检样品进行食品卫生评价方面的意义。
（2）掌握菌落总数的基本概念。
（3）掌握 GB4789.2—2010 检测食品中菌落总数的原理和操作方法。

2. 实验原理

菌落总数是指食品检样经过处理，在一定条件下（如培养基、培养温度和培养时间等）培养后，所得每 1g（mL）检样中形成的微生物菌落总数。

菌落总数主要作为判定食品食品被污染的标志，也可以应用这一方法观察细菌在食品中生长繁殖的动态，以便为被检样品进行卫生学评价时提供依据。

3. 实验材料及仪器

（1）培养基和试剂：平板计数琼脂培养基（附录 2 中 12）、磷酸盐缓冲液（附录 3 中 8）、无菌生理盐水（附录 3 中 9）。

（2）仪器及其他用具：恒温培养箱、冰箱、恒温水浴箱、天平（感量为 0.1g）、均质器、振荡器、无菌吸管或微量移液器及吸头、无菌培养皿、无菌锥形瓶、pH 计或 pH 比色管或 精密 pH 试纸、放大镜或（和）菌落计数器。

4. 操作步骤

1）菌落总数检验程序见图 7-18。
2）操作步骤
（1）样品的稀释。

① 固体和半固体样品：称取 25g 样品置盛有 225mL 磷酸盐缓冲液或生理盐水的无菌均质杯内，8000～10000r/min 均质 1～2min，或放入盛有 225mL 稀释液的无菌均质袋中，用拍击式均质器拍打 1～2min，制成 1：10的样品匀液。

② 液体样品：以无菌吸管吸取 25mL 样品置盛有 225mL 磷酸盐缓冲液或生理盐水的无菌锥形瓶（瓶内预置适当数量的无菌玻璃珠）中，充分混匀，制成 1：10 的样品匀液。

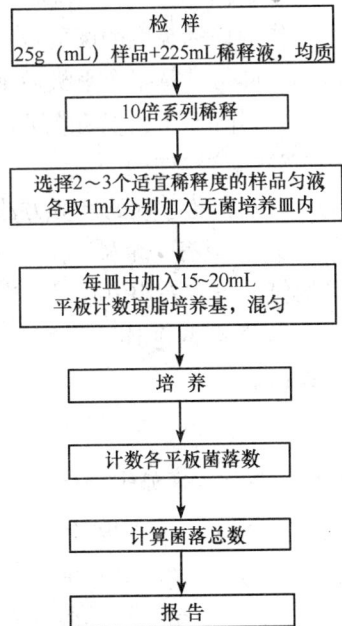

图 7-18 菌落总数检验程序

③ 用 1m 无菌吸管或微量移液器吸取 1：10 样品匀液 1mL，沿僻避缓慢注于盛有 9mL 稀释液的无菌试管种（注意吸管或吸头尖端不要触及稀释液面），振摇试管或换用 1 支无菌吸管反复吹打使其混合均匀，制成 1：100 的样品匀液。

④ 按③操作程序，制备 10 倍系列稀释样品匀液。每递增稀释一次，换用 1 次 1mL 无菌吸管或吸头。

⑤ 根据对样品污染状况的估计，选择 2～3 个适宜的稀释度的样品匀液（液体样品可包括原液），在进行 10 倍递增稀释时，吸取 1mL 样品匀液于无菌平皿内，每个稀释度做两个平皿。同时，分别吸取 1mL 空白稀释液加入两个无菌平皿内做空白对照。

⑥ 及时将 15～20mL 冷却至 46℃ 的平板计数琼脂培养基（可放置于 46℃±1℃ 恒温水浴箱中保温）倾注平皿，并转动平皿使其混合均匀。

（2）培养。

① 待琼脂凝固后，将平板翻转，36℃±1℃ 培养 48h±2h。水产品 30℃±1℃ 培养 72h±3h。

② 如果样品中可能含有在琼脂培养基表面弥漫生长的菌落时，可在凝固后的琼脂表面覆盖一薄层琼脂培养基（约 4mL），凝固后翻转平板，按①条件进行培养。

（3）菌落计数。

可用肉眼观察，必要时用放大镜或菌落计数器，记录稀释倍数和相应的菌落数量。菌落计数以菌落形成单位（colony-formingunits）表示。

① 选取菌落数在 30～300cfu 之间、无蔓延菌落生长的平板计数菌落总数。＜30 的平板记录具体菌落数，＞300cfu 的可记录为多不可计。每个稀释度的菌落数应采用 2 个平板的平均数。

② 其中一个平板有较大片状菌落生长时，则不宜采用，而应以无片状菌落生长的平板作为该稀释度的菌落数；若片状菌落不到平板的一半，而其余一半中菌落分布又很均匀，即可计算半个平板后乘以 2，代表一个平板菌落数。

③ 当平板上出现菌落问无明显界线的链状生长时，则将每条单链作为一个菌落计数。

3）结果与报告

（1）菌落总数的计算方法。

① 若只有一个稀释度平板上的菌落数在适宜计数范围内，计算两个平板菌落数的平均值，再将平均值乘以相应稀释倍数，作为每 1g（mL）样品中菌落总数结果。

② 若有两个连续稀释度的平板菌落数在适宜计数范围内时，按下列公式（7-1）计算：

$$N = \sum C / (n_1 + 0.1n_2)d \tag{7-1}$$

式中：N——样品中菌落数；

$\sum C$——平板（含适宜范围菌落数的平板）菌落数之和：

n_1——第一稀释度（低稀释倍数）平板个数；

n_2——第二稀释度（高稀释倍数）平板个数；

d——稀释因子（第一稀释度）。

示例如表 7-7 所示稀释度的菌落数，计算结果如下：

$$N = \sum C/(n_1 + 0.1n_2d)$$

$$= \frac{232 + 244 + 33 + 35}{[2 + (0.1 \times 2)] \times 10^{-2}} = \frac{544}{0.022} = 24727$$

表 7-7　各稀释度的菌落数

稀释度	1∶100（第一稀释度）	1∶1000（第二稀释度）
菌落数/cfu	232，244	33，35

上述数据修约后，表示为 25000 或 2.5×10^4。

③ 若所有稀释度的平板上菌落数均＞300cfu，则对稀释度最高的平板进行计数，其他平板可记录为多不可计，结果按平均菌落数乘以最高稀释倍数计算。

④ 若所有稀释度的平板菌落数均＜30cfu，则应按稀释度最低的平均菌落数乘以稀释倍数计算。

⑤ 若所有稀释度（包括液体样品原液）平板均无菌落生长，则以＜1乘以最低稀释倍数计算。

⑥ 若所有稀释度的平板菌落数均不在 30～300cfu/mL 之间，其中一部分＜30cfu 或＞300cfu 时，则以最接近 30cfu 或 300cfu 的平均菌落数乘以稀释倍数计算。

（2）菌落总数的报告。

① 菌落数＜100cfu 时，按"四舍五入"原则修约，以整数报告。

② 菌落数≥100cfu 时，第三位数字采用"四舍五入"原则修约后，取前 2 位数字，后面用 0 代替位数；也可用 10 的指数形式来表示，按"四舍五入"原则修约后，采用两位有效数字。

③ 若所有平板上为蔓延菌落而无法计数，则报告菌落蔓延。

④ 若空白对照上有菌落生长，则此次检测结果无效。

（3）称重取样以 cfu/g 为单位报告，体积取样以 cfu/mL 为单位报告。

5. 结果报告

将实验结果填入列表 7-8、表 7-9 中，并根据国标判定所检样品是否合格。

表 7-8　食品安全国家标准食品微生物检验菌落总数测定（仪器与设备）

报告编号：　　　　　　　　样品名称：

1	检验项目	菌落总数测定	设备名称	型　号	编　号
2	检验日期				
3	环境条件				
4	检样编号				

表7-9　食品安全国家标准食品微生物检验 菌落总数测定（原始记录表）

菌落总数测定依据 GB4789.2—2010

菌落总数测定（温度：　　　　　　　　培养时间：　　　　　　　　　　　）

稀释度	接种量	平板菌落计数	平均数	对照	结果/[cfu/g（mL）]

结论：＿＿＿＿＿＿＿＿＿＿＿＿＿＿＿＿＿＿＿＿＿＿＿＿＿＿＿＿＿＿＿＿＿＿＿＿

检验：＿＿＿＿＿＿＿＿＿＿＿＿＿＿＿＿　　　　校核：＿＿＿＿＿＿＿＿＿＿＿＿＿＿

6. 思考题

（1）食品中菌落总数测定的意义是什么？

（2）为什么平板计数琼脂在使用前要保持在 46℃±1℃ 的温度？

7.2.2　实验15：大肠菌群计数法

1. 目的要求

（1）了解大肠菌群计数法在食品卫生检验的意义。

（2）掌握大肠菌群的基本概念。

（3）掌握 GB4789.3—2010 对食品中大肠菌群进行计数的方法。

2. 实验原理

大肠菌群系指在一定培养条件下能发酵乳糖、产酸产气的需氧和兼性厌氧革兰氏阴性无芽孢杆菌。该菌主要来源于人畜粪便，故以此作为粪便污染指标来评价食品的卫生质量，具有广泛的卫生学意义。它反映了食品是否与粪便接触及被粪便污染的程度，同时也间接地反映食品受肠道致病菌污染的可能性。

食品中的大肠菌群数系指以每克（或 mL）检样内大肠菌群最可能数（mostprobablenumber，MPN）。最可能数是基于泊松分布的一种间接计数方法。

3. 实验材料及仪器

（1）培养基和试剂：月桂基硫酸盐胰蛋白胨（LST）肉汤（附录2中13）、煌绿乳糖胆盐（BGLB）肉汤（附录2中14）、结晶紫中性红胆盐琼脂（VRBA）（附录2中15）、磷酸盐缓冲液（附录3中8）、无菌生理盐水（附录3中9）、无菌 1mol/L NaOH（附录3中10）、无菌 1mol/L HCl（附录3中11）。

（2）仪器及其他用具：恒温培养箱、冰箱、恒温水浴箱、天平（感量为 0.1g）、均质器、振荡器、无菌吸管或微量移液器及吸头、无菌培养皿、无菌锥形瓶、pH 计或

pH 比色管或精密 pH 试纸、菌落计数器。

4. 操作步骤

1) 大肠菌群 MPN 计数法

（1）大肠菌群 MPN 计数的检验程序如图 7-19 所示。

（2）操作步骤。

① 样品的稀释。

a. 固体和半固体样品：称取 25g 样品，放入盛有 225mL 磷酸盐缓冲液或生理盐水的无菌均质杯内，8000～10000r/min 均质 1～2min，或放入盛有 225mL 磷酸盐缓冲液或生理盐水的无菌均质袋中，用拍击式均质器拍打 1～2min，制成 1∶10 的样品匀液。

b. 液体样品：以无菌吸管吸取 25mL 样品置盛有 225mL 磷酸盐缓冲液或生理盐水的无菌锥形瓶（瓶内预置适当数量的无菌玻璃珠）中，充分混匀，制成 1∶10 的样品匀液。

图 7-19　大肠菌群 MPN 计数的检验程序

c. 样品匀液的 pH 应在 6.5～7.5 之间，必要时分别用 1mol/LNaOH 或 1mol/L HCl 调节。

d. 用 1mL 无菌吸管或微量移液器吸取 1∶10 样品匀液 1mL，沿管壁缓缓注入 9mL 磷酸盐缓冲液或生理盐水的无菌试管中（注意吸管或吸头尖端不要触及稀释液面），振摇试管或换用 1 支 1mL 无菌吸管反复吹打，使其混合均匀，制成 1∶100 的样品匀液。

e. 根据对样品污染状况的估计，按上述操作，依次制成 10 倍递增系列稀释样品匀液。每递增稀释 1 次，换用 1 支 1mL 无菌吸管或吸头。从制备样品匀液至样品接种完毕，全过程不得超过 15min。

② 初发酵试验。每个样品，选择 3 个适宜的连续稀释度的样品匀液（液体样品可以选择原液），每个稀释度接种 3 管月桂基硫酸盐胰蛋白胨（LST）肉汤，每管接种 1mL（如接种量超过 1mL，则用双料 LST 肉汤），36℃±1℃ 培养 24h±2h，观察倒管内是否有气泡产生，24h±2h 产气者进行复发酵试验，如未产气则继续培养至 48h±2h，产气者进行复发酵试验。未产气者为大肠菌群阴性。

③ 复发酵试验。用接种环从产气的 LST 肉汤管中分别取培养物 1 环，移种于煌绿乳糖胆盐肉汤（BGLB）管中，36℃±1℃ 培养 48h±2h，观察产气情况。产气者，计为大肠菌群阳性管。

（3）大肠菌群最可能数（MPN）的报告。按③复发酵试验确证的大肠菌群 LST 阳性管数，检索 MPN 表（表 7-10），报告每 1g（mL）样品中大肠菌群的 MPN 值。

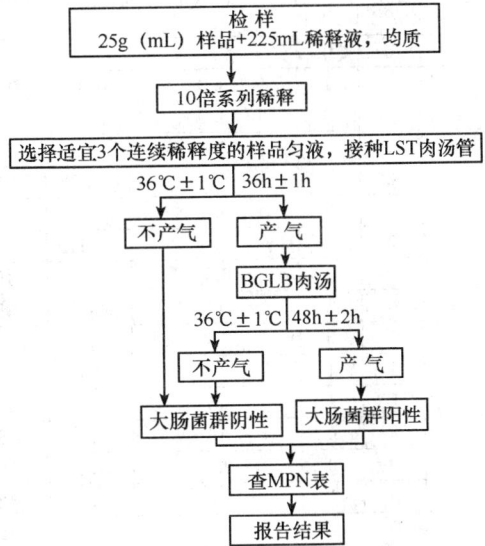

表 7-10　大肠菌群最可能数（MPN）检索表

阳性管数			MPN	95%可信限		阳性管数			MPN	95%可信限	
0.10	0.01	0.001		下限	上限	0.10	0.01	0.001		下限	上限
0	0	0	<3.0	—	9.5	2	2	0	21	4.5	42
0	0	1	3.0	0.15	9.6	2	2	1	28	8.7	9.4
0	1	0	3.0	0.15	11	2	2	2	35	8.7	94
0	1	1	6.1	1.2	18	2	3	0	29	8.7	94
0	2	0	6.2	1.2	18	2	3	1	36	8.7	94
0	3	0	9.4	3.6	38	3	0	0	23	4.6	94
1	0	0	3.6	0.17	18	3	0	1	38	8.7	110
1	0	1	7.2	1.3	18	3	0	2	64	17	180
1	0	2	11	3.6	38	3	1	0	43	9	180
1	1	0	7.4	1.3	20	3	1	1	75	17	200
1	1	1	11	3.6	38	3	1	2	120	37	420
1	2	1	15	4.5	42	3	2	0	93	18	420
1	3	0	16	4.5	42	3	2	1	150	37	420
2	0	0	9.2	1.4	38	3	2	2	210	40	430
2	0	1	14	3.6	42	3	2	3	290	90	1.000
2	0	2	20	4.5	42	3	3	0	240	42	1 000
2	1	0	15	3.7	42	3	3	1	460	90	2 000
2	1	1	20	4.5	42	3	3	2	1100	180	4 000
2	1	2	27	8.7	94	3	3	3	>1100	420	—

注：（1）本表采用3个稀释度 [0.1g（mL）、0.01g（mL）和 0.001g（mL）]，每个稀释度接种 3 管。

（2）表内所列检样量如改用 1g（mL）、0.1g（mL）和 0.01g（mL）时，表内数字应相应降低 10 倍；如改用 0.01g（mL）、0.001g（mL）0.0001g（mL）时，则表内数字应相应增高 10 倍，其个类推。

（3）本表每 1g（mL）检样中大肠菌群最可能数（MPN）的检索表。

2）大肠菌群平板计数法

（1）大肠菌群平板计数法的检验程序如图 7-20 所示。

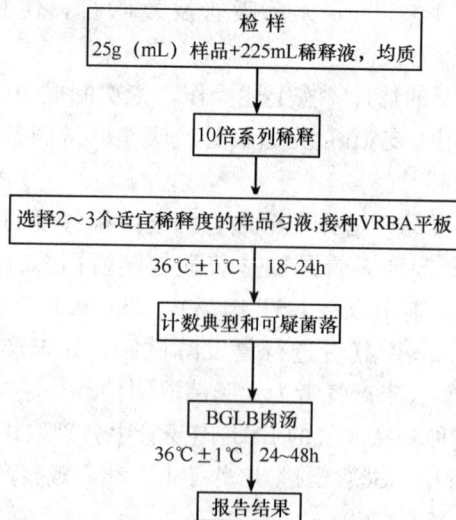

图 7-20　大肠菌群平板计数法的检验程序

（2）操作步骤。

① 样品的稀释。同大肠菌群 MPN 计数法。

② 平板计数。

a. 选取 2～3 个适宜的连续稀释度，每个稀释度接种 2 个无菌平皿，每皿 1mL。同时取 1mL 生理盐水加入无菌平皿做空白对照。

b. 及时将 15～20mL 冷至 46℃ 的结晶紫中性红胆盐琼脂（VRBA）约倾注于每个平皿中。小心旋转平皿，将培养基与样液充分混匀，待琼脂凝固后，再加 3～4mLVRBA 覆盖平板表层。翻转平板，置于 36℃±1℃ 培养 18h～24h。

③ 平板菌落数的选择。选取菌落数在 15～150cfu 之间的平板，分别计数平板上出现的典型和可疑大肠菌群菌落。典型菌落为紫红色，菌落周围有红色的胆盐沉淀环，菌落直径为 0.5mm 或更大。

④ 证实试验。从 VRBA 平板上挑取 10 个不同类型的典型和可疑菌落，分别移种于 BGLB 肉汤管内，36℃±1℃ 培养 24～48h，观察产气情况。凡 BGLB 肉汤管产气，即可报告为大肠菌群阳性。

（3）大肠菌群平板计数的报告。经最后证实为大肠菌群阳性的试管比例乘以③平板菌落计数的选择中计数的平板菌落数，再乘以稀释倍数，即为每 1g（mL）样品中大肠菌群数。例：10^{-4} 样品稀释液 1mL，在 VRBA 平板上有 100 个典型和可疑菌落，挑取其中 10 个接种 BGLB 肉汤管，证实有 6 个阳性管，则该样品的大肠菌群数为：$100×6/10×10^4/g（mL）=6.0×10^5cfu/g（mL）$。

5. 结果报告

将实验结果填入表 7-11、表 7-12 中，并根据国标判定所检样品是否合格。

表 7-11　食品安全国家标准食品微生物检验——大肠菌群计数测定（仪器与设备）

报告编号：　　　　　　　样品名称：

1	检 验 项 目	大肠菌群计数测定	设 备 名 称	型　　　号	编　　　号
2	检验日期				
3	环境条件				
4	检样编号				

表 7-12　食品安全国家标准食品微生物检验——大肠菌群计数测定（原始记录表）

大肠菌群测定依据 GB4789.3—2010

大肠菌群的 MPN 值的测定（36℃±1℃、培养 48h±2h）

接种样品量/［g（mL）］								
月桂基硫酸盐胰蛋白胨（LST）肉汤 36℃±1℃、培养 48h±2h								
接种样品量/［g（mL）］								
煌绿乳糖胆（BGLB）肉汤 36℃±1℃、培养 48h±2h								
阳性管								
结果［MPN/1g（mL）］								

结论：_____

检验：_____　　　校核：_____

6. 思考题

（1）大肠菌群的定义是什么？

（2）为什么要做空白实验？

7.2.3　实验 16：沙门氏菌的检验

1. 目的要求

（1）了解沙门氏菌在食品安全评价中的意义。

（2）了解沙门氏菌属的相关特性。

（3）掌握 GB4789.4—2010 检测食品中沙门氏菌的方法。

2. 实验原理

沙门氏菌属是一群形态和培养特性都类似的肠杆菌科中的一大属，也是肠杆菌科中最重要的病原菌属，它包括近 2000 个血清型。沙门氏菌病常在动物中广泛传播，人的沙门氏菌感染和带菌也非常普遍。由于动物的生前感染或食品受到污染，均可使人发生食物中毒。在世界各地的食物中毒中，沙门氏菌食物中毒当占首位或第二位。沙门氏菌常作为进口食品和其他食品的致病菌指标。因此，检查食品中的沙门氏菌极为重要。

沙门氏菌为革兰氏阴性较为细长的杆菌，$(1\sim3)\mu m \times (0.4\sim0.9)\mu m$；不产生芽孢，一般无荚膜，但在黏液样变异时，可见菌体周围黏液层增厚。除鸡白痢和鸡伤寒沙门氏菌外，其余都具有周身鞭毛，能运动，但偶尔出现无鞭毛的变种和不运动的变株。除鸡白痢和鸡伤寒沙门氏菌及仙台、伤寒、甲型副伤寒等沙门氏菌外，绝大多数都具有纤毛，能吸附于细胞表面和凝聚红血球。

3. 实验材料及仪器

（1）培养基和试剂：缓冲蛋白胨水（BPW）（附录 2 中 16）、四硫磺酸钠煌绿（TTB）增菌液（附录 2 中 17）、亚硒酸盐胱氨酸（SC）增菌液（附录 2 中 18）、亚硫酸铋（BS）琼脂（附录 2 中 19）、HE 琼脂（附录 2 中 20）、木糖赖氨酸脱氧胆盐（XLD）琼脂（附录 2 中 21）、沙门氏菌属显色培养基、三糖铁（TSI）琼脂（附录 2 中 22）、蛋白胨水、靛基质试剂（附录 2 中 8）、尿素琼脂（pH7.2）（附录 2 中 23）、氰化钾（KCN）培养基（附录 2 中 24）、赖氨酸脱羧酶试验培养基（附录 2 中 25）、糖发酵培养基（附录 2 中 6）、邻硝基酚 β-D 半乳糖苷（ONPG）培养基（附录 2 中 26）、半固体琼脂（附录 2 中 27）、丙二酸钠培养基（附录 2 中 28）、沙门氏菌 O 和 H 诊断血清、生化鉴定试剂盒。

（2）仪器及其他用具：冰箱、恒温培养箱、均质器、振荡器、电子天平（感量 0.1g）、无菌锥形瓶、无菌吸管或微量移液器及吸头、无菌培养皿、无菌试管（3mm×50mm、10mm×75mm）、无菌毛细管、pH 计或 pH 比色管或精密 pH 试纸、全自动微生物生化鉴定系统。

4. 操作步骤

沙门氏菌检验程序见图 7-21

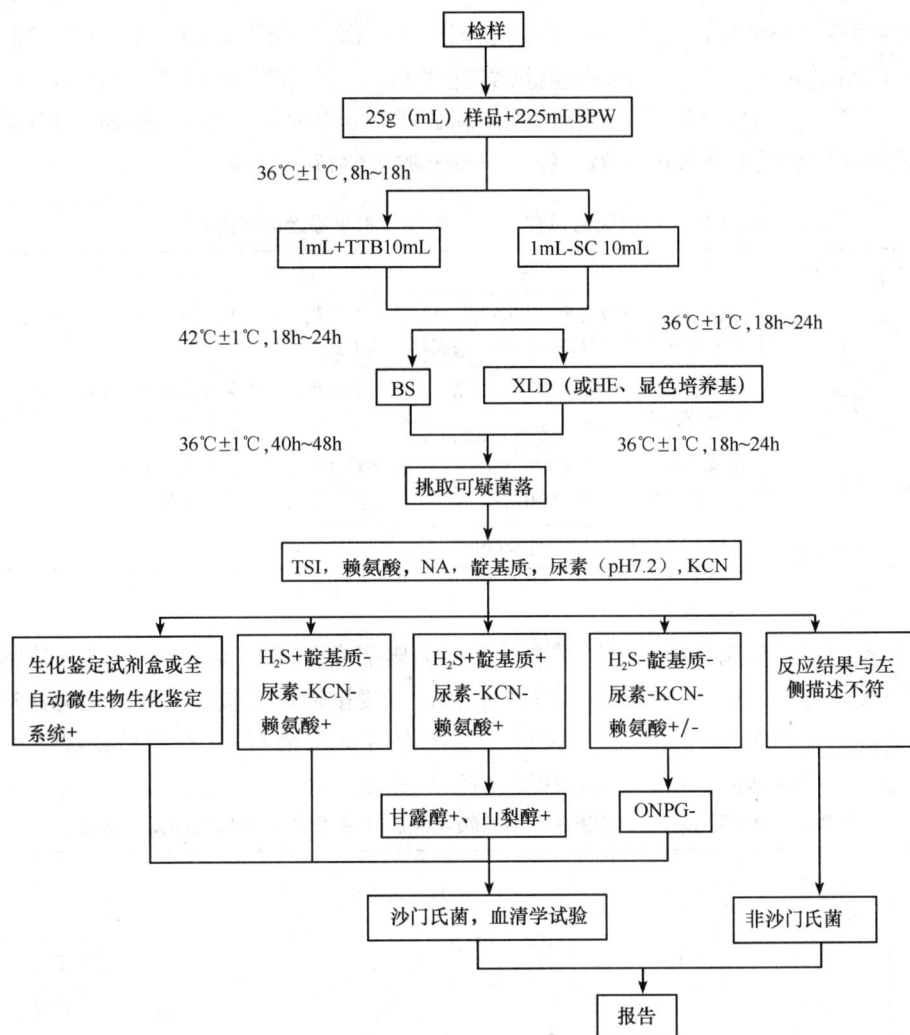

图 7-21　沙门氏菌检验程序

1）前增菌

称取 25g（mL）样品放入盛有 225mLBPW 的无菌均质杯中，以 8000～10000r/min 均质 1～2min，或置于盛有 225mL BPW 的无菌均质袋中，用拍击式均质器拍打 1～2min。若样品为液态，不需要均质，振荡混匀。如需测定 pH，用 1mol/mL 无菌 NaOH 或 HCl 调 pH 至 6.8±0.2。无菌操作将样品转至 500mL 锥形瓶中，如使用均质袋，可直接进行培养，于 36℃±1℃培养 8～18h。

如为冷冻产品，应在 45℃以下不超过 15min，或 2～5℃不超过 18h 解冻。

2）增菌

轻轻摇动培养过的样品混合物，移取 1mL，转种于 10mLTTB 内，于 42℃±1℃培养 18～24h。同时，另取 1mL，转种于 10mLSC 内，于 36℃±1℃培养 18～24h。

3）分离

分别用接种环取增菌液 1 环，划线接种于一个 BS 琼脂平板和一个 XLD 琼脂平板（或 HE 琼脂平板或沙门氏菌属显色培养基平板）。于 36℃±1℃分别培养 18～24h（XLD 琼脂平板、HE 琼脂平板、沙门氏菌属显色培养基平板）或 40～48h（BS 琼脂平板），观察各个平板上生长的菌落，各个平板上的菌落特征见表 7-13。

表 7-13　沙门氏菌属在不同选择性琼脂平板上的菌落特征

选择性琼脂平板	沙门氏菌
BS 琼脂	菌落为黑色有金属光泽、棕褐色或灰色，菌落周围培养基可呈黑色或棕色；有些菌株形成灰绿色的菌落，周围培养基不变
HE 琼脂	蓝绿色或蓝色，多数菌落中心黑色或几乎全黑色；有些菌株为黄色，中心黑色或几乎全黑色
XLD 琼脂	菌落呈粉红色，带或不带黑色中心，有些菌株可呈现大的带光泽的黑色中心，或呈现全部黑色的菌落；有些菌株为黄色菌落，带或不带黑色中心
沙门氏菌属显色培养基	按照显色培养基的说明进行判定

4）生化试验

（1）自选择性琼脂平板上分别挑取 2 个以上典型或可疑菌落，接种三糖铁琼脂，先在斜面划线，再于底层穿刺；接种针不要灭菌，直接接种赖氨酸脱羧酶试验培养基和营养琼脂平板，于 36℃±1℃培养 18～24h，必要时可延长至 48h。在三糖铁琼脂和赖氨酸脱羧酶试验培养基内，沙门氏菌属的反应结果见表 7-14。

表 7-14　沙门氏菌属在三糖铁琼脂和赖氨酸脱羧酶试验培养基内的反应结果

三糖铁琼脂				赖氨酸脱羧酶试验培养基	初步判断
斜面	底层	产气	硫化氢		
K	A	＋（－）	＋（－）	＋	可疑沙门氏菌属
K	A	＋（－）	＋（－）	－	可疑沙门氏菌属
A	A	＋（－）	＋（－）	＋	可疑沙门氏菌属
A	A	＋/－	＋/－	－	非沙门氏菌
K	K	＋/－	＋/－	＋/－	非沙门氏菌

注：K：产碱，A：产酸；＋：阳性，－：阴性；＋（－）：多数阳性，少数阴性；＋/－：阳性或阴性。

（2）接种三糖铁琼脂和赖氨酸脱羧酶试验培养基的同时，可直接接种蛋白胨水（供做靛基质试验）、尿素琼脂（pH7.2）、氰化钾（KCN）培养基，也可在初步判断结果后从营养琼脂平板上挑取可疑菌落接种。于 36℃±1℃培养 18～24h，必要时可延长至 48h，按表 7-15 判定结果。将已挑菌落的平板贮存于 2～5℃或室温至少保留 24h，以备必要时复查。

表 7-15　沙门氏菌属生化反应初步鉴别表

反应序号	硫化氢（H$_2$S）	靛基质	pH7.2 尿素	氰化钾（KCN）	赖氨酸脱羧酶
A1	＋	－	－	－	＋
A2	＋	＋	－	－	＋
A3	－	－	－	－	＋/－

注：＋阳性；－阴性；＋/－阳性或阴性。

① 反应序号 A1：典型反应判定为沙门氏菌属。如尿素、KCN 和赖氨酸脱羧酶 3 项中有 1 项异常，按表 7-16 可判定为沙门氏菌。如有 2 项异常为非沙门氏菌。

表 7-16　沙门氏菌属生化反应初步鉴别表

pH7.2 尿素	氰化钾（KCN）	赖氨酸脱羧酶	判定结果
－	－	－	甲型副伤寒沙门氏菌（要求血清学鉴定结果）
－	＋	＋	沙门氏菌Ⅳ或Ⅴ（要求符合本群生化特性）
＋	－	＋	沙门氏菌个别变体（要求血清学鉴定结果）

注：＋表示阳性；＋表示阴性。

② 反应序号 A2：补做甘露醇和山梨醇试验，沙门氏菌靛基质阳性变体两项试验结果均为阳性，但需要结合血清学鉴定结果进行判定。

③ 反应序号 A3：补做 ONPG。ONPG 阴性为沙门氏菌，同时赖氨酸脱羧酶阳性，甲型副伤寒沙门氏菌为赖氨酸脱羧酶阴性。

④ 必要时按表 7-17 进行沙门氏菌生化群的鉴别。

表 7-17　沙门氏菌属各生化群的鉴别

项　　目	Ⅰ	Ⅱ	Ⅲ	Ⅳ	Ⅴ	Ⅵ
卫矛醇	＋	＋	－	－	＋	－
山梨醇	＋	＋	＋	＋	＋	－
水杨苷	－	－	－	＋	－	－
ONPG	－	－	＋	－	＋	－
丙二酸盐	－	＋	＋	－	－	－
KCN	－	－	－	＋	＋	－

注：＋表示阳性；－表示阴性。

（3）如选择生化鉴定试剂盒或全自动微生物生化鉴定系统，可根据初步判断结果，从营养琼脂平板上挑取可疑菌落，用生理盐水制备成浊度适当的菌悬液，使用生化鉴定试剂盒或全自动微生物生化鉴定系统进行鉴定。

5）血清学鉴定

（1）抗原的准备。一般采用 1.2％～1.5％琼脂培养物作为玻片凝集试验用的抗原。

O 血清不凝集时，将菌株接种在琼脂量较高的（如 2％～3％）培养基上再检查；如果是由于 Vi 抗原的存在而阻止了 O 凝集反应时，可挑取菌苔于 1mL 生理盐水中做成浓菌液，于酒精灯火焰上煮沸后再检查。H 抗原发育不良时，将菌株接种在 0.55％～0.65％半固体琼脂平板的中央，俟菌落蔓延生长时，在其边缘部分取菌检查；或将菌株通过装有 0.3％～0.4％半固体琼脂的小玻管 1～2 次，自远端取菌培养后再检查。

（2）多价菌体抗原（O）鉴定。在玻片上划出 2 个约 1cm×2cm 的区域，挑取 1 环待测菌，各放 1/2 环于玻片上的每一区域上部，在其中一个区域下部加 1 滴多价菌体（O）抗血清，在另一区域下部加入 1 滴生理盐水，作为对照。再用无菌的接种环或针分别将两个区域内的菌落研成乳状液。将玻片倾斜摇动混合 1min，并对着黑暗背景进行观察，任何程度的凝集现象皆为阳性反应。

（3）多价鞭毛抗原（H）鉴定。同 5（2）。

（4）血清学分型（选做项目）。

a. O 抗原的鉴定。用 A～F 多价 O 血清做玻片凝集试验，同时用生理盐水做对照。在生理盐水中自凝者为粗糙形菌株，不能分型。

被 A～F 多价 O 血清凝集者，依次用 O4；O3、O10；O7；O8；O9；O2 和 O11 因子血清做凝试验。根据试验结果，判定 O 群。被 O3、O10 血清凝集的菌株，再用 O10、O15、O34、O19 单因子血清做凝集试验，判定 E1、E2、E3、E4 各亚群，每一个 O 抗原成分的最后确定均应 O 单因子血清的检查结果，没有 O 单因子血清的要用 2 个 O 复合因子血清进行核对。

不被 A～F 多价 O 血清凝集者，先用 9 种多价 O 血清检查，如有其中一种血清凝集，则用这种血清所包括的 O 群血清逐一检查，以确定 O 群。每种多价 O 血清所包括的 O 因子如下：

O 多价 1　A，B，C，D，E，F，群（并包括 6，14 群）

O 多价 2　13，16，17，18，21 群

O 多价 3　28，30，35，38，39 群

O 多价 4　40，41，42，43 群

O 多价 5　44，45，47，48 群

O 多价 6　50，51，52，53 群

O 多价 7　55，56，57，58 群

O 多价 8　59，60，61，62 群

O 多价 9　63，65，66，67 群

b. H 抗原的鉴定。属于 A～F 各 O 群的常见菌型，依次用表 7-18 所述 H 因子血清检查第一相和第二相的 H 抗原。

表 7-18　A～F 群常见菌型 H 抗原表

O 群	第一相	第二相
A	a	无
B	g，f，s	无
B	i，b，d	2
C1	k，v，r，c	5，Z15
C2	b，d，r	2，5
D（不产气的）	d	无
D（产气的）	g，m，p，q	无
E1	h，v	6，w，x
E4	g，s，t	无
E4	i	Z6

不常见的菌型，先用 8 种多价 H 血清检查，如有其中一种或两种血清凝集，则再用这一种或两种血清所包括的各种 H 因子血清逐一检查，以第一相和第二项的 H 抗原。8 种多价 H 血清所包括的 H 因子如下：

H 多价 1　a，b，c，d，i

H 多价 2　eh，enx，enz15，fg，gms，gpu，gp，gq，mt，gz51

H 多价 3　k，r，y，z，z10，lv，lw，lz13，lz28，lz40

H 多价 4　1，2；1，5；1，6；1，7；z6

H 多价 5　z4z23，z4z24，z4z32，z29，z35，z36，z38

H 多价 6　z39，z41，z42，z44

H 多价 7　z52，z53，z54，z55

H 多价 8　z56，z57，z60，z61，z62

每一个 H 抗原成分的最后确定均应根据 H 单因子血清的检查结果，没有 H 单因子血清的要用 2 个 H 复合因子血清进行核对。

检出第一相 H 抗原而未检出第二相 H 抗原的或检出第二相 H 抗原而未检出第一相 H 抗原的，可在琼脂斜面上移种 1～2 代后再检查。如仍只检出一个相的 H 抗原，要用位相变异的方法检查其另一个相。单相菌不必做位相变异检查。

位相变异试验方法如下：

小玻管法：将半固体管（每管约 1～2mL）在酒精灯上溶化并冷至 50℃，取已知相的 H 因子血清 0.05～0.1mL，加入于溶化的半固体内，混匀后，用毛细吸管吸取分装于供位相变异试验的小玻管内，待凝固后，用接种针挑取待检菌，接种于一端。将小玻管平放在平皿内，并在其旁一团湿棉花，以防琼脂中水分蒸发而干缩，每天检查结果，待另一相细菌解离后，可以从另一端挑取细菌进行检查。培养基内血清的浓度应有适当的比例，过高时细菌不能生长，过低时同一相细菌的动力不能抑制。一般按原血清（1∶200）～（1∶800）的量加入。

小倒管法：将两端开口的小玻管（下端开口要留一个缺口，不要平齐）放在半固体管内，小玻管的上端应高出于培养基的表面，灭菌后备用。临用时在酒精灯上加热溶化，冷至50℃，挑取因子血清1环，加入小套管中的半固体内，略加搅动，使其混匀，俟凝固后，将待检菌株接种于小套管中的半固体表层内，每天检查结果，待另一相细菌解离后，可从套管外的半固体表面取菌检查，或转种1‰软琼脂斜面，于37℃培养后再做凝集试验。

简易平板法：将0.35‰～0.4‰半固体琼脂平板烘干表面水分，挑取因子血清1环，滴在半固体平板表面，放置片刻，待血清吸收到琼脂内，在血清部位的中央点种待检菌株，培养后，在形成蔓延生长的菌苔边缘取菌检查。

c. Vi抗原的鉴定。用Vi因子血清检查。已知具有Vi抗原的菌型有：伤寒沙门氏菌，丙型副伤寒沙门氏菌，都柏林沙门氏菌。

d. 菌型的判定。根据血清学分型鉴定的结果，按照表7-19常见沙门氏菌抗原表或有关沙门氏菌属抗原表判定菌型。

5. 结果报告

综合以上生化试验和血清学鉴定的结果，报告25g（mL）样品中检出或未检出沙门氏菌。

6. 思考题

（1）简述沙门氏菌检验的意义

（2）简述沙门氏菌的形态与染色特征。

（3）在进行沙门氏菌检验时为什么要进行前增菌和增菌？

（4）沙门氏菌检验有哪5个基本步骤？

表 7-19　常见沙门氏菌抗原表

菌　　名	拉丁菌名	O抗原	H抗原	
			第一相	第二相
A群				
甲型副伤寒沙门氏菌	*S. paratyphi*A1	<u>1</u>, 2, 12	a	[1, 5]
B群				
基桑加尼沙门氏菌	*S. kisangani*	1, 4, [5], 12	a	1, 2
阿雷查瓦莱塔沙门氏菌	*S. arechavleta*	4, [5], 12	a	1, 7
马流产沙门氏菌	*S. abortus-equi*	4, 12	—	e, n, x
乙型副伤寒沙门氏菌	*S. ParatyphiB*1	<u>1</u>, 4, [5], 12	b	1, 2
利密特沙门氏菌	*S. limete*	<u>1</u>, 4, 12, [27]	b	1, 5

续表

菌　　名	拉 丁 菌 名	O 抗原	H 抗原	
			第一相	第二相
阿邦尼沙门氏菌	S. abony	1，4，[5]，12，27	b	e，n，x
维也纳沙门氏菌	S. wien	1，4，12，[27]	b	1，w
伯里沙门氏菌	S. vury	4，12，[27]	c	z_6
斯坦利沙门氏菌	S. stanley	1，4，[5]，12，[27]	d	1，2
圣保罗沙门氏菌	S. taint-paul	1，4，[5]，12	e，h	1，2
里定沙门氏菌	S. reading	1，4，[5]，12	e，h	1，5
彻斯特沙门氏菌	S. chester	1，4，[5]，1	e，h	e，n，x
德尔卑沙门氏菌	S. derby	1，4，[5]，12	f，g	[1，2]
阿贡纳沙门氏菌	S. agona	1，4，[5]，12	f，g，s	[1，2]
埃森沙门氏菌	S. essen	4，12	g，m	—
加利福尼亚沙门氏菌	S. california	4，12	g，m，t	[z_{67}]
金斯敦沙门氏菌	S. kingston	1，4，[5]，12，[27]	g，m，t	[1，2]
布达佩斯沙门氏菌	S. budapest	1，4，12，[27]	g，t	—
鼠伤寒沙门氏菌	S. typhimurium	1，4，[5]，12	i	1，2
拉古什沙门氏菌	S. lagos	1，4，[5]，12	i	1，5
布雷登尼沙门氏菌	S. bredeney	1，4，12，[27]	1，v	1，7
基尔瓦沙门氏菌 II	S. kilwa II	4，12	1，w	e，n，x
海德尔堡沙门氏菌	S. heidelberg	1，4，[15]，12	r	1，2
印地安纳沙门氏菌	S. indiana	1，4，12	z	1，7
斯坦利维尔沙门氏菌	S. stanleyuille	1，4，[5]，12，[27]	z_4，z_{23}	[1，2]
伊图里沙门氏菌	S. ituri	1，4，12	z_{10}	1，5
C1 群				
奥斯陆沙门氏菌	S. oslo	6，7，14	a	e，n，x
爱丁堡沙门氏菌	S. edinburg	6，7，14	b	1，5
布隆方舟沙门氏菌 II	S. blonemfontein II	6，7	b	[e，n，x]：z_{42}
丙型副伤寒沙门氏菌	S. paratyphic.	6，7，[Vi]	c	1，5
猪霍乱沙门氏菌	S. cholerae-suis	6，7	c	1，5
猪伤寒沙门氏菌	S. typhi-suis	6，7	c	1，5
罗米他沙门氏菌	S. lomita	6，7	e，h	1，5
布伦登卢普沙门氏菌	S. braenderup	6，7，14	e，h	e，n，z_{15}
里森沙门氏菌	S. rissen	6，7，14	f，g	—
蒙得维的亚沙门氏菌	S. montevideo	6，7，14	g，m，[p]，s	[1，2，7]
里吉尔沙门氏菌	S. riggil	6，7	g，t	—

续表

菌　名	拉丁菌名	O抗原	H抗原 第一相	H抗原 第二相
奥雷宁堡沙门氏菌	*S. oranienburg*	6，7，<u>14</u>	m，t	[2，5，7]
奥里塔蔓林沙门氏菌	*S. oritamerin*	6，7	i	1，5
汤卜逊沙门氏菌	*S. thompson*	6，7，<u>14</u>	k	1，5
康科德沙门氏菌	*S. concord*	6，7	l，v	1，2
伊鲁木沙门氏菌	*S. irumu*	6，7	l，v	1，5
姆卡巴沙门氏菌	*S. mkamba*	6，7	l，v	1，6
波恩沙门氏菌	*S. bonn*	6，7	l，v	e，n，x
波茨坦沙门氏菌	*S. potsdam*	6，7，<u>14</u>	l，v	e，n，z_{15}
格但斯克沙门氏菌	*S. gdansk*	6，7，<u>14</u>	l，v	z_6
维尔肖沙门氏菌	*S. virchow*	6，7，<u>14</u>	r	1，2
婴儿沙门氏菌	*S. infantis*	6，7，<u>14</u>	r	1，5
巴布亚沙门氏菌	*S. papuana*	6，7	r	e，n，z_{15}
巴累利沙门氏菌	*S. bareilly*	6，7，<u>14</u>	y	1，5
哈特福德沙门氏菌	*S. hartford*	6，7	y	e，n，x
三河岛沙门氏菌	*S. mikAwasima*	6，7，<u>14</u>	y	e，n，z_{15}
姆班达卡沙门氏菌	*S. mbandaka*	6，7，<u>14</u>	z_{10}	e，n，z_{15}
田纳西沙门氏菌	*S. tennessee*	6，7，<u>14</u>	z_{29}	[1，2，7]
布伦登卢普沙门氏菌	*S. braenderup*	6，7，<u>14</u>	e，h	e，n，z_{15}
耶路撒冷沙门氏菌	*S. jerusalem*	6，7，<u>14</u>	z_{10}	l，w
C2 群				
习志野沙门氏菌	*S. narashino*	6，8	a	e，n，x
名古屋沙门氏菌	*s. nagoya*	6，8	b	1，5
加瓦尼沙门氏菌	*S. gatuni*	6，8	b	e，n，x
慕尼黑沙门氏菌	*S. muenchen*	6，8	d	1，2
曼哈顿沙门氏菌	*S. manhattan*	6，8	d	1，5
纽波特沙门氏菌	*S. newport*	6，8，<u>20</u>	e，h	1，2
科特布斯沙门氏菌	*S. kottbus*	6，8	e，h	1，5
茨昂威沙门氏菌	*S. tshiongwe*	6，8	e，h	e，n，z_{15}
林登堡沙门氏菌	*S. lindenburg*	6，8	i	1，2
塔科拉迪沙门氏菌	*S. takoradi*	6，8	i	1，5
波那雷恩沙门氏菌	*S. bonariensis*	6，8	i	e，n，x
利齐菲尔德沙门氏菌	*S. litchfield*	6，8	l，v	1，2
病牛沙门氏菌	*S. bovismorbificans*	6，8，<u>20</u>	r，[i]	1，5
查理沙门氏菌	*S. chailey*	6，8	z_4，z_{23}	e，n，z_{15}

续表

菌　名	拉丁菌名	O 抗原	H 抗原 第一相	H 抗原 第二相
			第一相	第二相
C3 群				
巴尔多沙门氏菌	S. bardo	8	e, h	1, 2
依麦克沙门氏菌	S. emek	8, 20	g, m, s	—
肯塔基沙门氏菌	S. kentucky	8, 20	i	z_6
D 群				
仙台沙门氏菌	S. sendai	1, 9, 12	a	1, 5
伤寒沙门氏菌	S. typhi	9, 12, [Vi]	d	—
塔西沙门氏菌	S. tarshyne	9, 12	d	1, 6
伊斯持本沙门氏菌	S. eastburne	1, 9, 12	e, h	1, 5
以色列沙门氏菌	S. israel	9, 12	e, h	e, n, z_{15}
肠炎沙门氏菌	S. enteritidis	1, 9, 12	g, m	[1, 7]
布利丹沙门氏菌	S. blegdam	9, 12	g, m, q	—
沙门氏菌 II	S. almonella II	1, 9, 12	g, m, [s], t	[1, 5, 7]
都柏林沙门氏菌	s. dublin	1, 9, 12, [Vi]	G, p	—
芙蓉沙门氏菌	S. seremban	9, 12	i	1, 5
巴拿马沙门氏菌	S. panama	1, 9, 12	1, v	1, 5
戈丁根沙门氏菌	S. goettingen	9, 12	1, v	e, n, z_{15}
爪哇安纳沙门氏菌	S. javiana	1, 9, 12	1, z_{28}	1, 5
鸡-雏沙门氏菌	S. gallinarum-pullorum	1, 9, 12	—	—
E1 群				
奥凯福科沙门氏菌	S. okefoko	3, 10	c	z_6
瓦伊勒沙门氏菌	S. vejle	3, {10}, {15}	e, h	1, 2
明斯特沙门氏菌	S. muenster	3, {10} {15} {15, 34}	e, h	1, 5
鸭沙门氏菌	S. anatum	3, {10} {15} {15, 34}	e, h	1, 6
纽兰沙门氏菌	S. newlands	3, {10}, {15, 34}	e, h	e, n, x
火鸡沙门氏菌	S. meleagridis	3, {10} {15} {15, 34}	e, h	1, w
雷根特沙门氏菌	S. regent	3, 10	f, g, [s]	[1, 6]
阿姆德尔尼斯沙门氏菌	S. amounderness	3, 10	i	1, 5
西翰顿沙门氏菌	S. westhampton	3, {10} {15} {15, 34}	g, s, t	—
新罗歇尔沙门氏菌	S. new-rochelle	3, 10	k	1, w
恩昌加沙门氏菌	S. nchanga	3, {10}, {15}	1, v	1, 2
新斯托夫沙门氏菌	S. sinstorf	3, 10	1, v	1, 5
伦敦沙门氏菌	S. london	3, {10}, {15}	1, v	1, 6
吉韦沙门氏菌	S. give	3, {10} {15} {15, 34}	1, v	1, 7

续表

菌　名	拉丁菌名	O抗原	H抗原 第一相	H抗原 第二相
鲁齐齐沙门氏菌	*S. ruzizi*	3, 10	l, v	e, n, z_{15}
乌干达沙门氏菌	*S. uganda*	3, {10}, {15}	L, z_{13}	1, 5
乌盖利沙门氏菌	*S. ughelli*	3, 10	r	1, 5
韦太夫雷登沙门氏菌	*S. weltevreden*	3, {10}, {15}	r	z_6
克勒肯威尔沙门氏菌	*S. clerkenwell*	3, 10	z	1, w
列克星敦沙门氏菌	*S. lexington*	3, {10} {15} {15, 34}	z_{10}	1, 5
E4 群				
萨奥沙门氏菌	*S. sao*	1, 3, 19	e, h	e, n, z_{15}
卡拉巴尔沙门氏菌	*S. calabar*	1, 3, 19	e, h	1, w
山夫登堡沙门氏菌	*S. senftenberg*	1, 3, 19	g, [s], t	—
斯特拉特福沙门氏菌	*S. stratford*	1, 3, 19	i	1, 2
塔克松尼沙门氏菌	*S. taksony*	1, 3, 19	i	z_6
索恩堡沙门氏菌	*S. schoeneberg*	1, 3, 19	z	e, n, z_{15}
F 群				
昌丹斯沙门氏菌	*S. chandans*	11	d	[e, n, x]
阿柏丁沙门氏菌	*S. aberdeen*	11	i	1, 2
布里赫姆沙门氏菌	*S. brijbhumi*	11	d	1, 5
威尼斯沙门氏菌	*S. veneziana*	11	i	e, n, x
阿巴特图巴沙门氏菌	*S. abaetetuba*	11	k	1, 5
鲁比斯劳沙门氏菌	*S. rubisAw*	11	r	e, n, x
其他群				
浦那沙门氏菌	*S. poona*	1, 13, 22	z	1, 6, [z_{59}]
里特沙门氏菌	*S. ried*	1, 13, 22	z_4, z_{23}	[e, n, z_{15}]
密西西比沙门氏菌	*S. mississippi*	1, 13, 23	b	1, 5
古巴沙门氏菌	*S. cubana*	1, 13, 23	z_{29}	—
苏拉特沙门氏菌	*S. surat*	[1], 6, 14, [25]	r, [i]	e, n, z_{15}
松兹瓦尔沙门氏菌	*S. sundsvall*	[1], 6, 14, [25]	z	e, n, x
非丁伏斯沙门氏菌	*s. hvittingfoss*	16	b	e, n, x
威斯敦沙门氏菌	*S. weston*	16	e, h	z_6
上海沙门氏菌	*S. shanghai*	16	1, v	1, 6
自贡沙门氏菌	*S. zigong*	16	1, w	1, 5
巴圭达沙门氏菌	*S. baguida*	21	z_4, z_{23}	—
迪尤波尔沙门氏菌	*S. dieuppeul*	28	i	1, 7
卢肯瓦尔德沙门氏菌	*S. luckenwalde*	28	z_{10}	e, n, z_{15}

续表

菌　名	拉丁菌名	O抗原	H抗原	
			第一相	第二相
拉马特根沙门氏菌	S. ramatgan	30	k	1，5
阿德莱沙门氏菌	S. adelaide	35	f，g	—
旺兹沃思沙门氏菌	S. wandsworth	39	b	1，2
雷俄格伦德沙门氏菌	S. riogrande	40	b	1，5
莱瑟沙门氏菌Ⅱ	S. lethe Ⅱ	41	g，t	—
达莱姆沙门氏菌	S. dahlem	48	k	e，n，z_{15}
沙门氏菌Ⅲ	Salmonella Ⅲ b	61	1，v	1，5，7

7.2.4　实验 17：金黄色葡萄球菌的检验

1. 目的要求

(1) 了解食品中金黄色葡萄球菌检验的意义。

(2) 了解金黄色葡萄球菌检验的原理。

(3) 掌握 GB4789.10—2010 对食品中金黄色葡萄球菌进行定性鉴定的方法。

2. 实验原理

葡萄球菌在自然界分布极广，空气、土壤、水、饲料、食品（剩饭、糕点、牛奶、肉品等）以及人和动物的体表黏膜等处均有存在，大部分是不致病的腐物寄生菌，也有一些致病的球菌。食品中生长有金黄色葡萄球菌，是食品卫生的一种潜在危险，因为金黄色葡萄球菌可以产生肠素素，食后能引起食品中毒。因此，检查食品中金黄色葡萄球菌有实际意义。

典型的葡萄球菌呈球形，直径 $0.4 \sim 1.2 \mu m$，致病性葡萄球菌一般较非致病性菌小，且各个菌体的大小及排列也较整齐。细菌繁殖时呈多个平面的不规则分裂，堆积成为葡萄串状排列。在液体培养基中生长，常呈双球或短链状排列，易误认为链球菌。葡萄球菌无鞭毛及芽孢，一般不形成荚膜，易被碱性染料着色，革兰氏染色阳性，当衰老、死亡或被白细胞吞噬后常转为革兰氏阴性，对青霉素有抗药性的菌株也为革兰氏阴性。

典型的金黄色葡萄球菌为球型，直径 $0.8 \mu m$ 左右，显微镜下排列成葡萄串状。金黄色葡萄球菌无芽孢、鞭毛，大多数无荚膜，革兰氏染色阳性。

《食品安全国家标准 食品微生物学检验 金黄色葡萄球菌检验》(GB 4789.10—2010) 第一法适用于食品中金黄色葡萄球菌的定性检验；第二法适用于金黄色葡萄球菌含量较高的食品中金黄色葡萄球菌的计数；第三法适用于金黄色葡萄球菌含量较低而杂菌含量较高的食品中金黄色葡萄球菌的计数。这里重点介绍第一法。

3. 实验材料及仪器

（1）培养基和试剂：10 ％氯化钠胰酪胨大豆肉汤（附录 2 中 29）、7. 5 ％氯化钠肉汤（附录 2 中 41）、血琼脂平板（附录 2 中 30）、Baird-Parker 琼脂平板（附录 2 中 31）、脑心浸出液肉汤（BHI）（附录 2 中 32）、兔血浆（附录 2 中 33）、稀释液：磷酸盐缓冲液（附录 3 中 8）、营养琼脂小斜面（附录 2 中 34）、无菌生理盐水（附录 3 中 9）

（2）器材：冰箱、恒温培养箱、均质器、振荡器、电子天平（感量 0.1 g）、无菌锥形瓶、注射器（0. 5 mL）、无菌吸管或微量移液器及吸头、pH 计或 pH 比色管或精密 pH 试纸。

4. 操作步骤

（1）金黄色葡萄球菌定性检验程序见图 7-22。

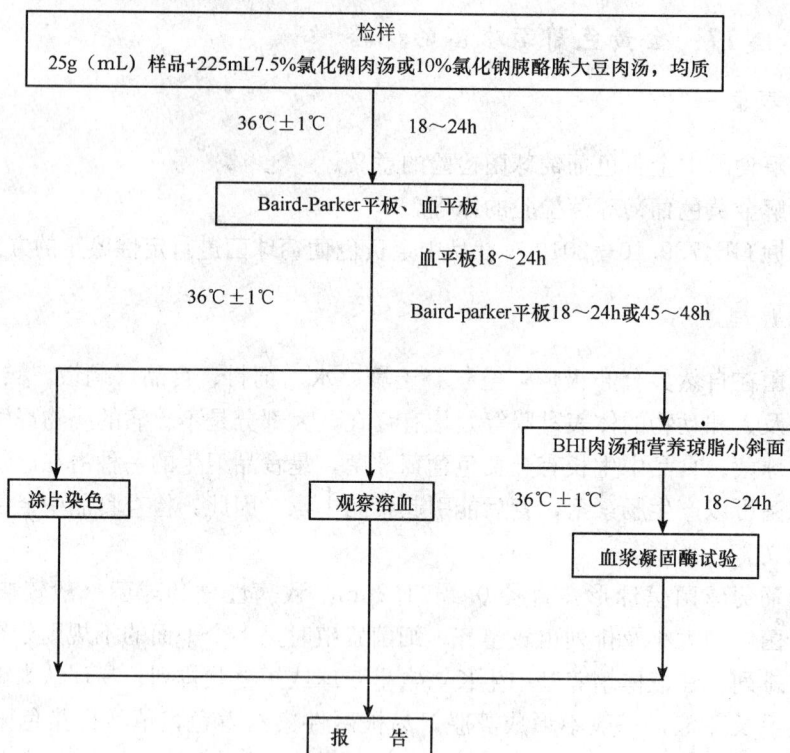

图 7-22　金黄色葡萄球菌检验程序

（2）操作步骤。

① 样品的处理。称取 25 g 样品至盛有 225 mL 7.5 ％氯化钠肉汤或 10 ％氯化钠胰酪胨大豆肉汤的无菌均质杯内，8000 ～10000 r/min 均质 1～2 min，或放入盛有 225 mL 7.5 ％氯化钠肉汤或 10 ％氯化钠胰酪胨大豆肉汤的无菌均质袋中，用拍击式均质器拍打 1～2 min。若样品为液态，吸取 25 mL 样品至盛有 225 mL 7.5 ％氯化钠肉汤或 10 ％氯化钠胰酪胨大豆肉汤的无菌锥形瓶（瓶内可预置适当数量的无菌玻璃珠）中，

振荡混匀。

② 增菌和分离培养

a. 将上述样品匀液于 36℃±1℃培养 18h～24h。金黄色葡萄球菌在 7.5％氯化钠肉汤中呈混浊生长，污染严重时在 10％氯化钠胰酪胨大豆肉汤内呈浑浊生长。

b. 将上述培养物，分别划线接种到 Baird-Parker 平板和血平板，血平板 36℃±1℃培养 18h～24h。Baird-Parker 平板 36℃±1℃培养 18～24h 或 45～48h。

c. 金黄色葡萄球菌在 Baird-Parker 平板上，菌落直径为 2～3mm，颜色呈灰色到黑色，边缘为淡色，周围为一浑浊带，在其外层有一透明圈。用接种针接触菌落有似奶油至树胶样的硬度，偶然会遇到非脂肪溶解的类似菌落；但无混浊带及透明圈。长期保存的冷冻或干燥食品中所分离的菌落比典型菌落所产生的黑色较淡些，外观可能粗糙并干燥。在血平板上，形成菌落较大，圆形、光滑凸起、湿润、金黄色（有时为白色），菌落周围可见完全透明溶血圈。挑取上述菌落进行革兰氏染色镜检及血浆凝固酶试验。

③ 鉴定。

a. 染色镜检：金黄色葡萄球菌为革兰氏阳性球菌，排列呈葡萄球状，无芽孢，无荚膜，直径约为 0.5～1μm。

b. 血浆凝固酶试验：挑取、Baird-Parker 平板或血平板上可疑菌落 1 个或以上，分别接种到 5 mL BHI 和营养琼脂小斜面，36℃±1℃培养 18～24h。

取新鲜配置兔血浆 0.5 mL，放入小试管中，再加入 BHI 培养物 0.2～0.3mL，振荡摇匀，置 36℃±1℃温箱或水浴箱内，每半小时观察一次，观察 6h，如呈现凝固（即将试管倾斜或倒置时，呈现凝块）或凝固体积大于原体积的一半，被判定为阳性结果。同时以血浆凝固酶试验阳性和阴性葡萄球菌菌株的肉汤培养物作为对照。也可用商品化的试剂，按说明书操作，进行血浆凝固酶试验。

结果如可疑，挑取营养琼脂小斜面的菌落到 5mL BHI，36℃±1℃培养 18～48h，重复试验。

5. 结果与报告

(1) 结果判定：符合（2）c. 和③，可判定为金黄色葡萄球菌。

(2) 结果报告：在 25 g（mL）样品中检出或未检出金黄色葡萄球菌。

6. 思考题

(1) 简述金黄色葡萄球菌在 Baird-Parker 平板上的菌落特征。

(2) 复述血浆凝固酶试验。

7.2.5　实验 18：食品中霉菌和酵母计数法

1. 目的要求

(1) 了解食品中、霉菌和酵母计数检验的意义。

(2) 掌握 GB4789.15—2010 对食品中霉菌和酵母进行计数的方法。

2. 实验原理

霉菌和酵母菌广泛分布于自然界，土壤、空气及水中都有它们的菌体及孢子存在，因而在食品生产、贮藏等各个环节均可造成污染，引起食品和药品变质，危害人体健康，有些霉菌毒素更是重要的致癌物质。因此，霉菌和酵母菌数的检测在食品卫生学上具有重要意义。

霉菌和酵母计数是指食品经过处理，在一定条件下（如培养基、培养温度和培养时间等）培养后，所得每 1g（mL）检样中形成的霉菌和酵母菌的活菌菌落数。

霉菌和酵母数是判定食品受到污染程度的标志之一，也是对食品原料、生产工艺、生产环境以及操作人员卫生状况进行卫生学评价的综合依据之一。在糕点、面包、碳酸饮料、含乳饮料、蜂蜜、食糖、蜜饯、番茄酱等食品的微生物指标中都对霉菌和酵母数做出了规定。

3. 实验材料及仪器

（1）培养基和试剂：马铃薯-葡萄糖-琼脂培养基（附录 2 中 35）、孟加拉红培养基（附录 2 中 36）。

（2）仪器及其他用具：冰箱、恒温培养箱、均质器、振荡器、电子天平（感量 0.1g）、无菌锥形瓶、无菌广口瓶、无菌吸管、无菌平皿、无菌试管（10mm×75mm）、无菌牛皮纸袋、塑料袋。

4. 操作步骤

1）霉菌和酵母计数的检验程序
霉菌和酵母计数的检验程序见图 7-23 所示。

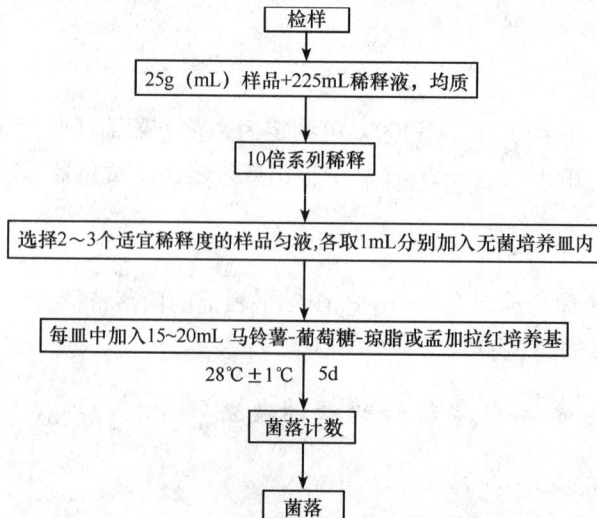

图 7-23　霉菌和酵母计数的检验程序

2）操作步骤

（1）样品的稀释。

① 固体和半固体样品：称取 25g 样品至盛有 225mL 灭菌蒸馏水的锥形瓶中，充分振摇，即为 1∶10 稀释液。或放入盛有 225mL 无菌蒸馏水的均质袋中，用拍击式均质器拍打 2min，制成 1∶10 的样品匀液。

② 液体样品：以无菌吸管吸取 25mL 样品至盛有 225mL 无菌蒸馏水的锥形瓶（可在瓶内预置适当数量的无菌玻璃珠）中，充分混匀，制成 1∶10 的样品匀液。

③ 取 1mL 1∶10 稀释液注入含有 9mL 无菌水的试管中，另换一支 1mL 无菌吸管反复吹吸，此液为 1∶100 稀释液。

④ 按③操作程序，制备 10 倍系列稀释样品匀液。每递增稀释一次，换用 1 次 1mL 菌吸管。

⑤ 根据对样品污染状况的估计，选择 2～3 个适宜稀释度的样品匀液（液体样品可包括原液），在进行 10 倍递增稀释的同时，每个稀释度分别吸取 1mL 样品匀液于 2 个无菌平皿内。同时分别取 1mL 样品稀释液加入 2 个无菌平皿作空白对照。

⑥ 及时将 15～20mL 冷却至 46℃的马铃薯-葡萄糖-琼脂或孟加拉红培养基（可放置于 46℃±1℃恒温水浴箱中保温）倾注平皿，并转动平皿使其混合均匀。

（2）培养。待琼脂凝固后，将平板倒置，28℃±1℃培养 5d，观察并记录。

（3）菌落计数。肉眼观察，必要时可用放大镜，记录各稀释倍数和相应的霉菌和酵母数。以菌落形成单位（colonyformingunits，cfu）表示。

选取菌落数在 10～150cfu 的平板，根据菌落形态分别计数霉菌和酵母数。霉菌蔓延生长覆盖整个平板的可记录为多不可计。菌落数应采用 2 个平板的平均数。

3）结果与报告

（1）计算两个平板菌落数的平均值，再将平均值乘以相应稀释倍数计算。

① 若所有平板上菌落数均＞150cfu，则对稀释度最高的平板进行计数，其他平板可记录为多不可计，结果按平均菌落数乘以最高稀释倍数计算。

② 若所有平板上菌落数均＜10cfu，则应按稀释度最低的平均菌落数乘以稀释倍数计算。

③ 若所有稀释度平板均无菌落生长，则以＜1 乘以最低稀释倍数计算；如为原液，则以＜1 计数。

（2）报告。

① 菌落数在 100 以内时，按"四舍五入"原则修约，采用两位有效数字报告。

② 菌落数≥100 时，前 3 位数字采用"四舍五入"原则修约后，取前 2 位数字，后面用 0 代替位数来表示结果；也可用 10 的指数形式来表示，此时也按"四舍五入"原则修约，采用两位有效数字。

③ 称重取样以 cfu/g 为单位报告，体积取样以 cfu/mL 为单位报告，报告或分别报告霉菌和/或酵母数。

5. 结果报告

将实验结果填入表 7-20、表 7-21 中，并根据国标判定所检样品是否合格。

表 7-20　食品安全国家标准食品微生物检验霉菌和酵母计数测定（仪器与设备）

报告编号：　　　　　　　　　　样品名称：

1	检验项目	霉菌和酵母计数	设备名称	型　　号	编　　号
2	检验日期				
3	环境条件				
4	检样编号				

表 7-21　食品安全国家标准食品微生物检验 霉菌和酵母计数测定（原始记录表）

霉菌和酵母计数测定依据 GB4789.15—2010

霉菌和酵母计数测定（28℃±1℃，5d）

稀释度	接种量	霉菌和/或酵母计数	平均数	对照	结果/[cfu/g（mL）]

结论：＿＿＿＿＿＿＿＿＿＿＿＿＿＿＿＿＿＿＿＿＿＿＿＿＿＿＿＿＿＿＿＿

检验：＿＿＿＿＿＿＿＿＿＿＿＿＿＿＿校核：＿＿＿＿＿＿＿＿＿＿＿＿＿＿＿

附：霉菌直接镜检计数法

常用的为郝氏霉菌计测法，本方法适用于番茄酱罐头。

（1）设备和材料：折光仪、显微镜、郝氏计测玻片：具有标准计测室的特制玻片、盖玻片、测微器：具标准刻度的玻片。

（2）操作步骤。

① 检样的制备：取定量检样，加蒸馏水稀释至折光指数为 1.3447～1.3460（即浓度为 7.9％～8.8％），备用。

② 显微镜标准视野的校正：将显微镜按放大率 90～125 倍调节标准视野，使其直径为 1.382mm。

③ 涂片：洗净郝氏计测玻片，将制好的标准液，用玻璃棒均匀的摊布于计测室，以备观察。

④ 观测：将制好之载玻片放于显微镜标准视野下进行霉菌观测，一般每一检样观察 50 个视野，同一检样应由两人进行观察。

⑤ 结果与计算：在标准视野下，发现有霉菌菌丝其长度超过标准视野（1.382mm）的 1/6 或 3 根菌丝总长度超过标准视野的 1/6（即测微器的一格）时即为阳性（＋），否则为阴性（－），按 100 个视野计，其中发现有霉菌菌丝体存在的视野数，即为霉菌

的视野百分数。

6. 思考题

(1) 食品中霉菌和酵母计数测定的意义是什么?

(2) 霉菌和酵母计数测定中应注意什么?

(3) 用郝氏霉菌计测法进行番茄酱罐头中的霉菌计测时应注意什么?

7.2.6　实验19：空气中微生物的检验

1. 目的要求

学习并掌握空气中细菌总数的测定原理和方法。

2. 实验原理

在以纯种微生物进行生产的发酵工业中,环境的卫生状况、空气中的含菌量多少,都将直接影响发酵制品的质量和产量。因此,测定生产环境空气中的微生物是工厂有关技术部门经常需要做的工作。

空气中微生物的测定可以采用撞击法和自然沉降法。

(1) 撞击法:采用撞击式空气微生物采样器采样,通过抽气动力作用,使空气通过狭缝或小孔而产生高速气流,从而使悬浮在空气中的带菌粒子撞击到营养琼脂平板上,经 37℃、48h 培养后,计算 $1m^3$ 空气中所含的细菌菌落数的采样测定方法。

(2) 自然沉降法:指直径 90mm 的营养琼脂平板在采样点暴露 5min,经 37℃、48h 培养后,计数生长的细菌菌落数的采样测定方法。

这里主要介绍自然沉降法。

3. 实验材料及仪器

(1) 培养基:营养琼脂培养基(附录 2 中 37)。

(2) 仪器及其他用具:恒温培养箱、培养皿。

4. 操作步骤

1) 采样点的选择

设置采样点时,应根据现场的大小,选择有代表性的位置作为空气细菌检测的采样点。通常设置 5 个采样点,即室内墙角对角线交点为一采样点,该交点与四墙角连线的中点为另外 4 个采样点。采样高度为 1.2~1.5m。采样点应远离墙壁 1m 以上,并避开空调、门窗等空气流通处。

2) 培养

将营养琼脂平板置于采样点处,打开皿盖,暴露 5min,盖上皿盖,翻转平板,置 36℃±1℃恒温箱中,培养 48h。

5. 结果报告

计数每块平板上生长的菌落数，求出全部采样点的平均菌落数。以每平皿菌落数（cfu/皿）报告结果。

6. 思考题

（1）简述空气中微生物检测的意义。
（2）试评价你所测定的环境的卫生状况。
（3）为什么在进行微生物学实验时要严格执行无菌操作？

7.3　食品微生物学应用技术

7.3.1　实验 20：含乳酸菌食品中乳酸菌的检验

1. 目的要求

（1）了解含乳酸菌食品中乳酸菌测定的意义。
（2）掌握乳酸菌的基本概念。
（3）掌握 GB4789.35—2010 检测含乳酸菌食品中乳酸菌的原理和方法。

2. 实验原理

乳酸菌是指一类可发酵糖主要产生大量乳酸的细菌的通称。本标准中乳酸菌主要为乳杆菌属（*Lactobacillus*）、双歧杆菌属（*Bifidobacterium*）和链球菌属（*Streptococcus*）。

活性酸奶需要控制各种乳酸菌的比例，有些国家将乳酸菌的活菌数含量作为区分产品品种和质量的依据。

由于乳酸菌对营养有复杂的要求，生长需要碳水化合物、氨基酸、肽类、脂肪酸、酯类、核酸衍生物、维生素和矿物质等，一般的肉汤培养基难以满足其要求。测定乳酸菌时必须尽量将试样中所有活的乳酸菌检测出来。要提高检出率，关键是选用特定良好的培养基。采用稀释平板菌落计数法，检测酸奶中的各种乳酸菌可获得满意的结果。

本方法适用于含活性乳酸菌的食品中乳酸菌的检验。

3. 实验材料及仪器

（1）培养基和试剂：MRS 培养基及莫匹罗星锂盐改良 MRS 培养基（附录 2 中 39）、MC 培养基（Modified Chalmers 培养基）（附录 2 中 40）。

（2）仪器及其他地用具：恒温培养箱、冰箱、恒温水浴箱、天平（感量为 0.1g）、均质器及无菌均质袋、均质杯或灭菌乳钵、无菌吸管或微量移液器及吸头、无菌水（225mL 带玻璃珠三角瓶，9mL 试管）等。

4. 实验步骤

1）流程

样品→稀释→倒平板→培养→检查计数。

2）操作步骤

（1）样品制备。

① 样品的全部制备过程均应遵循无菌操作程序。

② 冷冻样品可先使其在 2～5℃条件下解冻，时间不超过 18h，也可在温度不超过 45℃的条件解冻，时间不超过 15min。

③ 固体和半固体食品：以无菌操作称取 25g 样品，置于装有 225mL 生理盐水的无菌均质杯内，于 8000～10000r/min 均质 1～2min，制成 1∶10 样品匀液；或置于 225mL 生理盐水的无菌均质袋中，用拍击式均质器拍打 1～2min 制成 1∶10 的样品匀液。

④ 液体样品：液体样品应先将其充分摇匀后以无菌吸管吸取样品 25mL 放入装有 225mL 生理盐水的无菌锥形瓶（瓶内预置适当数量的无菌玻璃珠）中，充分振摇，制成 1∶10 的样品匀液。

（2）步骤。

① 用 1mL 无菌吸管或微量移液器吸取 1∶10 样品匀液 1mL，沿管壁缓慢注于装有 9mL 生理盐水的无菌试管中（注意吸管尖端不要触及稀释液），振摇试管或换用 1 支无菌吸管反复吹打使其混合均匀，制成 1∶100 的样品匀液。

② 另取 1mL 无菌吸管或微量移液器吸头，按上述操作顺序，做 10 倍递增样品匀液，每递增稀释一次，即换用 1 次 1mL 灭菌吸管或吸头。

③ 乳酸菌计数。

a. 乳酸菌总数。根据待检样品活菌总数、双歧杆菌含量、的估计，选择 2～3 个连续的适宜稀释度，每个稀释度吸取 0.1mL 样品匀液分别置于 2 个 MRS 琼脂平板，使用 L 形棒进行表面涂布。36℃±1℃，厌氧培养 48h±2h 后计数平板上的所有菌落数。从样品稀释到平板涂布要求在 15min 内完成。

b. 双歧杆菌计数。根据对待检样品双歧杆菌含量的估计，选择 2～3 个连续的适宜稀释度，每个稀释度吸取 0.1mL 样品匀液于莫匹罗星锂盐改良 MRS 琼脂平板，使用灭菌 L 形棒进行表面涂布，每个稀释度做 2 个平板。36℃±1℃，厌氧培养 48h±2h 后计数平板上的所有菌落数。从样品稀释到平板涂布要求在 15min 内完成。

c. 嗜热链球菌计数。根据待检样品嗜热链球菌活菌数的估计，选择 2～3 个连续的适宜稀释度，每个稀释度吸取 0.1mL 样品匀液分别置于 2 个 MC 琼脂平板，使用 L 形棒进行表面涂布。36℃±1℃，需氧培养 48h±2h 后计数。嗜热链球菌在 MC 琼脂平板上的菌落特征为：菌落中等偏小，边缘整齐光滑的红色菌落，直径 2mm±1mm，菌落背面为粉红色。从样品稀释到平板涂布要求在 15min 内完成。

d. 乳杆菌计数。用③a 项乳酸菌总数结果减去③b 项双歧杆菌与③c 项嗜热链球菌计数结果之和即得乳杆菌计数。

3）菌落计数

可用肉眼观察，必要时用放大镜或菌落计数器，记录稀释倍数和相应的菌落数量。菌落计数以菌落形成单位（colony-forming units，cfu）表示。

（1）选取菌落数在 30～300cfu 之间、无蔓延菌落生长的平板计数菌落总数。低于 30cfu 的平板记录具体菌落数，>300cfu 的可记录为多不可计。每个稀释度的菌落数应采用 2 个平板的平均数。

（2）其中一个平板有较大片状菌落生长时，则不宜采用，而应以无片状菌落生长的平板作为该稀释度的菌落数；若片状菌落不到平板的一半，而其余一半中菌落分布又很均匀，即可计算半个平板后乘以 2，代表一个平板菌落数。

（3）当平板上出现菌落间无明显界线的链状生长时，则将每条单链作为一个菌落计数。

4）结果的表述

（1）若只有一个稀释度平板上的菌落数在适宜计数范围内，计算 2 个平板菌落数的平均值，再将平均值乘以相应稀释倍数，作为每 1g（mL）中菌落总数结果。

（2）若有两个连续稀释度的平板菌落数在适宜计数范围内时，按公式（7-2）计算：

$$N = \sum C / (n_1 + 0.1n_2)d \qquad\qquad (7\text{-}2)$$

式中：N——样品中菌落数；

　　　$\sum C$——平板（含适宜范围菌落数的平板）菌落数之和；

　　　n_1——第一稀释度（低稀释倍数）平板个数；

　　　n_2——第二稀释度（高稀释倍数）平板个数；

　　　d——稀释因子（第一稀释度）。

（3）若所有稀释度的平板上菌落数均>300cfu，则对稀释度最高的平板进行计数，其他平板可记录为多不可计，结果按平均菌落数乘以最高稀释倍数计算。

（4）若所有稀释度的平板菌落数均<30cfu，则应按稀释度最低的平均菌落数乘以稀释倍数计算。

（5）若所有稀释度（包括液体样品原液）平板均无菌落生长，则以<1 乘以最低稀释倍数计算。

（6）若所有稀释度的平板菌落数均不在 30～300cfu 之间，其中一部分<30cfu 或>300cfu 时，则以最接近 30cfu 或 300cfu 的平均菌落数乘以稀释倍数计算。

5）菌落数的报告

（1）菌落数<100cfu 时，按"四舍五入"原则修约，以整数报告。

（2）菌落数≥100cfu 时，第三位数字采用"四舍五入"原则修约后，取前 2 位数字，后面用 0 代替位数；也可用 10 的指数形式来表示，按"四舍五入"原则修约后，采用两位有效数字。

（3）称重取样以 cfu/g 为单位报告，体积取样以 cfu/mL 为单位报告。

5. 结果报告

根据菌落计数结果出具报告，报告单位以 cfu/g（mL）表示。

6. 思考题

(1) 为什么乳酸菌的检验需要适用良好的培养基?

(2) 乳酸菌的概念? 它主要包括哪些菌属?

(3) 乳杆菌如何计数?

7.3.2 实验21: 糖化曲的制备及其酶活力的测定

1. 目的要求

(1) 学习制作糖化曲的方法。

(2) 掌握糖化酶活力的测定的原理和方法。

2. 基本原理

1) 淀粉糖化为可发酵性糖

糖化曲是发酵工业中普遍使用的淀粉糖化剂。种类很多,如大曲、小曲、麦曲和麸曲等。曲中菌类复杂,曲霉菌是酒精和白酒生产中常用的糖化菌,含有许多活性强的糖化酶,能把原料中的淀粉转变成可发酵性糖。在酒精和白酒生产中应用最广的是黑曲霉。黑曲霉是好气性菌,生长时需要有足够的空气。因此,在制备固体曲时,除供给其生长繁殖必需的营养、温度和湿度外,还必须进行适当的通风,以供给曲霉呼吸用氧。

2) 糖化酶活力的测定

固体曲糖化酶活力的测定,采用可溶性淀粉为底物,在一定的pH与温度条件下,使之水解为葡萄糖,以斐林试剂快速法测定。斐林试剂由甲、乙液组成,甲液为硫酸铜溶液,乙液为氢氧化钠与酒石酸钾钠溶液。平时甲、乙液分别贮存,测定时,二者等体积混合。混合时硫酸铜与氢氧化钠反应,生成氢氧化铜沉淀,沉淀与酒石酸钾钠反应,生成酒石酸钾钠铜络合物,使氢氧化铜溶解。酒石酸钾钠铜络合物中二价铜是一个氧化剂,能使还原糖中的羰基氧化,而二价铜被还原成一价的氧化亚铜沉淀。反应终点用次甲基蓝指示剂显示。由于次甲基蓝氧化能力较二价铜弱,故待二价铜全部被还原后,过量一滴还原糖被次甲基蓝氧化,次甲基蓝本身被还原,溶液蓝色消失以示终点。

温度对糖化酶活力影响甚大,糖化温度一定要严格控制。反应是在强碱性溶液中,沸腾情况下进行,产物极为复杂,为得到正确的结果,必须严格按操作规程进行。斐林试剂甲、乙液平时应分别贮存,用时混合。反应液的酸碱度要一致,要严格控制反应液的体积。反应时温度需一致,温度恒定后才加热,并控制在2min内沸腾。滴定速度需一致(按1滴/4~5s的速度进行)。反应产物中氧化亚铜极不稳定,易被空气所氧化而增加耗糖量。故滴定时不能随意摇动三角瓶,更不能从电炉上取下后再行滴定。

3. 实验材料及仪器

(1) 菌种:AS3.4309黑曲霉斜面试管菌。

(2) 斜面培养基:察氏培养基(附录2中3)。

（3）培养料：麸皮、稻皮。

（4）试剂：斐林试剂（附录 3 中 12）、0.1％标准葡萄糖溶液（附录 3 中 13）pH4.6 的乙酸-乙酸钠缓冲液（附录 3 中 14）2％可溶性淀粉溶液（附录 3 中 15）0.1moL/LNaOH 溶液（附录 3 中 16）。

（5）仪器及其他用具：恒温水浴箱、恒温培养箱、高压锅、瓷盘、试管、三角瓶、50mL 比色管或容量瓶、酸式滴定管。

4. 实验步骤

1）糖化曲制备（以浅盘麸曲为例）

（1）菌种的活化。无菌操作取原试管菌一环接入察氏培养基斜面，或用无菌水稀释法接种，31℃保温培养 4～7d，取出，备用。

（2）三角瓶种曲培养。称取一定量的麸皮，加入 70％～80％水，搅拌均匀，润料 1h，装瓶，料厚约 1.0～1.5cm，包扎，在 121℃下灭菌 40min。冷却后接种，31～32℃培养，待瓶内麸皮已结成饼时，进行扣瓶，继续培养 3～d 即成熟。要求成熟种曲孢子稠密、整齐。

（3）糖化曲制备。

① 配料。称取一定量的麸皮，加入 5％稻皮，加入原料量 70％水，搅拌均匀。

② 蒸料。排气后蒸煮 40～60min。时间过短，料蒸不透对曲质量有影响；过长，麸皮易发黏。

③ 接种。将蒸料冷却，打散结块，当料冷至 40℃时，接入 0.25％～0.35％（按干料计）三角瓶种曲，搅拌均匀，将其平摊在灭过菌的瓷盘中，料厚约 1～2cm。

④ 前期管理。将接种好的料放入培养箱中培养，为防止水分蒸发过快，可在料面上覆盖灭菌纱布。这段时间为孢子膨胀发芽期，料醅不发热，控制温度 30℃左右。约 8～10h，孢子已发芽，开始蔓延菌丝，控制品温 32～35℃。若温度过高，则水分蒸发过快，影响菌丝生长。

⑤ 中期管理。这时菌丝生长旺盛，呼吸作用较强，放热量大，品温迅速上升。应控制品温不超过 35～37℃。

⑥ 后期管理。这阶段菌丝生长缓慢，故放出热量少，品温开始下降，应降低湿度，提高培养温度，将品温提高到 37～38℃，以利于水分排除。这是制曲很重要的排潮阶段，对酶的形成和成品曲的保存都很重要。出曲水分应控制在 25％以下。总培养时间 24h 左右。

⑦ 糖化曲感官鉴定。要求菌丝粗壮浓密，无干皮或"夹心"，没有怪味或酸味，曲呈米黄色，孢子尚未形成，有曲清香味，曲块结实。

2）糖化酶活力测定

（1）浸出液的制备。称取 5.0g 固体曲（干重），置入 250mL 烧杯中，加 90mL 水和 10mLpH4.6 乙酸-乙酸钠缓冲液，摇匀，于 40℃水浴中保温 1h，每隔 15min 搅拌一次。用脱脂棉过滤，滤液为 5％固体曲浸出液。

（2）糖化液的制备。吸取 2％可溶性淀粉溶液 25mL，置入 50mL 比色管中，于 40℃水浴预热 5min。准确加入 5mL 固体曲浸出液，摇匀，立即计下时间。于 40℃水浴准确保温糖化 1h。而后迅速加入 0.1mol/L 氢氧化钠溶液 15mL，终止酶解反应。冷却至室温，用水定容至刻度。

同时做一空白液：吸取 2% 可溶性淀粉 25mL，置入 50mL 比色管中，先加入 0.1mol/L 氢氧化钠溶液 15mL，然后准确加入 5% 固体曲浸出液 5mL，40℃ 水浴中准确保温 1h 后用水定容至刻度。

(3) 葡萄糖测定。空白液测定：吸取斐林试剂甲、乙液各 5mL，置入 150mL 三角瓶中，加空白液 5mL，并用滴定管预先加入适量的 0.1% 标准葡萄糖溶液，使后滴定时消耗 0.1% 标准葡萄糖溶液在 1mL 以内，加热至沸，立即用 0.1% 标准葡萄糖溶液滴定至蓝色消失，此滴定操作在 1min 内完成。

糖化液测定：准确吸取 5mL 糖化液代替 5mL 空白液，其余操作同上。

3) 计算

固体曲糖化酶活力定义：1g 干重固体曲，40℃、pH4.6、1h 内水解可溶性淀粉为葡萄糖的毫克数。

$$糖化酶活力 = (V_0 - V) \times c \times \frac{50}{5} \times \frac{100}{5} \times \frac{1}{m} \times 1000$$

式中：V_0——5mL 空白液消耗 0.1% 标准葡萄糖溶液的体积，mL；

V——5mL 糖化液消耗 0.1% 标准葡萄糖溶液的体积，mL；

c——标准葡萄糖溶液的浓度，g/mL；

50/5——5mL 糖化液换算成 50mL 糖化液中的糖量，g；

100/5——5mL 浸出液换算成 100mL 浸出液中的糖量，g；

m——干曲称取量，g；

1000——g 换算成 mg。

5. 结果报告

(1) 记录制曲过程中观察到的现象。
(2) 酶活力测定结果列表记录。

6. 思考题

(1) 固体曲和液体曲相比，各有何优缺点？
(2) 糖化酶活力测定中应注意哪些因素？

7.3.3 实验 22：从自然界中分离筛选微生物菌种

1. 目的要求

(1) 掌握微生物筛选的原理。
(2) 掌握从自然界中分离筛选微生物菌种的基本技术。

2. 基本原理

自然界中微生物种类繁多，但目前已为人类研究及应用的不过千余种。由于微生物到处都有，无孔不入，所以它们在自然界大多是以混杂的形式群居于一起的。而现代发酵工业是以纯种培养为基础，故采用各种不同的筛选手段，挑选出性能良好、符合生产需要的纯种是工业育种的关键一步。自然界工业菌种分离筛选的主要步骤是：采样、增殖培养、培养分离和筛选。如果产物与食品制造有关，还需对菌种进行毒性鉴定。

本实验从土壤中筛选产蛋白酶的细菌，采样后在培养基中添加蛋白质进行增殖培养，然后在酪蛋白平板上进行培养分离，最后进行筛选。

3. 实验材料及仪器

（1）实验材料：土样。

（2）富集培养基：4 倍稀释的土浸出汁溶液 100mL、酪蛋白 1g、浓度为 $50\mu g/mL$ 的抗真菌剂（如放线菌酮和制霉素）pH7.0，灭菌。

（3）分离培养基：4 倍稀释土浸出汁溶液 200mL、酪蛋白 2g、琼脂 4g 灭菌，制备平板。

（4）复筛培养基：4 倍稀释土浸出汁溶液 500mL、酪蛋白 5g、分装三角瓶（20 个）灭菌。

（5）仪器及其他用具：三角瓶、培养皿、移液管、酒精灯、恒温培养箱等。

4. 实验步骤

1）采样

选择适宜地点后，用小铲子取样，取离地面 5～15cm 处的土盛入聚乙烯袋或者玻璃瓶中。

2）增殖培养

无菌操作称取 5g 土样（湿重），加到 100mL 富集培养基中，混合均匀，37℃，150～200r/min 振荡培养 1～2d。

3）培养分离

过滤增殖培养液，进行适当稀释，取 3 个稀释度的稀释液 0.2mL 涂布于分离培养基，33℃培养。

4）筛选

每天检测平板上菌落的形成情况，若菌落周围出现了透明圈，说明该菌落可能产蛋白酶，且透明圈越大，蛋白酶酶活越高，挑透明圈大的菌落进行摇瓶复筛，精确测定蛋白酶酶活，筛选出合适的菌株。

5. 结果报告

记录培养分离结果和筛选结果，对于符合目的菌特性的菌落，可将之转移到试管斜面纯培养。这种从自然界中分离得到的纯种称为野生型菌株，它只是筛选的第一步，所得菌种是否具有生产上的实用价值，能否作为生产菌株，还必须采用与生产相近的培养基和培养条件，通过三角瓶的容量进行小型发酵试验，以求得适合于工业生产用菌种。

这一步是采用与生产相近的培养基和培养条件，通过三角瓶的容量进行小型发酵试验，以求得适合于工业生产用菌种。如果此野生型菌株产量偏低，达不到工业生产的要求，可以留之作为菌种选育的出发菌株。

6. 思考题

(1) 从自然界中分离筛选微生物菌种的操作要点是什么？

(2) 自然界分离筛选到的菌种要用于生产还需要进行哪些操作？

7.3.4　实验23：细菌生长曲线的测定

1. 目的要求

(1) 了解细菌生长曲线特点及测定原理。

(2) 学习并掌握用比浊法测定细菌的生长曲线。

2. 基本原理

将少量细菌接种到一定体积的、适合的新鲜培养基中，在适宜的条件下进行培养，定时测定培养液中的菌量，以菌量的对数作纵坐标，生长时间作横坐标，绘制的曲线叫生长曲线。它反映了单细胞微生物在一定环境条件下于液体培养时所表现出的群体生长规律。依据其生长速率的不同，一般可把生长曲线分为延迟期、对数期、稳定期和衰亡期。这四个时期的长短因菌种的遗传性、接种量和培养条件的不同而有所改变。因此通过测定微生物的生长曲线，可了解各菌的生长规律，对于科研和生产都具有重要的指导意义。

测定微生物的数量有多种不同的方法，可根据要求和实验室条件选用。本实验采用比浊法测定，由于细菌悬液的浓度与光密度（OD值）成正比，因此可利用分光光度计测定菌悬液的光密度来推知菌液的浓度，并将所测的OD值与其对应的培养时间作图，即可绘出该菌在一定条件下的生长曲线，此法快捷、简便。

3. 实验材料及仪器

(1) 菌种：大肠杆菌。

(2) 培养基：牛肉膏蛋白胨培养基（附录2中2）。

(3) 仪器及其他用具：721分光光度计、比色杯、恒温摇床、无菌吸管、试管、三角瓶等。

4. 实验步骤

1）流程：

种子液→标记→接种→培养→测定。

2）种子液制备

取大肠杆菌斜面菌种1支，以无菌操作挑取1环菌苔，接入牛肉膏蛋白胨培养液中，静止培养 18h 作种子培养液。

3）标记编号

取盛有 50mL 无菌牛肉膏蛋白胨培养液的 250mL 三角瓶 11 个，分别编号为 0h、1.5h、3h、4h、6h、8h、10h、12h、14h、16h、20h。

4）接种培养

用 2mL 无菌吸管分别准确吸取 2mL 种子液加入已编号的 11 个三角瓶中，于 37℃下振荡培养。然后分别按对应时间将三角瓶取出，立即放冰箱中贮存，待培养结束时一同测定 OD 值。

5）生长量测定

将未接种的牛肉膏蛋白胨培养基倾倒入比色杯中，选用 600nm 波长分光光度计上调节零点，作为空白对照，并对不同时间培养液从 0h 起依次进行测定，对浓度大的菌悬液用未接种的牛肉膏蛋白胨液体培养基适当稀释后测定，使其 OD 值在 0.10～0.65 以内，经稀释后测得的 OD 值要乘以稀释倍数，才是培养液实际的 OD 值。

5. 结果报告

（1）将测定的 OD 值填入表 7-22 中

表 7-22　测定记录表

时间/h	0	1.5	3	4	6	8	10	12	14	16	20
光密度值（OD600）											

（2）以表 7-22 中的时间为横坐标，OD600 值为纵坐标，绘制大肠杆菌的生长曲线。

6. 思考题

（1）用本实验方法测定微生物生长曲线，有何优点？
（2）若同时用平板计数法测定，所绘出的生长曲线与用比浊法测定绘出的生长曲线有何差异？为什么？

7.3.5　实验24：啤酒酵母扩大培养与酵母生长形态观察

1. 目的要求

（1）了解啤酒酵母扩大培养的原理和工艺流程。
（2）掌握啤酒酵母扩大培养和生长形态观察的方法和操作规程原理。
（3）学会微生物的液态扩大培养的方法。

2. 实验原理

（1）啤酒酵母实验室扩大培养工艺流程如下：
原菌种→活化→富氏瓶或试管培养→巴氏瓶或三角瓶→卡试罐培养。

（2）啤酒酵母扩大培养技术要求：

① 所有培养用具必须彻底刷洗干净、塞好棉塞、高温灭菌。

② 培养用麦芽汁培养基应当使用现场加酒花的麦芽汁，加热煮沸去除蛋白质凝固物，并冷至 25℃保存。

③ 每次扩大稀释倍数约 10～20 倍。

④ 每次移植接种后，要镜检酵母细胞的发育情况。

主要通过观察酵母生长过程中培养液浑浊快慢、澄清程度、酵母沉淀情况，检查酵母繁殖快与慢、凝聚性等；通过镜检检查酵母形态大小是否均匀和酵母衰老程度以及是否感染杂菌等。

⑤ 随着每阶段的扩大培养，培养温度逐步降低，以适应发酵生产现场环境。

3. 实验材料及仪器

（1）材料：11°P 麦芽汁培养基、啤酒酵母菌种。

（2）仪器及其他用具：富氏瓶（或 20mL 试管）、巴氏瓶（或 500mL 三角瓶、平底烧瓶）、卡氏培养罐（10～20L）、恒温培养箱、接种环、棉塞及电炉（1000W 可调式）。

4. 操作步骤

1）原菌种的活化

将斜面保藏的菌种转种至斜面培养基于 25℃，3～4d。

2）麦芽汁培养基的制备

① 使用现场加酒花的麦芽汁培养基，加热煮沸 30min，使其中蛋白质凝聚沉淀。

② 冷却至 25℃备用。

3）啤酒酵母接种于扩大培养

（1）富氏瓶中加入 10mL 麦芽汁培养基，灭菌煮沸后，冷却至 25℃接种 1～2 环啤酒酵母，塞好棉塞，于 25～27℃下恒温培养 2～3d。在培养一定时间后，摇动，使酵母上浮，防止酵母沉淀，培养结束时进行酵母细胞计数。

（2）在巴氏瓶（或 500mL 三角瓶）中加入 250mL 麦芽汁，加热 30min 灭菌，塞好棉塞，并冷却至 25℃备用。接入 2 个已培养成熟的富氏瓶啤酒酵母种子，于 25℃下恒温培养 2d。如果培养温度采用 20℃，则培养时间可适当延长。培养结束时进行酵母细胞计数。

（3）加入卡氏罐一半体积的麦芽汁，同样加热灭菌煮沸 30min，冷却至 15～20℃，接入 1～2 个巴氏瓶啤酒酵母种子，充分摇均，于 15～20℃下培养 2～3d，备用。培养结束时进行酵母细胞计数。

5. 结果报告

完成啤酒酵母的扩大培养过程，并仔细观察和描述酵母菌在培养过程中的形态变化及各阶段结束时酵母细胞数。

6. 思考题

（1）通过在酵母菌扩大培养过程中酵母菌形态的观察，你得出什么结论？

（2）生产菌种的扩大培养与单纯微生物菌种的培养之间有何异同点？

（3）绘制啤酒酵母实验室阶段生长曲线。

附　　录

附录 1　教学常用菌种学名

1. 细菌（bacteria）

产气肠杆菌	*Enterobacter aerogenes*
黏乳产碱杆菌	*Alcaligenes viscolactis*
巨大芽孢杆菌	*Bacillus megaterium*
胶质芽孢杆菌（钾细菌）	*Bacillus mucilaginosus*
多黏芽孢杆菌	*Bacillus polymyxa*
枯草芽孢杆菌	*Bacillus subtilis*
苏云金芽孢杆菌	*Bacillus thuringiensis*
短杆菌属	*Brevibacterium*
绿菌属	*Chlorobium*
绿屈挠菌属	*Chloroflexus*
丙酮西醇梭菌	*Clostridium acetobutylicum*
钝齿棒杆菌	*Corynebacterium crenatum*
肺炎双球菌	*Diplococcus pneumoniae*
大肠杆菌	*Escherichia coli*
草分支杆菌	*Mycobaterium phlei*
硝化杆菌属	*Nitrobacter*
亚硝化球菌属	*Nitrosococcus*
普通变形杆菌	*Proteus vulgaris*
铜绿假单胞菌	*Pseudomonas aeruginosa*
红螺菌属	*Rhodospirillum*
红微菌属	*Rhodomicrobium*
红假单胞菌属	*Rhodopseudomonas*
鼠伤寒沙门氏菌	*Salmonella typhimurium*
黏质沙雷氏菌	*Serratia macescens*
金黄色葡萄球菌	*Staphylococcus aureus*

2. 放线菌（actinomyces）

地中海诺卡氏菌	*Nocardia mediterranean*
灰色链霉菌	*Streptomyces griseus*
淡紫灰链霉菌	*Streptomyces lavendulae*

3. 酵母菌（yeast）

热带假丝酵母	*Candida tropicalis*
深红酵母	*Rhodotorula rubra*
酿酒酵母	*Saccharomyces cerevisiae*
卡尔斯伯酵母	*Saccharomyces carlsbergensis*
掷胞酵母	*Sporobolomyces roseus*

4. 霉菌(mold) 或丝状真菌（filamentous fungi）

黄曲霉	*Aspergillus flavus*
黑曲霉	*Aspergillus niger*
白地霉	*Geotrichum candidum*
紫红曲霉	*Monascus purpureus*
五通桥毛霉	*Mucor wutungkiao*
产黄青霉	*Penicillium chrysogenum*
黑根霉（匍匐根霉）	*Rhizopus stolonofer*
绿色木霉	*Trichoderma viride*

5. 病毒（virus）

大肠杆菌 T_4 噬菌体	*E. Coli* T_4
大肠杆菌 λ 噬菌体	*E. Coli* λ
乙型肝炎病毒	*hepatilis A virus*（HAV）
疱疹病毒	*herpes virus*
痘病毒科	*Poxviruses*
牛痘病毒	*Poxvirus bovis*
呼肠孤病毒科	*Reoviridae*
棒状病毒科	*Rhabdoviridae*
烟草花叶病毒	*tobaco mosaic virus*（TMV）

附录 2　实验常用培养基及制备

1. 马铃薯葡萄糖琼脂（PDA）

（1）成分：

马铃薯（去皮切块）	300g	琼脂	20.0g
葡萄糖（或蔗糖）	20.0g	蒸馏水	1000mL

（2）制法：将马铃薯去皮切块，加 1000mL 蒸馏水，煮沸 10～20min。用纱布过滤，补加蒸馏水至 1000mL。加入葡萄糖和琼脂，加热溶化，分装后，121℃灭菌 20min。

2. 牛肉膏蛋白胨培养基

(1) 成分：

蛋白胨	10g	牛肉膏	3g
氯化钠	5g	蒸馏水	1000mL
pH	7.2		

(2) 制法：121℃灭菌 20min。

如配制固体培养基，需加琼脂 15～20g；如配制半固体培养基，则加琼脂 4～6g。

3. 察氏琼脂养基

(1) 成分：

硝酸钠	3g	磷酸氢二钾	1g
硫酸镁（$MgSO_4 \cdot 7H_2O$）	0.5g	氯化钾	0.5g
硫酸亚铁	0.01g	蔗糖	30g
琼脂	20g	蒸馏水	1000mL

(2) 制法：加热溶解，分装后 121℃灭菌 20min。

4. 高氏 1 号培养基

(1) 成分：

可溶性淀粉	20g	硝酸钾	1g
硫酸镁	0.5g	氯化钠	0.5g
磷酸氢二钾	0.5g	硫酸亚铁	0.01g
琼脂	15～20g	蒸馏水	1000mL
pH	7.2～7.4		

(2) 制法：将上述成分混合，于 0.10MPa 灭菌 20min，备用。

5. 马丁氏琼脂培养基（分离真菌用）

(1) 成分：

葡萄糖	10g	0.1％孟加拉红溶液	3.3mL
蛋白胨	5g	琼脂	15～20g
磷酸二氢钾	1g	蒸馏水	800mL
$MgSO_4 \cdot 7H_2O$	0.5g		

(2) 制法：112℃灭菌 30min。在分别加入 2％去氧胆酸钠溶液 20mL（分别灭菌，使用前加入），链霉素溶液（10000U/mL）3.3mL（用无菌水配制，临用前加入）。

6. 糖发酵培养基

（1）成分：

牛肉膏	5g	pH7.4	
蛋白胨	10g	磷酸氢二钠（$Na_2HPO_4 \cdot 12H_2O$）	2g
氯化钠	3g	0.2%溴麝香草酚蓝溶液	12mL
蒸馏水	1000mL		

（2）制法：

① 葡萄糖发酵管按上述成分配好后，按0.5%加入葡萄糖，分装于有一个倒置小管的小试管内，121℃高压灭菌15min。

② 其他各种糖发酵管可按上述成分配好后，分装每瓶100mL，121℃高压灭菌15min。另将各种糖类分别配好10%溶液，同时高压灭菌。将5mL糖溶液加入于100mL培养基内，以无菌操作分装小试管。

注：蔗糖不纯，加热后会自行水解者，应采用过滤法除菌。

试验方法：从琼脂斜面上挑取小量培养物接种，于36℃±1℃培养，一般观察2～3d。迟缓反应需观察14～30d。

7. 缓冲葡萄糖蛋白胨水液体培养基（MR和V-P试验用）

（1）成分：

磷酸氢二钾	5g	葡萄糖	5g
多胨	7g	蒸馏水	1000mL
pH	7.0		

（2）制法：溶化后校正pH，分装试管，每管1mL，121℃高压灭菌15min。

（3）甲基红（MR）试验：自琼脂斜面挑取少量培养物接种本培养基中，于36℃±1℃培养2～5d，哈夫尼亚菌则应在22～25℃培养。滴加甲基红试剂一滴，立即观察结果。鲜红色为阳性，黄色为阴性。甲基红试剂配法：10mg甲基红溶于30mL95%乙醇中，然后加入20mL蒸馏水。

（4）V-P试验：用琼脂培养物接种本培养基中，于36℃±1℃培养2～4d。哈夫尼亚菌则应在22～25℃培养。加入6%α-萘酚-乙醇溶液0.5mL和40%氢氧化钾溶液0.2mL，充分振摇试管，观察结果。阳性反应立刻或于数分钟内出现红色，如为阴性，应放在36℃±1℃下培养4h再进行观察。

8. 蛋白胨水、靛基质试剂

（1）成分：

蛋白胨（或胰蛋白胨）	20g	蒸馏水	1000mL

氯化钠	5g		pH7.4

（2）制法：按上述成分配制，分装小试管，121℃高压灭菌 15min。

（3）靛基质试剂：

① 柯凡克试剂：将 5g 对二甲氨基苯甲醛溶解于 75mL 戊醇中。然后缓慢加入浓盐酸 25mL。

② 欧-波试剂：将 1g 对二甲氨基苯甲醛溶解于 95mL95％乙醇内。然后缓慢加入浓盐酸 20mL。

试验方法：挑取小量培养物接种，在 36℃±1℃ 培养 1～2d，必要时可培养 4～5d。加入柯凡克试剂约 0.5mL，轻摇试管，阳性者于试剂层呈深红色；或加入欧-波试剂约 0.5mL，沿管壁流下，覆盖于培养液表面，阳性者于液面接触处呈玫瑰红色。

注：蛋白胨中应含有丰富的色氨酸。每批蛋白胨买来后，应先用已知菌种鉴定后方可使用。

9. 西蒙氏柠檬酸盐培养基

（1）成分：

氯化钠	5g	柠檬酸钠	5g
硫酸镁（$MgSO_4 \cdot 7H_2O$）	0.2g	琼脂	20g
磷酸二氢铵	1g	蒸馏水	1000mL
磷酸氢二钾	1g	0.2％溴麝香草酚蓝溶液	40mL
pH	6.8		

（2）制法：先将盐类溶解于水内，校正 pH，再加琼脂，加热溶化。然后加入指示剂，混合均匀后分装试管，121℃高压灭菌 15min。放成斜面。

10. 苯丙氨酸培养基

（1）成分：

酵母浸膏	3g	氯化钠	5g
DL-苯丙氨酸（或 *L*-苯丙氨酸 1g）	2g	琼脂	12g
磷酸氢二钠	1g	蒸馏水	1000mL

（2）制法：加热溶解后分装试管，121℃高压灭菌 15min，使成斜面。

11. 硫酸亚铁琼脂（硫化氢试验用）

（1）成分：

牛肉膏	3g	硫代硫酸钠	0.3g

酵母浸膏	3g	氯化钠	5g
蛋白胨	10g	琼脂	12g
硫酸亚铁	0.2g	蒸馏水	1000mL
pH	7.4		

（2）制法：加热溶解，校正 pH，分装试管，115℃高压灭菌 15min，取出直立候其凝固。

12. 平板计数琼脂（platecount agar，PCA）培养基

（1）成分：

胰蛋白胨	5.0g	琼脂	15.0g
酵母浸膏	2.5	蒸馏水	1000mL
葡萄糖	1.0g	pH	7.0±0.2

（2）制法：将上述成分加于蒸馏水中，煮沸溶解，调节 pH。分装试管或锥形瓶，121℃高压灭菌 15min。

13. 月桂基硫酸盐胰蛋白胨（LST）肉汤

（1）成分：

胰蛋白胨或胰酪胨	20.0g	磷酸二氢钾（KH_2PO_4）	2.75g
氯化钠	5.0g	月桂基硫酸钠	0.1g
乳糖	5.0g	蒸馏水	1000mL
磷酸氢二钾（K_2HPO_4）	2.75g	pH	6.8±0.2

（2）制法：将上述成分溶解于蒸馏水中，调节 pH。分装到有玻璃小倒管的试管中，每管 10mL。121℃高压灭菌 15min。

14. 煌绿乳糖胆盐（BGLB）肉汤

（1）成分：

蛋白胨	10.0g	0.1%煌绿水溶液	13.3mL
乳糖	10.0g	蒸馏水	800mL
牛胆粉（oxgall 或 oxbile）溶液	200mL	pH	7.2±0.1

（2）制法：将蛋白胨、乳糖溶于约 500mL 蒸馏水中，加入牛胆粉溶液 200mL（将 20.0g 脱水牛胆粉溶于 200mL 蒸馏水中，调节 pH 至 7.0～7.5），用蒸馏水稀释到 975mL，调节 pH，再加入 0.1%煌绿水溶液 13.3mL，用蒸馏水补足到 1000mL，用棉花过滤后，分装到有玻璃小倒管的试管中，每管 10mL。121℃高压灭菌 15min。

15. 结晶紫中性红胆盐琼脂（VRBA）

（1）成分

蛋白胨	7.0g	中性红	0.03g
酵母膏	3.0g	结晶紫	0.002g
乳糖	10.0g	琼脂	15～18g
氯化钠	5.0g	蒸馏水	1000mL
胆盐或3号胆盐	1.5g	pH	7.4±0.1

（2）制法：将上述成分溶于蒸馏水中，静置几分钟，充分搅拌，调节 pH。煮沸 2min，将培养基冷却至 45～50℃倾注平板。使用前临时制备，不得超过 3h。

16. 缓冲蛋白胨水（BPW）

（1）成分：

蛋白胨	10.0g	磷酸二氢钾	1.5g
氯化钠	5.0g	蒸馏水	1000mL
磷酸氢二钠（含12个结晶水）	9.0g	pH	7.2±0.2

（2）制法：将各成分加入蒸馏水中，搅混均匀，静置约 10min，煮沸溶解，调节 pH，高压灭菌 121℃，15min。

17. 四硫磺酸钠煌绿（TTB）增菌液

（1）成分：

① 基础液：

蛋白胨	10.0	碳酸钙	45.0g
牛肉膏	5.0g	蒸馏水	1000mL
氯化钠	3.0g	pH	7.0±0.2

除碳酸钙外，将各成分加入蒸馏水中，煮沸溶解，再加入碳酸钙，调节 pH，高压灭菌 121℃，20min。

② 硫代硫酸钠溶液：硫代硫酸钠（含5个结晶水）50.0g，蒸馏水加至 100mL，高压灭菌 121℃，20min。

③ 碘溶液：

碘片	20.0g	碘化钾	25.0g
蒸馏水	加至 100mL		

将碘化钾充分溶解于少量的蒸馏水中，再投入碘片，振摇玻瓶至碘片全部溶解为

止，然后加蒸馏水至规定的总量，储存于棕色瓶内，塞紧瓶盖备用。

④ 0.5%煌绿水溶液：

　　　　煌绿 5g　　　　　　　　　蒸馏水 100mL

溶解后，存放暗处，不少于 1d，使其自然灭菌。

⑤ 牛胆盐溶液：

　　　　牛胆盐 10.0g　　　　　　　蒸馏水 100mL

加热煮沸至完全溶解，高压灭菌 121℃，20min。

（2）制法：基础液 900mL、硫代硫酸钠溶液 100mL、碘溶液 20.0mL、煌绿水溶液 2.0mL、牛胆盐溶液 50.0mL，临用前，按上列顺序，以无菌操作依次加入基础液中，每加入一种成分，均应摇匀后再加入另一种成分。

18. 亚硒酸盐胱氨酸（SC）增菌液

（1）成分：

蛋白胨	5.0g	亚硒酸氢钠	4.0g
乳糖	4.0g	L-胱氨酸	0.01g
磷酸氢二钠	10.0g	蒸馏水	1000mL
pH	7.0±0.2		

（2）制法：除亚硒酸氢钠和 L-胱氨酸外，将各成分加入蒸馏水中，煮沸溶解，冷至 55℃以下，以无菌操作加入亚硒酸氢钠和 1g/L L-胱氨酸溶液 10mL（称取 0.1g L-胱氨酸，加 1mol/L 氢氧化钠溶液 15mL，使溶解，再加无菌蒸馏水至 100mL 即成，如为 DL-胱氨酸，用量应加倍）。摇匀，调节 pH。

19. 亚硫酸铋（BS）琼脂

（1）成分：

蛋白胨	10.0g	煌绿	0.025g 或 5.0g/L 水溶液 5.0mL
牛肉膏	5.0g	柠檬酸铋铵	2.0g
葡萄糖	5.0g	亚硫酸钠	6.0g
硫酸亚铁	0.3g	琼脂	18.0～20g
磷酸氢二钠	4.0g	蒸馏水	1000mL
pH.	5±0.2		

（2）制法：将前三种成分加入 300mL 蒸馏水（制作基础液），硫酸亚铁和磷酸氢二钠分别加入 20mL 和 30mL 蒸馏水中，柠檬酸铋铵和亚硫酸钠分别加入另一 20mL 和 30mL 蒸馏水中，琼脂加入 600mL 蒸馏水中。然后分别搅拌均匀，煮沸溶解。冷至 80℃左右时，先将硫酸亚铁和磷酸氢二钠混匀，倒入基础液中，混匀。将柠檬酸铋铵和

亚硫酸钠混匀，倒入基础液中，再混匀。调节 pH，随即倾入琼脂液中，混合均匀，冷至50～55℃。加入煌绿溶液，充分混匀后立即倾注平皿。

　　注：本培养基不需要高压灭菌，在制备过程中不宜过分加热，避免降低其选择性，贮于室温暗处，超过 48h 会降低其选择性，本培养基宜于当天制备，第二天使用。

　　20. HE 琼脂

　　(1) 成分：

蛋白胨	12.0g	琼脂	18.0～20.0g
牛肉膏	3.0g	蒸馏水	1000mL
乳糖	12.0g	0.4%溴麝香草酚蓝溶液	16.0mL
蔗糖	12.0g	Andrade 指示剂	20.0mL
水杨素	2.0g	甲液	20.0mL
胆盐	20.0g	乙液	20.0mL
氯化钠	5.0g	pH	7.5±0.2

　　(2) 制法：将前面七种成分溶解于 400mL 蒸馏水内作为基础液；将琼脂加入于 600mL 蒸馏水内。然后分别搅拌均匀，煮沸溶解。加入甲液和乙液于基础液内，调节 pH。再加入指示剂，并与琼脂液合并，待冷至 50～55℃倾注平皿。

　　注：①本培养基不需要高压灭菌，在制备过程中不宜过分加热，避免降低其选择性。

　　② 甲液的配制：

硫代硫酸钠	34.0g	蒸馏水	100mL
柠檬酸铁铵	4.0g		

　　③ 乙液的配制：

去氧胆酸钠	10.0g	蒸馏水	100mL

　　④ Andrade 指示剂：

酸性复红	0.5g	蒸馏水	100mL
1mol/L 氢氧化钠溶液	16.0mL		

　　将复红溶解于蒸馏水中，加入氢氧化钠溶液。数小时后如复红褪色不全，再加氢氧化钠溶液 1～2mL。

　　21. 木糖赖氨酸脱氧胆盐（XLD）琼脂

　　(1) 成分：

酵母膏	3.0g	柠檬酸铁铵	0.8g

L-赖氨酸	5.0g	硫代硫酸钠	6.8g
木糖	3.75g	氯化钠	5.0g
乳糖	7.5g	琼脂	15.0g
蔗糖	7.5g	酚红	0.08g
去氧胆酸钠	2.5g	蒸馏水	1000mL
pH	7.4±0.2		

（2）制法：除酚红和琼脂外，将其他成分加入 400mL 蒸馏水中，煮沸溶解，调节 pH。另将琼脂加入 600mL 蒸馏水中，煮沸溶解。

将上述两溶液混合均匀后，再加入指示剂，待冷至 50～55℃倾注平皿。

注：本培养基不需要高压灭菌，在制备过程中不宜过分加热，避免降低其选择性，贮于室温暗处。本培养基宜于当天制备，第二天使用。

22. 三糖铁（TSI）琼脂

（1）成分：

蛋白胨	20.0g	酚红	025g 或 5.0g/L 溶液 5.0mL
牛肉膏	5.0g	氯化钠	5.0g
乳糖	10.0g	硫代硫酸钠	0.2g
蔗糖	10.0g	琼脂	12.0g
葡萄糖	1.0g	蒸馏水	1000mL
硫酸亚铁铵 （含 6 个结晶水）	0.2g	pH	7.4±0.2

（2）制法：除酚红和琼脂外，将其他成分加入 400mL 蒸馏水中，煮沸溶解，调节 pH。另将琼脂加入 600mL 蒸馏水中，煮沸溶解。

将上述两溶液混合均匀后，再加入指示剂，混匀，分装试管，每管约 2～4mL，高压灭菌 121℃、10min 或 115℃、15min，灭菌后置成高层斜面，呈橘红色。

23. 尿素琼脂（pH7.2）

（1）成分：

蛋白胨	1.0g	0.4％酚红	3.0mL
氯化钠	5.0g	琼脂	20.0g
葡萄糖	1.0g	蒸馏水	1000mL
磷酸二氢钾	2.0g	20％尿素溶液	100mL

pH7.2±0.2

（2）制法：除尿素、琼脂和酚红外，将其他成分加入 400mL 蒸馏水中，煮沸溶解，调节 pH。另将琼脂加入 600mL 蒸馏水中，煮沸溶解。将上述两溶液混合均匀后，再加入指示剂后分装，121℃高压灭菌 15min。冷至 50~55℃，加入经除菌过滤的尿素溶液。尿素的最终浓度为 2%。分装于无菌试管内，放成斜面备用。

（3）试验方法：挑取琼脂培养物接种，在 36℃±1℃培养 24h，观察结果。尿素酶阳性者由于产碱而使培养基变为红色。

24. 氰化钾（KCN）培养基

（1）成分：

蛋白胨	10.0g	磷酸氢二钠	5.64g
氯化钠	5.0g	蒸馏水	1000mL
磷酸二氢钾	0.225g	0.5%氰化钾	20.0mL

（2）制法：将除氰化钾以外的成分加入蒸馏水中，煮沸溶解，分装后 121℃高压灭菌 15min。放在冰箱内使其充分冷却。每 100mL 培养基加入 0.5%氰化钾溶液 2.0mL（最后浓度为 1∶10000），分装于无菌试管内，每管约 4mL，立刻用无菌橡皮塞塞紧，放在 4℃冰箱内，至少可保存 2 个月。同时，将不加氰化钾的培养基作为对照培养基，分装试管备用。

（3）试验方法：将琼脂培养物接种于蛋白胨水内成为稀释菌液，挑取 1 环接种于氰化钾（KCN）培养基。并另挑取 1 环接种于对照培养基。在 36℃±1℃培养 1~2d，观察结果。如有细菌生长即为阳性（不抑制），经 2d 细菌不生长为阴性（抑制）。

注：氰化钾是剧毒药，使用时应小心，切勿沾染，以免中毒。夏天分装培养基应在冰箱内进行。试验失败的主要原因是封口不严，氰化钾逐渐分解，产生氢氰酸气体逸出，以致药物浓度降低，细菌生长，因而造成假阳性反应。试验时对每一环节都要特别注意。

25. 赖氨酸脱羧酶试验培养基

（1）成分：

蛋白胨	5.0g	蒸馏水	1000mL
酵母浸膏	3.0g	1.6%溴甲酚紫-乙醇溶液	1.0mL
葡萄糖	1.0g	L-赖氨酸或 DL-赖氨酸	0.5g/100mL 或 1.0g/100mL
pH	6.8±0.2		

（2）制法：除赖氨酸以外的成分加热溶解后，分装每瓶 100mL，分别加入赖氨酸。L-赖氨酸按 0.5%加入，DL-赖氨酸按 1%加入。调节 pH。对照培养基不加赖氨酸。分装于无菌的小试管内，每管 0.5mL，上面滴加一层液体石蜡，115℃高压灭菌 10min。

（3）试验方法：从琼脂斜面上挑取培养物接种，于 36℃±1℃培养 18～24h，观察结果。氨基酸脱羧酶阳性者由于产碱，培养基应呈紫色。阴性者无碱性产物，但因葡萄糖产酸而使培养基变为黄色。对照管应为黄色。

26. 邻硝基酚-β-D 半乳糖苷（ONPG）培养基

（1）成分：

邻硝基酚 β-D 半乳糖苷（ONPG）	60.0mg
（O-Nitrophenyl-β-D-galactopyranoside）	
0.01mol/L 磷酸钠缓冲液（pH7.5）	10.0mL
1%蛋白胨水（pH7.5）	30.0mL

（2）制法：将 ONPG 溶于缓冲液内，加入蛋白胨水，以过滤法除菌，分装于无菌的小试管内，每管 0.5mL，用橡皮塞塞紧。

（3）试验方法：自琼脂斜面上挑取培养物 1 满环接种于 36℃±1℃培养 1～3h 和 24h 观察结果。如果 β-半乳糖苷酶产生，则于 1～3h 变黄色，如无此酶则 24h 不变色。

27. 半固体琼脂

（1）成分：

牛肉膏	0.3g	琼脂	0.35～0.4g
蛋白胨	1.0g	蒸馏水	100mL
氯化钠	0.5g	pH	7.4±0.2

（2）制法：按以上成分配好，煮沸溶解，调节 pH。分装小试管。121℃高压灭菌 15min。直立凝固备用。

注：供动力观察、菌种保存、H 抗原位相变异试验等用。

28. 丙二酸钠培养基

（1）成分：

酵母浸膏	1.0g	氯化钠	2.0g
硫酸铵	2.0g	丙二酸钠	3.0g
磷酸氢二钾	0.6g	0.2%溴麝香草酚蓝溶液	12.0mL
磷酸二氢钾	0.4g	蒸馏水	1000mL
pH	6.8±0.2		

（2）制法：除指示剂以外的成分溶解于水，调节 pH，再加入指示剂，分装试管，121℃高压灭菌 15min。

（3）试验方法：用新鲜的琼脂培养物接种，于 36℃±1℃ 培养 48h，观察结果。阳性者由绿色变为蓝色。

29. 10% 氯化钠胰酪胨大豆肉汤

（1）成分：

胰酪胨（或胰蛋白胨）	17.0g	丙酮酸钠	10.0g
植物蛋白胨（或大豆蛋白胨）	3.0g	葡萄糖	2.5g
氯化钠	100.0g	蒸馏水	1000mL
磷酸氢二钾	2.5g	pH	7.3±0.2

（2）制法：将上述成分混合，加热，轻轻搅拌并溶解，调节 pH，分装，每瓶 225mL，121℃ 高压灭菌 15min。

30. 血琼脂平板

（1）成分：

豆粉琼脂（pH7.4～7.6）　　100mL　　脱纤维羊血（或兔血）　　5～10mL

（2）制法：加热溶化琼脂，冷却至 50℃，以无菌操作加入脱纤维羊血，摇匀，倾注平板。

31. Baird-Parker 琼脂平板

（1）成分：

胰蛋白胨	10.0g	甘氨酸	12.0g
牛肉膏	5.0g	氯化锂（LiCl·6H$_2$O）	5.0g
酵母膏	1.0g	琼脂	20.0g
丙酮酸钠	10.0g	蒸馏水	950mL
pH	7.0±0.2		

（2）增菌剂的配法：30% 卵黄盐水 50mL 与经过除菌过滤的 1% 亚碲酸钾溶液 10mL 混合，保存于冰箱内。

（3）制法：将各成分加到蒸馏水中，加热煮沸至完全溶解，调节 pH。分装每瓶 95mL，121℃ 高压灭菌 15min。

临用时加热溶化琼脂，冷至 50℃，每 95mL 加入预热至 50℃ 的卵黄亚碲酸钾增菌剂 5mL 摇匀后倾注平板。培养基应是致密不透明的。使用前在冰箱贮存不得超过 48h。

32. 脑心浸出液肉汤（BHI）

（1）成分：

胰蛋白质胨	10.0g	葡萄糖	2.0g

| 氯化钠 | 5.0g | 牛心浸出液 | 500mL |
| 磷酸氢二钠（12H$_2$O） | 2.5g | pH | 7.4±0.2 |

（2）制法：加热溶解，调节 pH，分装 16mm×160mm 试管，每管 5mL 置 121℃，15min 灭菌。

33. 兔血浆

取柠檬酸钠 3.8g，加蒸馏水 100mL，溶解后过滤，装瓶，121℃高压灭菌 15min。

兔血浆制备：取 3.8％柠檬酸钠溶液 1 份，加兔全血 4 份，混好静置（或以 3000r/min 离心 30min），使血液细胞下降，即可得血浆。

34. 营养琼脂小斜面

（1）成分：

蛋白胨	10.0g	琼脂	15.0g～20.0g
牛肉膏	3.0g	蒸馏水	1000mL
氯化钠	5.0g	pH	7.2～7.4

（2）制法：将除琼脂以外的各成分溶解于蒸馏水内，加入 15％氢氧化钠溶液约 2mL 调节 pH 至 7.2～7.4。加入琼脂，加热煮沸，使琼脂溶化，分装 13mm×130mm 管，121℃高压灭菌 15min。

35. 马铃薯-葡萄糖-琼脂

（1）成分：

马铃薯（去皮切块）	300g	琼脂	20.0g
葡萄糖	20.0g	氯霉素	0.1g
蒸馏水	1000mL		

（2）制法：将马铃薯去皮切块，加 1000mL 蒸馏水，煮沸 10～20min。用纱布过滤，补加蒸馏水至 1000mL。加入葡萄糖和琼脂，加热溶化，分装后，121℃灭菌 20min。倾注平板前，用少量乙醇溶解氯霉素加入培养基中。

36. 孟加拉红培养基

（1）成分：

蛋白胨	5.0g	琼脂	20.0g
葡萄糖	10.0g	孟加拉红	0.033g
磷酸二氢钾	1.0g	氯霉素	0.1g

| 硫酸镁（无水） | 0.5g | 蒸馏水 | 1000mL |

（2）制法：上述各成分加入蒸馏水中，加热溶化，补足蒸馏水至 1000mL，分装后，121℃灭菌 20min。倾注平板前，用少量乙醇溶解氯霉素加入培养基中。

37. 营养琼脂培养基

（1）成分：

蛋白胨	10g	氯化钠	5g
牛肉浸膏	3g	琼脂	15～20g
蒸馏水	1000mL		

（2）制法：将上述各成分混合，加热溶解，校正 pH 至 7.4，过滤分装，121℃，20min 高压灭菌，倾注约 15mL 于灭菌平皿内，制成营养琼脂平板。

38. 麦芽汁培养基（培养酵母菌和丝状真菌用）

（1）从啤酒厂购买麦芽汁原液，加水稀释到 5～6°Bé。

（2）自制麦芽汁：

① 取大麦若干，洗净，用水浸 6～12 h，置木筐内，上盖 1 块湿布，约在 20℃温度下让其发芽，其间每天冲水 1～2 次。待芽长至麦粒长度 1～1.5 倍时，停止其生长，然后将其晒干或置 50℃以下烘干。

② 将干麦芽压碎（不能太粗或太细，粗则影响糖化，细会阻碍过滤）。取 1 份麦芽屑加 4 份水浸泡 1 h，然后置 55～60℃水浴锅中糖化 3～4 h，用碘液（见附录 3 中 17）滴检至呈黄色至无色时表示糖化已完成。然后用绒布过滤。如滤液反复过滤仍不澄明，可用一鸡蛋清充分打匀后倒入糖化液中，加热搅拌至沸，过滤后即成为透明的麦芽汁备用。麦芽汁的灭菌条件宜采用 121℃，20min。

③ 将制备的麦芽汁稀释到 5～6°Bé，pH 约 6.4。在其中加入 1.5%～2%琼脂后，经灭菌即成为麦芽汁琼脂培养基。

39. MRS 培养基

（1）成分：

蛋白胨	10.0g	醋酸钠·$3H_2O$	5.0g
牛肉粉	5.0g	柠檬酸三铵	2.0g
酵母粉	4.0g	$MgSO_4·7H_2O$	0.2g
葡萄糖	20.0g	$MnSO_4·4H_2O$	0.05g
吐温 80	1.0mL	琼脂粉	15.0g
$K_2HPO_4·7H_2O$	2.0g	pH	6.2

（2）制法：将上述成分加入到 1000mL 蒸馏水中，加热溶解，调节 pH，分装后121℃高压灭菌 15～20min。

（3）莫匹罗星锂盐改良 MRS 培养基：

① 莫匹罗星锂盐贮备液制备：称取 50mg 莫匹罗星锂盐加入到 50mL 蒸馏水中，用0.22μm 微孔滤膜过滤除菌。

② 制法：将成分加入到 950mL 蒸馏水中，加热溶解，调节 pH，分装后于 121℃高压灭菌 15～20min。临用时加热熔化琼脂，在水浴中冷至 48℃，用带有 0.22μm 微孔滤膜的注射器将莫匹罗星锂盐贮备液加入到熔化琼脂中，使培养基中莫匹罗星锂盐的浓度为 50μg/mL。

40. MC 培养基

（1）成分：

大豆蛋白胨	5.0g	碳酸钙	10.0g
牛肉粉	3.0g	琼脂	15.0g
酵母粉	3.0g	蒸馏水	1000mL
葡萄糖	20.0g	1%中性红溶液	5.0mL
乳糖	20.0g	pH	6.0

（2）制法：将前面七种成分加入蒸馏水中，加热溶解，调节 pH，加入中性红溶液。分装后 121℃高压灭菌 15～20min。

41. 7.5%氯化钠肉汤

（1）成分：

蛋白胨	10.0 g	氯化钠	75 g
牛肉膏	5.0 g	蒸馏水	1000 mL
pH	7.4		

（2）制法：将上述成分加热溶解，调节 pH，分装，每瓶 225 mL，121 ℃高压灭菌 15 min。自然浸出汁 10%～40%，蒸馏水 60%～90%，根据试样的 pH 调节浸出汁溶液 pH。

附录 3　常用染色液及试剂的配制

1. 普通染色法常用染液

1) 石炭酸复红染液
（1）成分：

A 液：碱性复红	0.3g	95%乙醇	10mL
B 液：石炭酸	5.0g	蒸馏水	95mL

（2）制法：将 A、B 二液混合摇匀过滤。

2）吕氏碱性美蓝染色液

（1）成分：

美蓝	0.3g
95％乙醇	30mL
KOH（0.01％质量分数）	100mL

（2）制法：将美蓝溶解于乙醇中，然后与 KOH 溶液混合。

2. 革兰氏染色液

1）结晶紫染色液

（1）成分：

| 结晶紫 | 1.0g | 1％草酸铵水溶液 | 80.0mL |
| 95％乙醇 | 20.0mL | | |

（2）制法：将结晶紫完全溶解于乙醇中，然后与草酸铵溶液混合。

2）革兰氏碘液

（1）成分：

| 碘 | 1.0g | 蒸馏水 | 300mL |
| 碘化钾 | 2.0g | | |

（2）制法：将碘与碘化钾先行混合，加入蒸馏水少许充分振摇，待完全溶解后，再加蒸馏水至 300mL。

3）沙黄复染液

（1）成分：

| 沙黄 | 0.25g | 蒸馏水 | 90.0mL |
| 95％乙醇 | 10.0mL | | |

（2）制法：将沙黄溶解于乙醇中，然后用蒸馏水稀释。

4）染色法

（1）涂片在火焰上固定，滴加结晶紫染液，染 1min，水洗。

（2）滴加革兰氏碘液，作用 1min，水洗。

（3）滴加 95％乙醇脱色约 15～30s，直至染色液被洗掉，不要过分脱色，水洗。

（4）滴加复染液，复染 1min，水洗、待干、镜检。

3. 乳酸石炭酸棉蓝染色液（观察霉菌形态用）

（1）成分：

| 石炭酸 | 10g | 乳酸（相对密度1.2） | 10mL |

| 甘油（相对密度1.25） | 20mL | 蒸馏水 | 10mL |
| 棉蓝 | 0.02g | | |

（2）制法：将石炭酸放入水中加热溶解，然后慢慢加入乳酸及甘油，最后加入棉蓝，使其溶解即可。

4. 40%KOH 溶液

称取 40gKOH，蒸馏水定溶至 100mL。

5. 10%$FeCl_3$水溶液

称取 $FeCl_3 \cdot 6H_2O$10g，溶于蒸馏水中，定容至 100mL。

6. 0.02%溴麝香草酚蓝溶液

称 0.02g 溴麝香草酚蓝、溶于 100mL20%乙醇中。

7. 无菌液体石蜡

取医用液体石蜡（相对密度 0.83～0.89）油装入锥形瓶中，装量不超过锥形瓶总体积的 1/4，塞上棉塞，外包扎牛皮纸，121℃灭菌 30min，连续灭菌 2 次，再置 105～110℃干燥箱中烘烤 2h 或在 40℃温箱中放置 2 周，除去石蜡油中的水分，经无菌检查后备用。

8. 磷酸盐缓冲液

（1）成分：

| 磷酸二氢钾（KH_2PO_4） | 34.0g | pH | 7.2 |
| 蒸馏水 | 500mL | | |

（2）制法：

① 贮存液：称取 34.0g 的磷酸二氢钾溶于 500mL 蒸馏水中，用大约 175mL 的 1mol/L 氢氧化钠溶液调节 pH，用蒸馏水稀释至 1000mL 后贮存于冰箱。

② 稀释液：取贮存液 1.25mL，用蒸馏水稀释至 1000mL，分装于适宜容器中，121℃高压灭菌 15min。

9. 无菌生理盐水

（1）成分：

| 氯化钠 | 8.5g | 蒸馏水 | 1000mL |

（2）制法：称取 8.5g 氯化钠溶于 1000mL 蒸馏水中，121℃高压灭菌 15min。

10. 1mol/LNaOH

（1）成分：

NaOH　　　　　　　　40.0g　　　　　　　　蒸馏水　　　　　　　1000mL

（2）制法：称取 40g 氢氧化钠溶于 1000mL 蒸馏水中，121℃高压灭菌 15min。

11. 1mol/LHCl

（1）成分

HCl　　　　　　　　90mL　　　　　　　　蒸馏水　　　　　　　1000mL

（2）制法：移取浓盐酸 90mL，用蒸馏水稀释至 1000mL，121℃高压灭菌 15min。

12. 斐林试剂

（1）成分：甲液：精确称取 $CuSO_4 \cdot 5H_2O$ 15g，次甲基蓝 0.05g，用蒸馏水溶解后，于 500mL 容量瓶中加蒸馏水定容。

乙液：精确称取 NaOH 54g，酒石酸钾钠 50g，亚铁氰化钾 4g，用蒸馏水溶解后，于 500mL 容量瓶中加蒸馏水定容。

（2）制法：使用时取甲液和乙液等体积混合。

13. 0.1%标准葡萄糖溶液

精确称取预先在 105℃干燥至恒重的无水葡萄糖（A.R.）1.000g±0.002g，用蒸馏水溶解后，于 1000mL 容量瓶中加蒸馏水定容。

14. pH4.6 的乙酸-乙酸钠缓冲液

取醋酸钠 5.4g，加水 50mL 使溶解，用冰醋酸调节 pH 至 4.6，再加水稀释至 100mL。

15. 2%淀粉溶液

称取可溶性淀粉 2g，先用少量蒸馏水调成糊状，倾入煮沸的蒸馏水中，定容至 100mL。

16. 0.1moL/LNaOH 溶液

NaOH0.4g，蒸馏水 100mL，混匀。

17. 碘液（用于测淀粉液化程度）

（1）原碘液：称取碘（I2）11 g，碘化钾（KI）22 g，先用少量蒸馏水溶解碘化钾，再加入碘，待完全溶解后再定容至 500 mL，贮存于棕色瓶内。

（2）稀碘液：取原碘液 2 mL，加碘化钾 20 g，用蒸馏水溶解后定容至 500 mL，贮存于棕色瓶内。

主要参考文献

丁立孝，赵金海. 2008. 酿造酒技术. 北京：化学工业出版社.

何国庆，贾英民，丁立孝. 2009. 食品微生物学（第二版）.北京：中国农业大学出版社.

何国庆，贾英民. 2002. 食品微生物. 北京：中国农业大学出版社.

何国庆. 2001. 食品发酵与酿造工艺学. 北京：中国农业出版社.

胡永松. 1992. 微生物与发酵工程. 成都：四川大学出版社.

黄儒强，李玲. 2006. 生物发酵技术与设备操作. 北京：化学工业出版社.

黄秀梨. 2003. 微生物学（第二版）. 北京：高等教育出版社.

江汉湖. 2005. 食品微生物学（第二版）. 北京：中国农业出版社.

李艳. 1999. 发酵工业概论. 北京：中国轻工业出版社.

刘冬，张学仁. 2007. 发酵工程. 北京：高等教育出版社.

刘志恒. 2002. 现代微生物学. 北京：科学出版社.

牛天贵. 2002 食品微生物学实验技术. 北京：中国农业大学出版社.

潘力. 2006. 食品发酵工程. 北京：化学工业出版社.

钱爱东. 2002. 食品微生物. 北京：中国农业出版社.

沈萍. 2000. 微生物学. 北京：高等教育出版社.

孙俊良. 2004. 酶制剂生产技术. 北京：科学出版社.

万萍. 2004. 食品微生物基础与实验技术. 北京：科学出版社.

王德芝，张水成. 2007. 食用菌生产技术. 北京：中国轻工业出版社.

王瑞芝，杜晓湘. 1999. 中国腐乳酿造. 北京：中国轻工业出版社.

王淑欣. 2009. 发酵食品生产技术，北京：中国轻工业出版社.

翁连海. 2005. 食品微生物基础. 北京：高等教育出版社.

无锡轻工大学，天津轻工业学院. 2007. 食品微生物学. 北京：中国轻工业出版社.

吴文礼. 2002. 食品微生物学进展. 北京：中国农业科学技术出版社.

谢梅英，别智鑫. 2007. 发酵技术. 北京：化学工业出版社.

张金霞，黄晨阳. 2007. 无公害食用菌安全生产手册. 北京：中国农业出版社.

张青，葛菁萍. 2004. 微生物学. 北京：科学出版社.

张文治. 1995. 新编食品微生物学. 北京：中国轻工业出版社.

郑晓冬. 2004. 食品微生物学. 杭州：浙江大学出版社.

中华人民共和国国家标准 GB4789—2010. 2010. 食品安全国家标准. 中华人民共和国卫生部发布.

周德庆. 2002. 微生物学教程（第二版）. 北京：高等教育出版社.

周德庆. 2006. 微生物学实验教程（第2版）. 北京：高等教育出版社.

周桃英. 2009. 食品微生物. 北京：中国农业大学出版社.

诸葛健. 2007. 工业微生物实验与研究技术. 北京：科学出版社.

JamesM. Jay, MartinJ. Loessner&DavidA. Golden. 2008. 现代食品微生物学（第七版）.何国庆，丁立孝，等译.
    北京：中国农业大学出版社.

PrescottLM, etal. 2003. 微生物学（第5版）. 沈萍，彭珍荣主译. 北京：高等教育出版社.

BrianJ. B. Wood. 2001. 发酵食品微生物学（第二版）.徐岩译. 北京：中国轻工业出版社.